SEILBAHNEN DER DDR

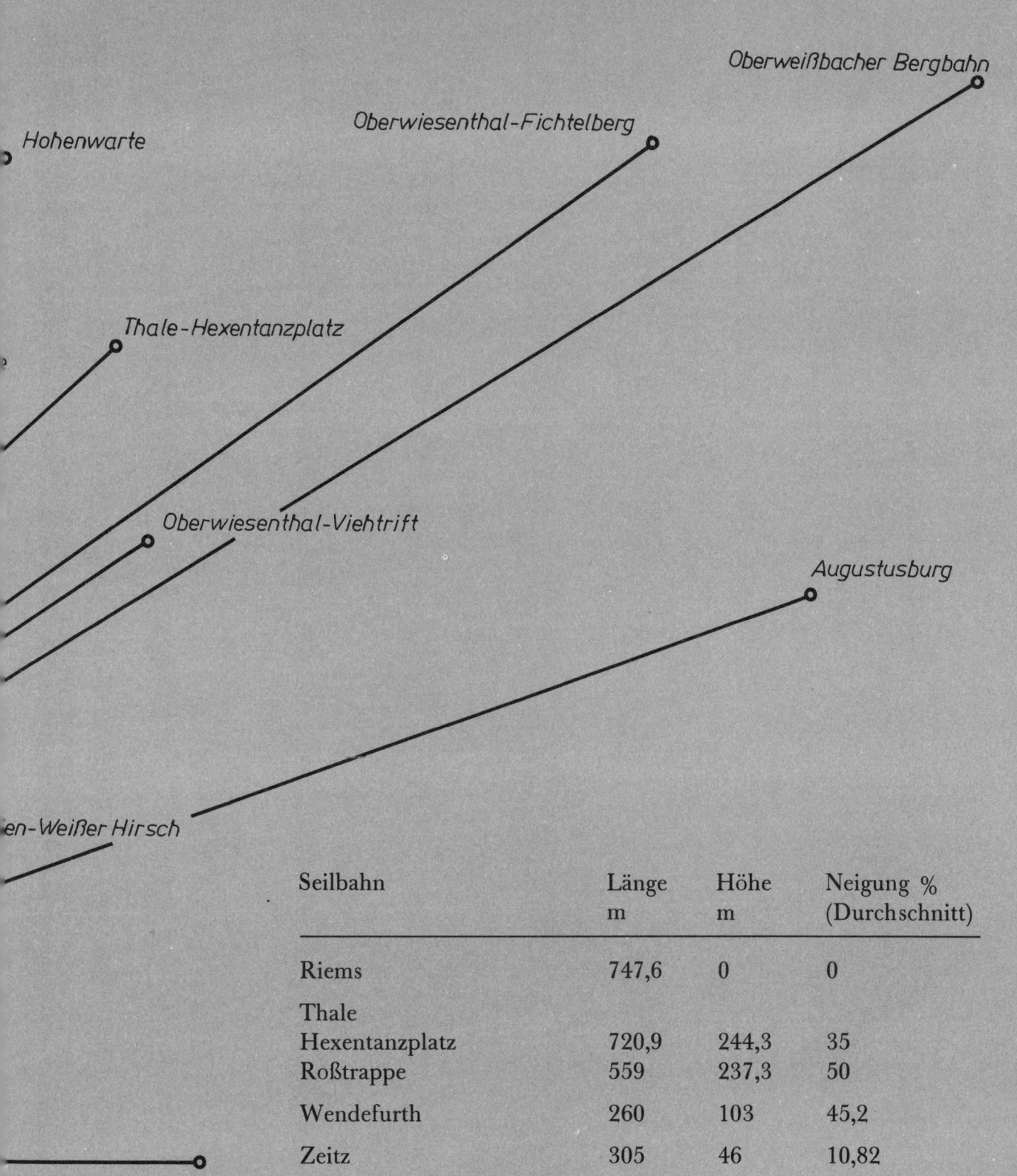

Hohenwarte

Oberwiesenthal-Fichtelberg

Oberweißbacher Bergbahn

Thale-Hexentanzplatz

Oberwiesenthal-Viehtrift

Augustusburg

en-Weißer Hirsch

Seilbahn	Länge m	Höhe m	Neigung % (Durchschnitt)
Riems	747,6	0	0
Thale Hexentanzplatz	720,9	244,3	35
Roßtrappe	559	237,3	50
Wendefurth	260	103	45,2
Zeitz	305	46	10,82

Mario Schatz

SEILBAHNEN DER DDR

Geschichte · Technik · Betrieb

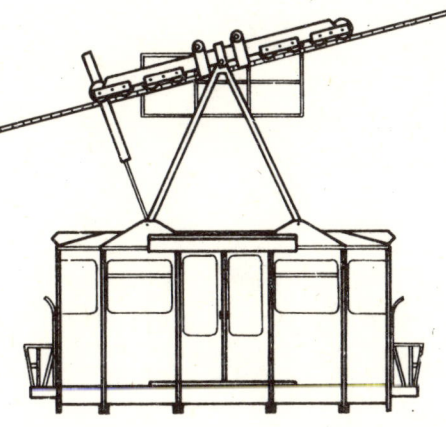

transpress

VEB Verlag für Verkehrswesen

Berlin 1987

Gutachter:
Dipl.-Ing. Heinz Wolf, Leipzig, Vorsitzen-
der des Fachunterausschusses Seilbahnen
bei der Kammer der Technik der DDR

Schatz, Mario:
Seilbahnen der DDR : Geschichte,
Technik, Betrieb. – 1. Aufl.
Berlin : Transpress, 1987. – 200 S. :
250 Abb. (davon 24 farb.), 19 Tab.

ISBN 3-344-00159-0

1. Auflage 1987
© 1987 by transpress VEB Verlag für
Verkehrswesen, Französische Str. 13/14,
Berlin, DDR - 1086
VLN 162-925 / 117 / 87 – P 13/86
Printed in the German Democratic Repu-
blic
Gesamtherstellung: IV / 10 / 5 Druckhaus
Freiheit Halle
Lektor: Hartmut Renner
Gesamtgestaltung: Ulrich Reuter
Manuskript abgeschlossen: September 1985
LSV 3809
566 892 8
02480

Inhaltsverzeichnis

Ein schneller Überblick 6

Geschichtliche Entwicklung der Seilbahnen 7
Die Vorläufer   8
Der Siegeszug der Seilbahnen   11
Die Entwicklung zwischen den Weltkriegen   15
Vom Wiederbeginn nach 1945 bis zur Gegenwart   16

Ein wenig Technik 19
Schiene, Zahnrad oder Seil?   20
Die Darstellung einer Neigung   22
Bauarten von Seilbahnen   24
Das Wichtigste: Die Seile   28
Antriebe und Fördermaschinen   33
Signale und Sicherheitseinrichtungen   37
Gesetze über Seilbahnen und Aufsichtsbehörden   44
Nur selten bei Seilbahnen: Havarien und Unfälle   45

Personenseilbahnen der DDR 49
Augustusburg   65
Dresden-Loschwitz   74
Die Standseilbahn Loschwitz – Weißer Hirsch   76
Die Schwebeseilbahn Loschwitz – Oberloschwitz   92
Die Standseilbahn am Lingnerschloß   106
Hohenwarte   110
Klingenthal   115
Oberhof   118
Oberweißbach   122
Oberwiesenthal   139
Riems   157
Thale   164
Wendefurth   176
Zeitz   181

Sonderkonstruktionen 189
Personenaufzug Bad Schandau   190
Schrägaufzug Sellin   194

Literaturverzeichnis (Auswahl) 196

Ein
schneller
Überblick

Weite Teile des 107 834 km² großen Territoriums der DDR sind Flachland, und nur das südliche Drittel ist Bergland, das schließlich zu einzelnen Mittelgebirgen ansteigt. Die höchste Erhebung ist der Fichtelberg bei Oberwiesenthal im Erzgebirge mit 1 214 m über NN, und damit ist klar: Die Mittelgebirge der DDR sind wesentlich niedriger als die seiner Nachbarländer, und Hochgebirge fehlen vollkommen, so daß die meisten Berggipfel durch Straßen erschlossen werden konnten.

Bei solchen geographischen Gegebenheiten können wir in der DDR niemals so viele oder so imposante Seilbahnen wie in den Alpenländern erwarten. Und doch lohnt es sich, die Entwicklung der wenigen, oft sehr alten Anlagen zu verfolgen. Sie entstanden im Bergland zu einer Zeit, als die Lösung der örtlichen Verkehrsprobleme auch bei geringeren Steigungen und Höhenunterschieden auf der Straße mit Pferd und Wagen erhebliche Schwierigkeiten bereitete. So entstand bereits 1872 die erste brauchbare Lastenseilbahn der Welt nach dem Zweiseilsystem in Teutschenthal bei Halle, und 1877 folgte die erste deutsche Standseilbahn in Zeitz. 1901 wurde im damaligen Dresdener Vorort Loschwitz die erste Bergschwebebahn Europas, noch als seilgezogene Einschienenbahn ausgeführt, eröffnet, aber auch die erste „richtige" Personen-Seilschwebebahn Deutschlands wurde 1924 auf den Fichtelberg gebaut. Kurz zuvor wurde mit der Standseilbahn in Oberweißbach die steilste Bahn der Welt, mit der normalspurige Eisenbahnwagen befördert werden können, in Betrieb genommen.

Von diesen Anlagen, die Marksteine im Seilbahnbau darstellen, gingen mehr oder weniger Impulse auf die technische Entwicklung aus. So entstanden in Leipzig mehrere Fabriken, die im Verlauf von 90 Jahren fast 5 000 Seilbahnen in der ganzen Welt erbauten.

Viele der genannten Seilbahnen sind noch in Betrieb. Sie werden ergänzt durch einige oft ebenfalls interessante Anlagen aus alter und neuer Zeit. Dieses Buch will dem Leser die Geschichte, die Probleme und die Technik dieser Bahnen nahebringen und ihn anregen, die eine oder andere auch selbst einmal zu besuchen, zumal sie sich ausnahmslos in den landschaftlich schönsten Gegenden unseres Landes befinden.

Behandelt werden alle Seilbahnen, die dem Personenverkehr dienen, einschließlich solcher Anlagen, die gleichzeitig auch Güter transportieren oder die inzwischen ihren Betrieb eingestellt haben. Dagegen wurde auf eine Darstellung der reinen Lastenseilbahnen verzichtet, da diese ausschließlich innerbetrieblichen Transporten dienenden Förderanlagen meist außerhalb des Interesses der Öffentlichkeit liegen. Gleiches gilt für die rund 200 Skischlepplifte der DDR, die zwar technisch und juristisch Seilbahnen sind, im allgemeinen aber nur als Sportgerät angesehen werden.

Für den Laien wurde der Darstellung der geschichtlichen Entwicklung eine kurze Einführung in die Technik der Seilbahnen angefügt. Da es ihm oft schwerfällt, Seilbahnen von Aufzügen zu unterscheiden, werden am Schluß noch 2 Anlagen zur vergleichenden Betrachtung vorgestellt, die zwar Aufzüge sind, jedoch in ihren Beförderungsaufgaben denen von Seilbahnen nahekommen.

Geschichtliche Entwicklung

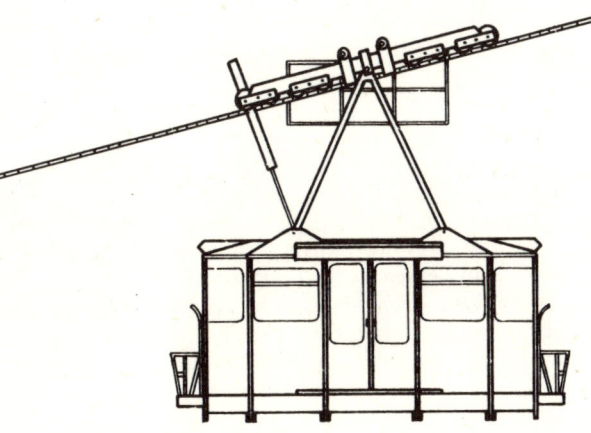

Die Vorläufer   8

Der Siegeszug der Seilbahnen   11

Die Entwicklung zwischen den Weltkriegen   15

Vom Wiederbeginn nach 1945 bis zur Gegenwart   16

Die Vorläufer

Die Wiege der Seilschwebebahnen stand in Südostasien. Schon seit 2 000 Jahren nutzen dort die Menschen primitive Anlagen zum Überwinden von Flüssen und Schluchten. Das Tragseil wird aus Lianen geflochten. Daran hängt ein Korb, in dem sich der Passagier vorwärts zieht. Wichtigere Anlagen wurden auch schon frühzeitig mit einem besonderen Zugseil versehen, damit der leere Korb an das andere Ufer geholt werden kann.

In Europa gibt die Handschrift des Johann HARTLIEB aus dem Jahre 1411 den ältesten Hinweis auf eine Seilschwebebahn; es ist eine primitive Einseilbahn zum Überwinden eines Festungsgrabens. 1597 beschreibt Buonatio LORINI in seinem Buch „De le Fortificationi" einen Vorläufer der Standseilbahnen: 2rädrige Karren wurden mit einem Seil auf einer hölzernen Bahn den Abhang hinaufgezogen. Das Seil wurde dabei auf eine mit Tretrad angetriebene Seiltrommel aufgewickelt. Die erste Seilschwebebahn mit besonderem Trag- und Zugseil enthält das Werk „Machinae Novae etc." des Faustus VERANTIUS

aus dem Jahre 1617. Sie wird zum Überwinden eines Flusses empfohlen.

Niemand kann heute sagen, ob und wo diese Anlagen tatsächlich ausge-

1

2

3

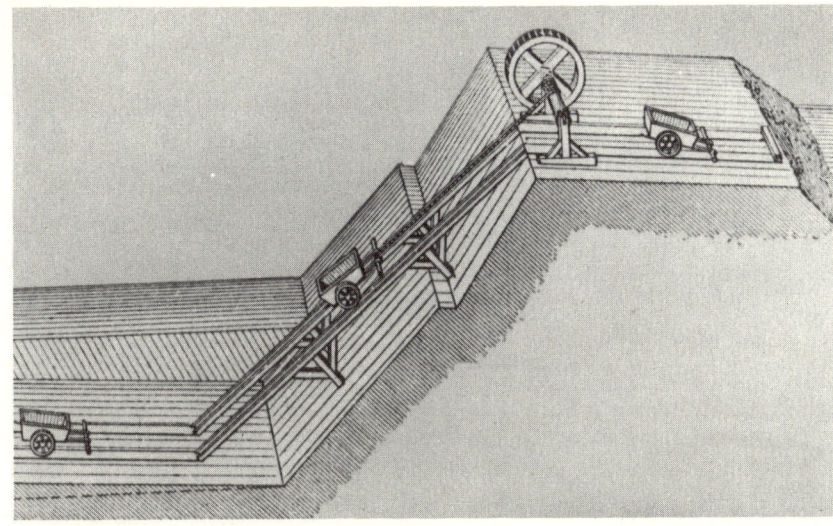

4

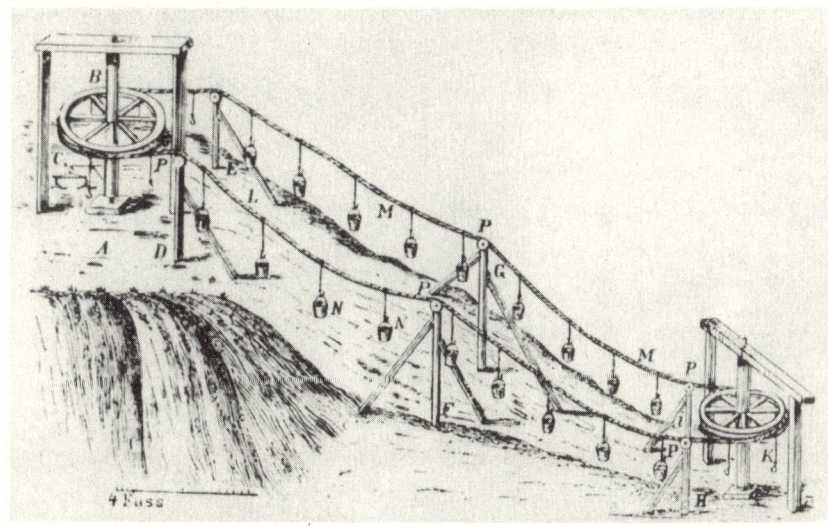

1 Primitive Seilschwebebahn, wie sie schon vor 2 000 Jahren in Südostasien zur Überwindung von Schluchten und Flüssen benutzt wurde.

2 Diese alte Seilschwebebahn in Südostasien war bereits mit Trag- und Zugseil ausgerüstet.

3 Vorläufer einer Standseilbahn, beschrieben 1597 von Buonatio LORINI.

4 Darstellung der Einseil-Schwebebahn, die 1644 in Gdańsk beim Abtragen des Bischofsberges verwendet wurde.

führt wurden. Dagegen ist nachgewiesen, daß die erste größere Seilbahnanlage für den Transport von Erdmassen 1644 von dem Holländer Adam WYBE in Gdańsk gebaut wurde. Sie bestand aus einem einfachen Förderseil, an das Eimer angebunden waren, und wurde beim Abtragen des Bischofsbergs genutzt.

Diese Anlage fand jedoch wie auch

ihre gewiß vorhandenen Vorgänger kaum Beachtung und keine Nachahmung. Der Grund dafür wird wohl in der noch ungenügenden Entwicklung der Seile zu suchen sein, denn auch die besten Hanfseile gestatteten nur kurze Bahnlängen mit geringen Lasten und wiesen dazu eine sehr geringe Lebensdauer auf.

Ein gänzlich anderes Schicksal hatten die Seilstrecken, die George STEPHENSON in seine ersten Lokomotivbahnen einschaltete, obgleich er auch bei deren Konstruktion zunächst auf Hanfseile zurückgreifen mußte. Kaum bekannt ist die von George STEPHENSON bereits 1820 in Hetton (Grafschaft Durham) erbaute Kohlenbahn. Sie besaß 5 Steilstrecken, auf denen die Wagen durch ortsfeste Dampfmaschinen mit Hilfe eines Zugseils befördert wurden, während 5 Dampflokomotiven die Wagen auf den zwischenliegenden und anschließenden ebenen Strecken zogen. 1826 wandte STEPHENSON dieses System bei seiner berühmten Stockton-Darlington-Bahn erneut an. Eine Dampflokomotive beförderte die von den Kohlengruben bei Darlington kommenden Züge bis kurz vor Stockton. Dort befand sich die „Brusselton-Incline": Eine ortsfeste Dampfmaschine zog mit Hilfe eines Seils die Wagen auf der einen Seite den Berg hinauf und ließ sie auf der anderen Seite wieder hinab. Dann wurden sie wiederum von einer Lokomotive das restliche Stück bis zur Verladestelle in Stockton gebracht.

Die Strecken der „Brusselton-Incline" waren 1980 m bzw. 1 020 m lang und überwanden etwa 40 m Höhenunterschied. Eine derartig geringe Neigung von nur 2,2 % wird heute spielend im Reibungsbetrieb bewältigt, bereitete jedoch für die ersten kleinen Dampflokomotiven noch unüberwindbare Probleme. Deshalb entstanden in der Folgezeit weitere 44 derartige Anlagen

9

in der gesamten Welt, die oft aus mehreren Sektionen bestanden. In Deutschland bezeichnete man sie in freier Übersetzung des Wortes „incline" als „schiefe (Seil-)Ebene". Die Kombination von Lokomotiv- und Seilbahnen erwies sich im Betrieb als äußerst umständlich, so daß Strecken mit schiefen Seilebenen schon bald auf reinen Lokomotivbetrieb umgebaut wurden. In Stockton geschah das 1856 durch eine Streckenverlegung. Auch von den 3 im damaligen Deutschen Reich erbauten schiefen Seilebenen waren die zwischen Aachen und Ronheide sowie zwischen Braunschweig und Harzburg nur von 1843 bis 1848 bzw. 1850 in Betrieb, während es die zwischen Erkrath und Hochdahl auf der Hauptstrecke Düsseldorf–Wuppertal-Elberfeld immer-

5 Drahtriese zum Holztransport in der Schweiz (1877).

6 Alte Darstellung der beiden schiefen Seilebenen, die George STEPHENSON 1826 in die Eisenbahnstrecke Stockton – Darlington einschaltete.

hin auf 90 Jahre (1839 bis 1927) brachte. Die letzten Jahrzehnte wurde dort das Seil benutzt, um mit der zurückkehrenden Schiebelokomotive den nächsten Zug bergwärts zu ziehen. Die letzten schiefen Seilebenen der Welt besitzt die Santos-Jundiai-Bahn in Brasilien. Ihre 9 Sektionen werden jedoch seit 1965 systematisch in Zahnradbahnabschnitte umgebaut.

1844 stellte Oberbergrat ALBERT in Clausthal (Harz) das erste Drahtseil her und legte damit den Grundstein für die gesamte moderne Fördertech-

nik. Die ersten Drahtseile wurden schon 1847 durch Felten & Guilleaume in Köln und kurz darauf auch in England industriell hergestellt. Damit standen nun preiswerte Seile von hoher Festigkeit und Lebensdauer zur Verfügung – eine Voraussetzung für den Bau leistungsfähiger und wirtschaftlicher Seilbahnen.

Zur gleichen Zeit entstand die Seilriese als ein neues Transportmittel. Schon früher hatte man im Gebirge hölzerne Rinnen gebaut, um darin Stämme zu Tal rutschen oder „riesen"

zu lassen. 1849 wurde nun zum ersten Mal in Riva am Gardasee ein Hanfseil von 40 mm Durchmesser und 1 050 m Länge zum Abriesen von 700 t Brennholz benutzt. 1857 erfand Johann Babtist PRADI, ein Bauer aus Lewico im Tessin, eine Drahtriese zum Holztransport, geriet jedoch mit dem Forstmann Adolf HOHENSTEIN in heftigen Streit um die Urheberschaft, nachdem dieser 1859 in Fay im italienischen Bezirk Mezzo Lombardo eine gleichartige Anlage erbaut hatte. Beide verwendeten jedoch nur einen starken Draht und kein Seil. Erst 1867 führte der Forstverwalter STRÜBIN erfolgreich das Drahtseil ein, nachdem zuvor bei einer von ihm in Liestal (Schweiz) erbauten Drahtriese ständig die Lötstellen zwischen den einzelnen Drahtstücken gebrochen waren. Damit war die Überlegenheit eines Seiles gegenüber einem einzelnen starken Draht in der Praxis eindeutig bewiesen.

Der Engländer HODGSON experimentierte 1867 erfolgreich in Richmond mit einer kleinen Einseilschwebebahn mit Umlaufbetrieb. Im Folgejahr baute er in der Nähe von Leicester eine 5,5 km lange Anlage, die dem Transport von Basalt aus einem Steinbruch zur nächsten Eisenbahnstation diente. 10 t konnten stündlich befördert werden; der Antrieb erfolgte durch eine Dampfmaschine. Bald gab es HODGSONsche Seilschwebebahnen nicht nur in ganz England, sondern auch in vielen anderen europäischen Staaten.

Inzwischen beschäftigte man sich auch in verschiedenen Ländern mit dem Bau von Seilriesen und Seilbahnen. Eine beachtliche Drahtriese baute VON DÜCKER in der Schwarzen Hütte bei Osterode (Harz) zum Transport von Zuschlagstoffen aus dem Steinbruch in das Hüttenwerk. Als Fahrbahn diente ein 377 m langes Rundeisen, das auf bis zu 12,50 m hohen Stützen lag. Die 3 Wagen fuhren beladen ohne Antrieb talwärts, leer wurden sie mit Hilfe eines Seiles zurückgezogen. Diese Anlage war bis zum ersten Weltkrieg in Betrieb. 1872 baute VON DÜCKER bei Metz eine 2148 m lange Seilschwebebahn, die jedoch erhebliche Mängel aufwies, so daß sie ein Einzelstück blieb.

Der Siegeszug der Seilbahnen

Für den öffentlichen Personen- und Güterverkehr mußte etwas stabileres und sichereres gefunden werden als die ersten Drahtriesen und Seilschwebebahnen. Die schiefen Seilebenen waren da ein wesentlich besseres Vorbild, und auf ihrer Basis entstand 1862 in Lyon die erste Standseilbahn. Weitere folgten 1870 in Budapest, 1872 nochmals in Lyon, 1873 auf den Leopoldsberg bei Wien, 1875 in Scarborough (England) und 1877 in Zeitz. Damit wurde die erste Standseilbahn Deutschlands, die zugleich die sechste in Europa war, gebaut. Alle diese Anlagen wurden von örtlichen Unternehmern hergestellt und wiesen deshalb in ihren Antriebs- und Bremssystemen recht unterschiedliche Konstruktionen auf.

Ebenfalls 1877 taucht mit Theodor BELL aus Kriens (Schweiz) ein Mann auf, dessen Unternehmen sich bis heute mit dem Seilbahnbau beschäftigt. Seine erste Standseilbahn führte von Lausanne nach Ouchy. Bereits bei seiner zweiten Bahn Lausanne–Gare löste er das Problem der Wagenbremsen einwandfrei, indem er die Fahrzeuge mit Bremszahnrädern ausrüstete und eine Zahnstange der Bauart RIGGENBACH in das Gleis einlegte. Der Schweizer Ingenieur RIGGENBACH engagierte sich daraufhin stark bei der Popularisierung der Standseilbahnen, so daß sich bald weitere Unternehmen mit deren Bau beschäftigten. Besonders zu nennen wären die Gießerei der von Rollschen Eisenwerke in Bern und die Maschinenfabrik Eßlingen, die 1887 mit der Malbergbahn in Bad Ems ihre erste Standseilbahn baute.

Währenddessen studierte ein Mann die gesamte bisherige Entwicklung, und sein Wirken sollte für lange Zeit für den Bau von Seilschwebebahnen in der ganzen Welt von entscheidender Bedeutung sein: Adolf BLEICHERT. Er erkannte, daß vor allem

bei schwierigen Geländeverhältnissen
nur Seilschwebebahnen billig anzulegen sind und damit günstige Voraussetzungen zur wirtschaftlichen Lösung
vieler Transportprobleme bieten. Damit er seine Ideen verwirklichen
konnte, trat er 1872 in die „Halle-Leipziger Maschinenbau-Actiengesellschaft" in Schkeuditz ein und baute
seine erste Seilschwebebahn für die
Solaröl- und Paraffinfabrik in Teutschenthal bei Halle. Für die 740 m
lange Strecke verwendete er als Laufbahn noch Rundeisen, das auf hölzernen Stützen lag. Das umlaufende Zugseil bestand anfangs aus einzelnen
Stücken, die durch schmiedeeiserne
Wulste zusammengehalten wurden.
Die Wagen hängten sich mit einem
Haken an diesen Wulsten ein. Die
Förderleistung betrug bereits 13 t je
Stunde und Richtung. Vom März
1874 an war diese Seilschwebebahn
über 40 Jahre lang in Betrieb. Als
wichtigste spätere Verbesserung wäre
der Umbau auf ein endlos gespleißtes
Zugseil und Exzenter-Klemmkupplungen an den Wagen zu nennen.
Noch 1874 gründete BLEICHERT
gemeinsam mit seinem Freund Theodor OTTO in Schkeuditz ein eigenes
Unternehmen. Ziegeleibesitzer
BRANDT gestattete auf seinem Gelände in Gohlis bei Leipzig den Bau
einer Probestrecke, wo nach vergleichenden Versuchen nur noch Tragseile an Stelle der bis dahin oft üblichen Rundeisen verwendet wurden.
1875 erhielt das junge Unternehmen
von Alfred KRUPP seinen ersten Auftrag und baute für dessen Zweigwerk
in Sayn eine Seilschwebebahn, an der
viele wichtige Erfahrungen gesammelt
werden konnten. Hier wurden auch
zum ersten Mal Exzenter-Klemmkupplungen angewandt und Winkelstationen angelegt.
1876 trennte sich OTTO von BLEICHERT, erhielt jedoch von diesem
das Recht zur Nutzung seiner sämtli-

chen Patente. BLEICHERT verlegte
daraufhin sein Unternehmen nach
Leipzig, wo es sich bald zum wohl
größten Seilbahnhersteller der Welt
entwickelte. Außerdem machten sich
Mitarbeiter BLEICHERTs und OTTOs selbständig oder versuchten sich
mit Hilfe anderer Unternehmen im

Seilbahnbau. Zu ihnen gehörten in
Leipzig die „ATG, Allgemeine Transportanlagen-Gesellschaft m.b.H. –
Maschinenfabrik" sowie die Firmen
SPITZECK und Curt RUDOLPH,
im Rheinland POHLIG als früherer
Vertreter OTTOs.
Diese breite Entwicklung war nur

7 Wagen des von VON DÜCKER erbauten Seilriesen in der Schwarzen Hütte bei Osterode (Harz). Das starre Gehänge verhindert das waagerechte Einstellen des Transportgefäßes bei geneigtem Seil.

8 Erste von BLEICHERT gebaute Seilschwebebahn von 1874 in Teutschenthal bei Halle (Saale).

9 So skizzierte ein Reisender um 1900 die alte Personen-Seilschwebebahn in Merida (Kolumbien).

möglich, weil mit den Seilschwebebahnen ein billiges Transportmittel besonders für Massengüter entstanden war. So baute allein BLEICHERT von 1874 bis 1890 500 Bahnen, bis 1899 weitere 500 Bahnen und bis 1905 nochmals 1 000 Bahnen! Dann entstanden mit den Kabelkranen, Elektrohängebahnen und Förderbändern Transportmittel, die den Einsatzbereich der Seilschwebebahnen einengten.

Inzwischen gab es ernsthafte Bestrebungen, die recht sicher gewordenen Seilschwebebahnen auch für die Beförderung von Personen zu nutzen. Die ersten derartigen, noch recht primitiven Bahnen sind aus Übersee bekannt. Eine Anlage in Merida in Kolumbien, die um 1900 bestand, soll angeblich schon 1540 erbaut worden sein; dagegen ist die Eröffung einer anderen Seilbahn in Greenville (USA) für 1886 verbürgt. In Europa hemmten zunächst noch skeptische Behörden die Entwicklung, weil sie glaubten, das Leben von Menschen nicht einem Seil anvertrauen zu können. Die Mailänder Firma Cerretti & Tanfani wagte den Gegenbeweis, indem sie 1898 auf der Jubiläumsausstellung in Wien eine Seilschwebebahn mit Umlaufbetrieb vorstellte. Die Fahrgäste konnten in 10 primitiven, offenen Wagen die 250 m lange und nur 12 m Höhenunterschied bewältigende Strecke befahren.

Parallel zu diesen Bestrebungen zum Bau echter Seilschwebebahnen hatte der Kölner Ingenieur Eugen LANGEN ein Einschienenbahnsystem entwickelt. Der Elektrokonzern Schukkert & Co. in Nürnberg erwarb die Patente und ließ durch Tochtergesellschaften 2 Bahnen bauen. Die größere war die 13 km lange Wuppertaler Schwebebahn, deren fast ebene Strecke von Triebwagen befahren wird und die den Charakter einer Stadtschnellbahn trägt. Dagegen war die kleinere in Dresden-Loschwitz eine reine Bergbahn, deren Wagen durch ein Zugseil bewegt wurden. Beide Bahnen wurden 1901 eröffnet, werden heute noch betrieben und beweisen damit die Zuverlässigkeit des LANGENschen Systems. Trotzdem blieben sie Einzelstücke. Die Gründe dafür dürften sowohl im hohen Stahlbedarf und den damit verbundenen hohen Baukosten als auch im Bankrott des Schuckert-Konzerns zu suchen sein.

8

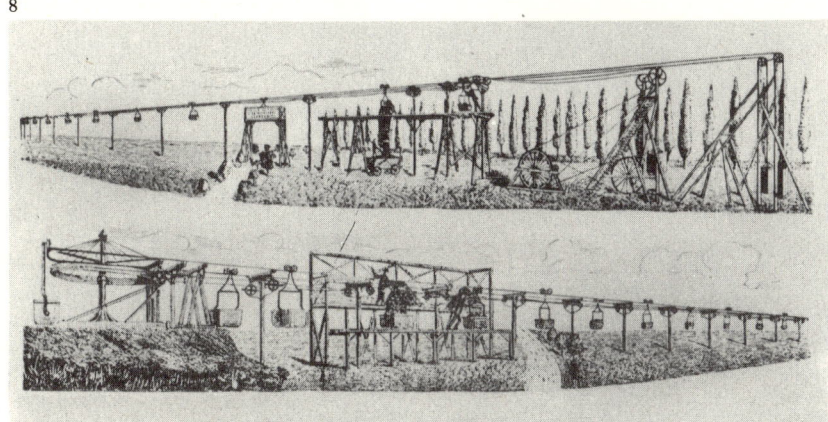

9

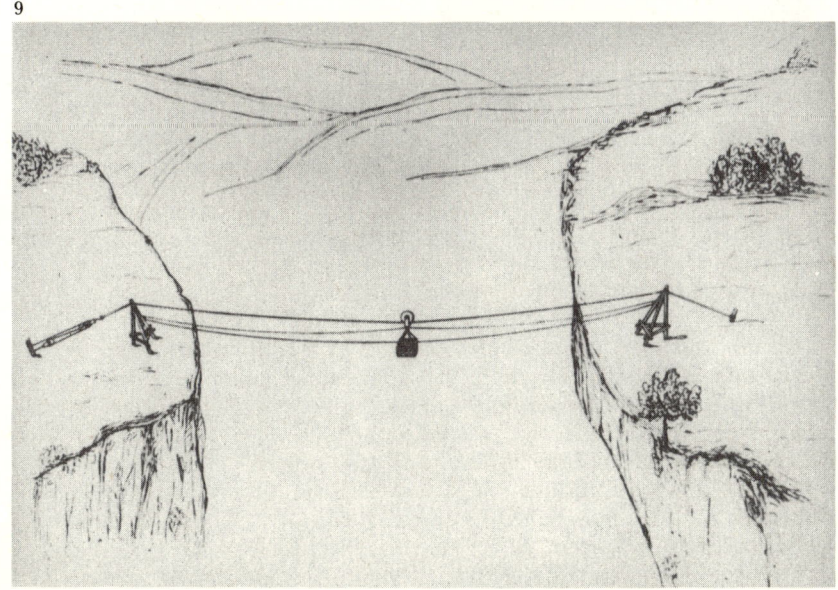

Welchen hohen Entwicklungsstand die echten Seilschwebebahnen um die Jahrhundertwende schon erreicht hatten, zeigt eine von BLEICHERT in den Jahren 1903 bis 1904 in den argentinischen Kordilleren erbaute Anlage von 34 km Länge. Sie war in 8 Sektionen unterteilt. Die Talstation lag mit 1 000 m über NN noch im tropischen Regenwald, die Bergstation dagegen in 4 600 m über NN im ewigen Schnee. Diese gigantische Seilbahn diente dem Transport von Kupfererzen zum nächsten Eisenbahnanschluß, besaß aber gleichzeitig für den Personenverkehr eine kleine Kabine mit 4 Plätzen.

In Europa konnten die staatlichen Aufsichtsbehörden ihre Vorbehalte nicht so schnell überwinden, so daß zunächst für den Personenverkehr nur Seilschwebebahnen mit mehreren Tragseilen gebaut wurden. Auf diese Weise glaubte man die Pendelschwingungen der Kabine einschränken zu können und gleichzeitig ihren Absturz bei Bruch eines Seiles zu verhindern.

1907 wurde in San Sebastian (Spanien) eine Seilschwebebahn nach dem System TORRES gebaut. Der einzige Seilbahnwagen lief auf 6 Tragseilen. 1908 folgte in der Schweiz die Seilschwebebahn Grindelwald–Enge, die allgemein als „Wetterhornaufzug" bekannt wurde. Bei dieser nach dem System FELDMANN gebauten Bahn waren 2 Tragseile übereinander angeordnet. Die 1912 von Cerretti & Tanfani erbaute Seilschwebebahn von Lana auf das Vigiljoch besaß zwar nur 1 Tragseil, dafür aber zusätzlich ein bei normalem Betrieb unbelastetes Fangseil, das die Kabine im Falle des Tragseilbruchs festhalten sollte. Darüber hinaus sollte ein seitliches Führungsseil das Auspendeln der Kabine verhindern.

Alle diese Bauarten waren recht kompliziert und konnten sich deshalb

10

10 Die 1913 von BLEICHERT erbaute Seilschwebebahn von Bozen auf den Kohlern mit doppelten Trag- und Zugseilen.

nicht allgemein durchsetzen. Der einzigen wirklich einfach konstruierten Seilbahn, 1908 von Bozen auf den Kohlern gebaut, wurde nach kurzer Betriebszeit die Genehmigung zur Personenbeförderung mit der Begründung, es sei nur 1 Tragseil vorhanden, entzogen. BLEICHERT erhielt daher den Auftrag für eine neue Bahn auf den Kohlern. Ihre Bauzeit betrug 13 Monate, der 9 Monate intensive Prüfung durch die bürokratischen

österreichischen Behörden folgten, bis endlich am 10. Mai 1913 der Betrieb aufgenommen werden konnte.

Die Seilschwebebahn auf den Kohlern besaß 2 Trag- und 2 Zugseile, wobei mehrere Ausgleichvorrichtungen für eine einigermaßen gleichmäßige Verteilung der Kräfte auf jeweils beide Seile sorgten. Damit vermied die Bahn zahlreiche Mängel der bisher verwendeten Systeme. Auch ihre Abmessungen waren zur damaligen Zeit in Europa beachtlich: Auf 1 608 m Länge wurden 834 m Höhenunterschied überwunden, und die 2 Kabinen faßten je 22 Personen. Damit sollte diese Seilschwebebahn für viele spätere Anlagen zum Vorbild werden.

Die Entwicklung zwischen den Weltkriegen

Der erste Weltkrieg brachte eine völlige Veränderung im Seilbahnbau. Die eben erst entwickelten Personen-Seilschwebebahnen waren nicht mehr gefragt. In Windeseile entwickelte BLEICHERT eine transportable Feldseilbahn für den Nachschub der Truppen in bergigem Gelände und baute diese im Gegensatz zu seinen bisherigen Traditionen als Einseilbahn. Gründe für diese einfache Bauweise waren sicher die geringe Masse für solch eine transportable Anlage und kriegsbedingte Materialknappheit sowie von den Bestellern geforderte niedrige Baukosten. Bis Kriegsende wurden 630 Feldseilbahnen in 3 verschiedenen Baugrößen hergestellt. Eine ähnliche Entwicklung war auch auf britischer Seite festzustellen.

In den nachfolgenden Krisenjahren wurde das Bedürfnis für neue Lastenseilbahnen immer geringer, und zum Bau von Personenseilbahnen fehlten die Mittel vollständig. Erst 1924, als sich die Wirtschaft wieder zu beleben begann, wurden in Europa nach langer Pause wieder 3 Personen-Seilschwebebahnen gebaut, davon eine in Frankreich, eine in Italien und die dritte von Oberwiesenthal auf dem Fichtelberg.

Technisch gesehen blieb die Fichtelberg-Schwebebahn hinter dem allgemeinen Entwicklungsstand zurück. Die ATG hatte sie weitgehend der Kohlernbahn von 1913 nachgestaltet. Dagegen hatte Ingenieur ZUEGG die Seilschwebebahn Meran–Halfling nach neuen Patenten mit nur 1 Trag- und 1 Zugseil gebaut und dabei eine freie Spannweite von 1 467 m angewandt! BLEICHERT kaufte sofort die Patente und begann noch im Oktober 1925 mit dem Bau der Kreuzeckbahn nach der Bauart Bleichert-Zuegg. Damit hatte sich endlich die wissenschaftliche Erkenntnis in der Praxis durchgesetzt, daß mit 1 hochgespannten Seil eine höhere Sicherheit erreicht wird als mit 2 schlaffen Seilen. Die Impulse für die weitere Entwicklung gingen deshalb von Meran aus und nicht vom Fichtelberg.

Zum gleichen Zeitpunkt begannen Lastkraftwagen, Förderbrücken und Pipelines den Lastenseilbahnen weitere Einsatzgebiete zu entziehen, so daß immer weniger neue Anlagen gebaut wurden. Hatte BLEICHERT in den ersten 50 Jahren seines Bestehens bis 1924 fast 4 000 Seilbahnen hergestellt, so waren es in den folgenden 20 Jahren bis 1944 nur noch 200. Die hohe Zeit der Lastenseilbahnen war endgültig vorbei. Eine Folge war der Bankrott sämtlicher in Leipzig ansässigen Seilbahnhersteller während der Weltwirtschaftskrise um 1930; nur BLEICHERT konnte sich als einziger wieder sanieren.

Bei den Standseilbahnen war die Situation noch weitaus ungünstiger. 1923 konnte noch nach langer Bauzeit während der Krisenjahre die Oberweißbacher Bergbahn in Betrieb genommen werden. In der internationalen Fachwelt fand sie große Beachtung, wurde sie doch als Verbindung zwischen 2 Reibungsstrecken zur steilsten Bahn der Welt für normalspurige Güterwagen. Danach kam es jedoch nur noch in Ausnahmefällen zum Bau neuer Standseilbahnen, ihre bisherigen Einsatzgebiete übernahmen Bus und Lastkraftwagen.

Insgesamt gesehen beschränkte sich der Seilbahnbau zunehmend auf Seilschwebebahnen im Hochgebirge, bis er durch den zweiten Weltkrieg für längere Zeit überhaupt unterbrochen wurde.

Vom
Wiederbeginn
nach 1945
bis zur
Gegenwart

Im zweiten Weltkrieg waren in fast allen europäischen Ländern unermeßliche Schäden angerichtet worden. So mußte man sich bei den Seilbahnen überall zunächst auf den Wiederaufbau zerstörter Bahnen und auf die Ausführung von Instandhaltungsmaßnahmen, die wegen Fehlens von Material und Arbeitskräften während der Kriegsjahre unterblieben waren, beschränken.

Das Leipziger Werk der Firma BLEICHERT wurde zur SAG Bleichert und nach 1954 in Volkseigentum überführt. Es bildet den Grundstock des heutigen VEB Verlade- und Transportanlagen „Paul Fröhlich". Ab 1949 wurden hier auch wieder Seilbahnen gebaut, und bis 1963 entstanden nochmals 52 Anlagen. An den Betrieb wurde jedoch die dringende Forderung gestellt, seine Produktion fördertechnischer Einrichtungen für den Braunkohlentagebau zu erweitern. Das war aber nur möglich, indem einige kleinere Produktionszweige eingestellt wurden, und zu diesen gehörte inzwischen der einstmals dominierende Seilbahnbau. Zwischen den sozialistischen Staaten kam es im Rahmen des RGW zu einer Vereinbarung, nach der die Herstellung von Seilschwebebahnen in der ČSSR erfolgen sollte.

Auch die Sowjetunion baute eine größere Anzahl Seilbahnen, die sich zum großen Teil im Kaukasus und an den Steilküsten des Schwarzen Meeres befinden. Unter diesen Anlagen sind sowohl Standseilbahnen und Seilschwebebahnen für den Touristenverkehr als auch Lastenseilbahnen für Massentransporte. Beachtenswert ist dabei Tschiatura im Kaukasus, wo ein umfangreiches Seilbahnnetz entstand. 18 Seilschwebebahnen wickeln den gesamten Personenverkehr dieser Stadt mit 20 000 Einwohnern ab, und weitere 23 transportieren Manganerze aus den umliegenden Gruben.

In den Ländern Westeuropas und in den USA bestimmte in den letzten 30 Jahren vor allem die scharfe Konkurrenz in der Fremdenverkehrsindustrie den Bau und die technische Entwicklung von Seilbahnen. Jede Alpengemeinde mußte als Attraktion ihre eigene Bahn haben, und sei es nur ein kleiner Sessellift; anderenfalls mußte sie das Ausbleiben der Touristen befürchten. Dieser Breitenentwicklung setzten die großen Touristenzentren wiederum Bahnen entgegen, mit deren Ausmaßen sie sich gegenseitig zu überbieten suchten. Gegenwärtig hält diese Entwicklung noch an.

Sicher ist eine ganze Anzahl hochinteressanter Seilbahnen entstanden, und immer wieder entsteht die Frage, welche von ihnen wohl die größte sein mag. Aber diese Frage kann nicht so einfach beantwortet werden, denn welches Kriterium sollte dabei als Vergleich herangezogen werden? Streckenlänge, freie Spannweite, Höhenunterschied, Fassungsvermögen der Seilbahnwagen, Fahrgeschwindigkeit oder Leistungsfähigkeit – alle diese Werte wurden in die Höhe getrieben, aber es gibt in der ganzen Welt keine einzige Bahn, die überall das Maximum aufweist. Die Tabelle enthält aus der großen Zahl der in den letzten Jahren erbauten Seilbahnen eine kleine Auswahl von Anlagen mit extremen Parametern. Sie soll zeigen, welche Möglichkeiten der gegenwärtige Stand der Technik im Seilbahnbau zuläßt.

Die Mehrzahl der in den letzten Jahren gebauten Seilbahnen hat die Aufgabe, eine große Zahl von Skisport-

11 Eine der modernsten Seilschwebebahnen der Welt führt vom Eibsee auf die Zugspitze. Darunter ein Triebwagen der Zahnradbahn, die ebenfalls auf die Zugspitze führt.

12 Eine der modernsten Seilschwebebahnen der Schweiz führt auf den Gipfel des Säntis.

Moderne Seilbahnen (Auswahl)								
Bauart (Betriebsart)	Standort (Land)	Baujahr	Länge m	Höhen- unter- schied m	Wagen bzw. Sessel Anzahl	Fassungs- vermögen des Wagens Personen	Fahrge- schwindig- keit m/s	Leistung in jeder Richtung Personen/h
Standseilbahn (Pendelbetrieb)	Gletscherbahn Kaprun II (Österreich)	1974	3 900	1 535	2	180	10	1 350
Großkabinen- Seilschwebebahn (Pendelbetrieb)	Eibsee – Zugspitze (BRD)	1963	4 450	1 950	2	44 + 1	10	300
	Furi – Trockener Steg, Zermatt (Schweiz)	1983	3 517	1 062	2	125 + 1	10	920
	Val Thorens (Frankreich)	1983	2 000	867	2	150 + 1	11	1 500
Kleinkabinen- Seilschwebebahn (Umlaufbetrieb)	Squaw Valley (USA)	1983	9 107	1 750		4	9,84	2 400
Sesselbahn (Umlaufbetrieb)	Courcherel (Frankreich)	1983	17 535	500	140	4	5	2 800

lern schnell in schneesichere Gebiete zu befördern, wo sie sich vielleicht sogar im Sommer betätigen können. Daher führen die Bahnen in immer höher gelegene Gebiete. Die Größe der Kabinen ist derart gewachsen, daß trotz ihres extremen Leichtbaus teilweise wieder zum doppelten Tragseil zurückgekehrt werden mußte. Bei Sesselbahnen ist man inzwischen bei Gehängen mit 4 Sitzen angelangt.

In zunehmendem Maße werden auch wieder Standseilbahnen gebaut. Sie können im Gegensatz zu den Seilschwebebahnen auch bei Sturm weiterbetrieben werden. Ihre Gleise werden vielfach durchgehend auf Brücken oder in Tunnel verlegt, damit ihnen auch starke Schneefälle und Verwehungen nichts anhaben können.

Eine Konzentration derartiger leistungsfähiger Seilbahnen bringt allerdings auch erhebliche Probleme. Für die vielen Skisportler müssen zahlreiche Pisten und Loipen geschaffen werden, wozu große Waldstücke abgeholzt und ganze Hänge planiert werden müssen. Als Folge treten Umweltschäden auf, deren spätere Ausmaße heute noch gar nicht zu übersehen sind. Deshalb werden in allen sozialistischen Ländern extreme Zusammenballungen von Touristen vermieden.

In der DDR kommt dazu der Mangel an ausgesprochen schneesicheren Gebieten. Beides sind Gründe für eine gewisse Zurückhaltung bei der Anlage neuer Touristenbahnen.

In der DDR wird sich deshalb in den nächsten Jahren die Entwicklung im wesentlichen auf die Modernisierung vorhandener Seilbahnen beschränken. Darüber hinaus wurden einige alte Bahnen, die einen Markstein in der Entwicklung der Fördertechnik und des Verkehrswesens darstellen, unter Denkmalschutz gestellt und sollen in ihrer ursprünglichen Form der Nachwelt erhalten bleiben.

Ein
wenig Technik

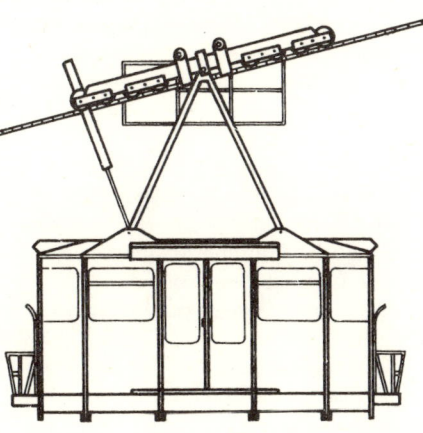

Schiene, Zahnrad oder Seil?   20

Die Darstellung einer Neigung   22

Bauarten von Seilbahnen   24

Das Wichtigste: Die Seile   28

Antriebe und Fördermaschinen   33

Signale und Sicherheitseinrichtungen   37

Gesetze über Seilbahnen und Aufsichtsbehörden   44

Nur selten bei Seilbahnen: Havarien und Unfälle   45

Schiene, Zahnrad oder Seil?

Zur Fortbewegung eines Straßenfahrzeugs wird eine verhältnismäßig große Kraft und damit eine hohe Leistung des Antriebsmotors benötigt. Ursache hierfür ist die Reibung zwischen den Rädern und der Fahrbahn, die mit einer schlechten Straßendecke und mit der Walkarbeit der Reifen noch zunimmt.

Eisenbahnen vermeiden diesen Nachteil. Die geringe Reibung zwischen den glatten stählernen Rädern und Schienen ermöglicht die Beförderung großer Lasten mit nur geringen Zugkräften. Gleichzeitig gestattet die Zwangsführung der Fahrzeuge im Gleis ihre Zusammenstellung zu Zügen.

Die geringe Reibung zwischen Rad und Schiene erlaubt jedoch auch nur die Übertragung begrenzter Antriebskräfte. Sie sind aber dennoch ausreichend, so daß eine Lokomotive in der Ebene einen Wagenzug befördern kann.

Ganz anders gestalten sich die Verhältnisse beim Befahren einer Steigung. Neben der Zugkraft zur Überwindung der Rollreibung müssen zusätzliche Kräfte aufgewendet werden, um die Fahrzeuge nach oben zu heben. Sie sind bei der kleinen Masse eines Straßenfahrzeuges verhältnismäßig gering und werden infolge der hohen Reibung zwischen Rad und Straße gut übertragen, so daß moderne Kraftfahrzeuge fast mühelos auch größere Steigungen überwinden können.

Dagegen überschreiten bei der Bergfahrt eines Eisenbahnzuges schon bei ganz geringen Steigungen die Kräfte, die zum Heben seiner gewaltigen Massen benötigt werden, bei weitem die geringe Kraft, die ihn in der Ebene in Bewegung hält. So erreicht man in der Praxis bald die maximale Zugkraft der Lokomotive. Die Neigungen von Eisenbahnstrecken sind daher stets geringer als die von Straßen.

Es bereitet erhebliche Probleme, eine Eisenbahn mit den zulässigen geringen Neigungen in ein Gebirge hineinzuführen. Die Trasse muß künstlich verlängert werden, was nur mit Hilfe von Schleifen oder Kehren möglich ist. Diese können nur in den seltensten Fällen dem Gelände angepaßt werden; die Folge sind Dämme, Brücken und Tunnel, die die Kosten für den Bahnbau wesentlich erhöhen. Deshalb bemühte man sich schon seit der Erfindung der Eisenbahn um Antriebssysteme, die von der Reibung zwischen den Lokomotivrädern und den Fahrschienen unabhängig waren. Dazu gibt es grundsätzlich 2 Möglichkeiten: die Zahnradbahn und die Seilbahn.

Bei der Zahnradbahn wird zwischen die Fahrschienen zusätzlich eine Zahnstange verlegt, in die ein oder mehrere angetriebene Zahnräder der Lokomotive eingreifen. Die Triebfahrzeuge lassen sich dabei auch so gestalten, daß sie sowohl im Reibungs- als auch als Zahnradbetrieb fahren können. Auf diese Weise wird es möglich, Zahnradstrecken zwischen normale Reibungsbahnen einzufügen und auf ihnen auch Eisenbahnwagen normaler Bauart verkehren zu lassen. Die Länge derartiger Zahnradstrecken ist an sich beliebig, ihre Steigung dagegen auch begrenzt, weil sonst die Gefahr besteht, daß die Zahnräder der Lokomotive auf die Zahnstange aufsteigen und damit eine Kraftübertragung nicht mehr möglich ist.

Bei der Seilbahn wird der Wagenzug an einem Seil den Berg hinaufgezogen, die Antriebsstation ist dabei ortsfest. Die mögliche Steigung wird hier nur dadurch begrenzt, daß kurze Fahrzeuge mit hoher Schwerpunktlage nach hinten abkippen und dadurch entgleisen können. Daneben gibt es eine andere Beschränkung: Die Seile können nur in einer begrenzten Länge hergestellt werden. Längere Strecken müssen deshalb in mehrere kürzere Sektionen aufgeteilt werden. Auch ist der Übergang normaler Eisenbahnwagen auf solche Seilbahnen kompliziert, so daß ihre wirtschaftliche Anwendung von vornherein auf kurze Strecken mit nur lokaler Bedeutung beschränkt bleiben muß.

Damit ergibt sich eine weitere Möglichkeit beim Bau von Seilbahnen: An Stelle des Gleises wird auch als Fahrbahn ein Seil gespannt. Dadurch können auch extreme Geländeabschnitte, wie sie besonders in Gebirgen vorkommen, überspannt und somit die Baukosten sehr gering gehalten werden. Heute sind dabei Spannweiten von über 2 500 m beherrschbar. Da das Fahrzeug am Seil hängt und damit der Schwerpunkt unter der Fahrbahn liegt, besteht auch bei extremsten Steigungen keinerlei „Entgleisungsgefahr". Dagegen lassen sich mit einer solchen Bahn nur begrenzte Einzellasten befördern, und bei Sturm gibt es weitere Betriebsprobleme.

Der Vergleich dieser Bahnsysteme zeigt, daß jedes mit bestimmten Vor- und Nachteilen behaftet ist und deshalb sein eigenes begrenztes wirtschaftliches Einsatzgebiet besitzt. Dabei hat im Lauf der über 150 Jahre Eisenbahngeschichte der wissenschaftlich-technische Fortschritt manche Verschiebung zugunsten anderer Systeme gebracht. Am deutlichsten sichtbar wird das an der Entwicklung der Lokomotiven, bei denen durch Vergrößerung der Reibungsmasse und die bessere Ausnutzung der Reibung zwischen Rad und Schiene immer größere Zugkräfte erreicht wurden, die das Befahren größerer Neigungen ermöglichten und damit das Einsatzgebiet der Zahnradbahnen stark eindämmten. Deshalb gibt es auch in der DDR keine Zahnradbahnen mehr; sie wurden alle auf Reibungsbetrieb umgestellt.

Die Tabelle zeigt einen Vergleich der wirtschaftlich möglichen und der maximal ausgeführten Neigungen der einzelnen Bahnsysteme. Aus ihr ist außerdem zu erkennen, daß die steilsten Reibungsstrecken solche mit Triebwagenbetrieb sind, weil dort im Gegensatz zum Lokomotivbetrieb alle Achsen des Zuges angetrieben werden können, so daß die Reibung zwischen Rad und Schiene vergrößert wird.

Neigungen von Bahnen verschiedener Bauart		
Bauart	Ausgeführte Strecken bzw. Streckenart	Neigung
Reibungsbahn	maximal zulässig auf Hauptbahnen der DR (Neubauten)	2,5 %
	maximal zulässig auf Nebenbahnen der DR (Neubauten)	4,0 %
	Maximum bei der DR (Suhl–Schleusingen)	6,7 %
	Straßenbahn Dresden	8,3 %
	Straßenbahn Plauen (Vogtland)	9 %
	Straßenbahn Remscheid (BRD; stillgelegt)	10 %
Zahnradbahn	wirtschaftlich bis etwa	25 %
	Maximum: Pilatusbahn (Schweiz)	48 %
Standseilbahn	wirtschaftlich bis etwa	60 %
	in der DDR zugelassen bis	80 %
	Maximum (öffentlicher Verkehr): Piota – Ritom (Schweiz)	87,8 %
	Maximum (Werkverkehr): Limberg-West (Österreich)	119 %
Seilschwebebahn	wirtschaftlich bis etwa	100 %
	technisch ausführbar bis etwa	400 %

Die Darstellung einer Neigung

Bei den geringen Neigungen der Eisenbahnen ist die Größe des Neigungswinkels kaum aussagefähig. Deshalb wird in der Praxis stets das Verhältnis Höhenunterschied zu Streckenlänge angegeben, wobei verschiedene Darstellungsweisen möglich sind. Betrachten wir die Abbildung und setzen darin den *Höhenunterschied* h = 1 m, so erhalten wir das Verhältnis 1:s und mit diesem die *Streckenlänge s*, auf dem die Gleise um 1 m ansteigen. Gleichzeitig ist das Verhältnis 1:s der *Tangens des Neigungswinkels* als echter Bruch.

Bei einer anderen Darstellung setzen wir die *Streckenlänge s* = 100 m und geben den erreichten Höhenunterschied

an. Dieser Wert erhält die Benennung %. Er sagt aus, um wieviel Meter die Strecke auf eine Länge von 100 m ansteigt und ist gleichzeitig das 100fache des Tangens des Neigungswinkels, wenn dieser als Dezimalbruch angegeben wird.

In ganz ähnlicher Weise besteht die Möglichkeit, den Höhenunterschied auf einer Streckenlänge von s = 1 000 m anzugeben. Er wird dann mit der Benennung ‰ versehen und ist das 1 000fache des Tangens des Neigungswinkels.

Für Berechnungen in der Praxis stehen jedoch nur selten Streckenlängen von genau 100 m oder 1 000 m zur Verfügung. Es gilt in jedem Falle

$$\frac{h}{s} = tan\ \alpha,$$

so daß dieser stets einfach errechnet werden kann und durch nachfolgende Multiplikation mit 100 bzw. 1 000 die Neigung in % oder ‰ angegeben werden kann. Deshalb haben sich heute diese Angaben mehr und mehr durchgesetzt, wobei zur Vermeidung von Dezimalstellen bei Reibungsbahnen die Angaben in der Regel in ‰ erfolgen, bei Bergbahnen dagegen meist in %. Auch in diesem Buch sind alle Neigungen grundsätzlich in % angegeben und damit die Werte der verschiedenen Bahnen miteinander vergleichbar.

Bei der Angabe der Neigung wird in jedem Falle die waagerecht oder „gerade" gemessene Streckenlänge s zugrunde gelegt. Die wirkliche, „schräg gemessene" Streckenlänge s', die das Fahrzeug tatsächlich durchfährt, ist jedoch etwas länger. Sie läßt sich aus der „geraden" Strecke und der *Neigung h* nach dem Satz des Pythagoras leicht nach $s' = \sqrt{s^2 + h^2}$ ermitteln. In der Tabelle sind verschiedene Neigungen als Verhältnis, in % und in ‰ angegeben und dazu für eine gerade

Strecke s = 100 m die wirkliche, „schräge" Strecke s'. Dabei zeigt sich, daß bei den üblichen geringen Neigungen von Reibungsbahnen die Streckenverlängerung s' gegenüber s vernachlässigbar klein ist, während sie bei Seilbahnen mit ihren größeren Neigungen unbedingt berücksichtigt werden muß.

Bei Seilschwebebahnen entsteht noch ein weiteres Problem bei der Ermittlung ihrer wahren Länge. Im Gegensatz zu den Gleisen der Reibungs-, Zahnrad- und Standseilbahnen, die eine feste Fahrbahn mit mathematisch exakt bestimmbarer Länge bilden, ist das Tragseil ein elastisches Bauelement. Es hängt infolge seiner Eigenmasse zwischen den durch die Stützen gebildeten Festpunkten durch. Diese Lage wird als *Leerseillinie* bezeichnet

13
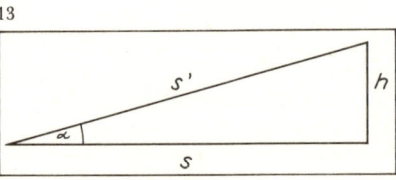

13 Darstellung einer Neigung:
h Höhenunterschied, s Streckenlänge (Projektion in die Ebene = „gerade" Länge), s' wirkliche Streckenlänge („schräge" Länge), α Neigungswinkel.

14 Leerseillinie und Lastwegkurve bei Seilschwebebahnen.

und entspricht praktisch einer Parabel. Die Gerade, die die beiden Auflagepunkte verbindet, bildet die *Stützensehne*.

Bringen wir nun eine Last an das Seil – beispielsweise einen Seilbahnwagen –, so senkt es sich an dem belasteten Punkt stärker ab und spannt sich zu den Stützen hin stärker. Dieser tiefste Punkt ändert während der Fahrt des Wagens ständig seine Lage, er bewegt sich auf der *Lastwegkurve*. Bei kurzen Stützenabständen, stark gespannten dünnen Seilen und kleinen Lasten weichen Leerseillinie und Lastwegkurve nur wenig von der Stützensehne ab. Solche Verhältnisse liegen beispielsweise bei Sesselliften vor. Je größer jedoch der Stützenabstand und die Masse von Tragseil und Seilbahnwagen werden, um so größer werden auch die Differenzen zwischen den 3 Kurven.

Betrachten wir nun die Neigungsverhältnisse, so müssen wir erkennen, daß sie sich an jedem Punkt der Lastwegkurve ändern. Die Neigung ist nach dem Überfahren einer Stütze am geringsten (oft besteht hier sogar ein Gefälle), nimmt bei der Weiterfahrt ständig zu und erreicht unmittelbar vor der nächsten Stütze ihr Maxi-

14

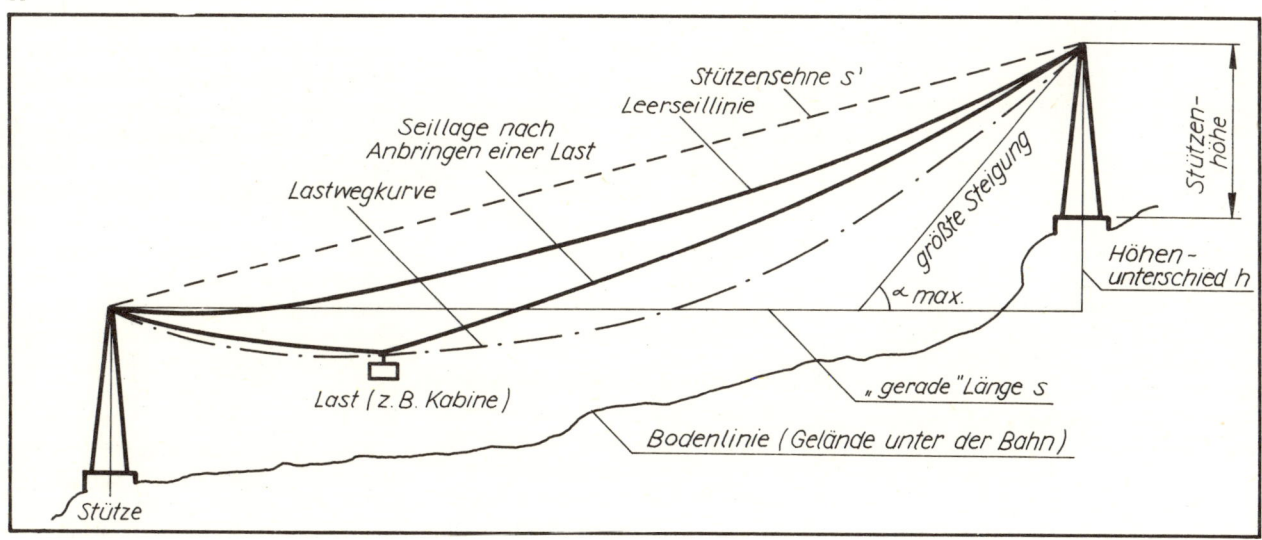

1 m Neigung zu x m Strecke tan α	Neigung auf 100 m Strecke 100 · tan α	Neigung auf 1000 m Strecke 1000 · tan α	Neigungswinkel α	Steigung auf 100 m Strecke h	schräge Länge von 100 m Strecke s'
1:100	1,0 %	10 ‰	0,6 °	1,0 m	100,005 m
1: 40	2,5 %	25 ‰	1,4 °	2,5 m	100,03 m
1: 25	4,0 %	40 ‰	2,3 °	4,0 m	100,08 m
1: 20	5,0 %	50 ‰	2,9 °	5,0 m	100,12 m
1: 10	10 %	100 ‰	5,7 °	10,0 m	100,50 m
1: 6,67	15 %	150 ‰	8,6 °	15,0 m	101,12 m
1: 5	20 %	200 ‰	11,3 °	20,0 m	101,98 m
1: 4	25 %	250 ‰	14,1 °	25,0 m	103,08 m
1: 3,33	30 %	300 ‰	18,4 °	30,0 m	104,40 m
1: 2,5	40 %	400 ‰	21,8 °	40,0 m	107,70 m
1: 2	50 %	500 ‰	26,6 °	50,0 m	111,80 m
1: 1,67	60 %	600 ‰	31,0 °	60,0 m	116,62 m
1: 1,43	70 %	700 ‰	35,0 °	70,0 m	122,07 m
1: 1	100 %	1000 ‰	45,0 °	100,0 m	141,42 m

Neigungen und Streckenlängen in verschiedenen Darstellungsweisen

mum. Dabei ist nur der Mittelwert dieser Neigungen durch einfache mathematische Zusammenhänge exakt definiert: Er ist gleich der Neigung der Stützensehne.

Auch die exakte Länge einer Seilschwebebahn ist schwer zu ermitteln, denn sie ist identisch mit der Länge der Lastwegkurven. Aber gleichzeitig entsteht eine weitere Frage: Soll als Länge die bei jeder Fahrt zurückgelegte Strecke des Seilbahnwagens angegeben werden oder aber die stets etwas größere Länge der Gleisanlage bzw. der befahrbaren Tragseile? In Statistiken werden diese Werte als „Betriebslänge" und „Eigentumslänge" bezeichnet.

Bei derartig komplizierten Verhältnissen braucht sich der Leser nicht zu wundern, wenn er in Veröffentlichungen zu Seilbahnen immer wieder voneinander abweichende Zahlenangaben vorfindet. Meistens sind sie sogar alle bei richtiger Kommentierung exakt, oft aber auch von der Bahnverwaltung aufgerundet. Damit die einzelnen Seilbahnen problemlos miteinander verglichen werden können, wurde in diesem Buch folgende einheitliche Darstellungsweise gewählt, die sich gleichzeitig mit den allgemein üblichen Gepflogenheiten der Bahnverwaltungen deckt:

Alle *Neigungen* sind in % angegeben. *Bei allen Standseilbahnen* und bei der *Schwebeseilbahn in Dresden-Loschwitz* werden alle *Längen schräg gemessen* angegeben. Die Tabellen enthalten unter „Länge" die Entfernung von Anfang bis Ende der Gleisanlage, also die Eigentumslänge.

Die Streckenprofile der übrigen *Seilschwebebahnen* enthalten *Länge und Neigung der Stützensehnen.* Sie lassen damit einen exakten Aufschluß über die Spannweiten zu, geben jedoch hinsichtlich der Neigungen nur Mittelwerte an, damit ein Vergleich mit anderen Bahnen möglich wird. Dagegen ist in diesen Tabellen als *Länge* die *der Lastwegkurve* und als maximale Neigung der sich aus der Lastwegkurve ergebende größte Wert angegeben. Als *Stützenhöhe* gilt stets der Abstand zwischen Seilauflage und Oberkante des Stützenfundaments.

In allen *Streckenprofilen* wurde für die Höhen ein kleinerer Maßstab als für die Längen gewählt, so daß die Neigungen deutlicher hervortreten. Aus Raumgründen konnten die Profile nicht in den gleichen Maßstäben wiedergegeben werden, jedoch wurde stets das Verhältnis *Längen : Höhen = 1 : 2,5* eingehalten. Damit sind trotz der unterschiedlichen Maßstäbe die dargestellten Neigungswinkel aller Streckenprofile dieses Buches miteinander vergleichbar.

Bauarten von Seilbahnen

Allen Seilbahnen ist gemeinsam, daß ihre Fahrzeuge mit Hilfe eines Zugseils fortbewegt werden. Dabei ist die Antriebsanlage für das Zugseil ortsfest angeordnet. Wesentliche Unterschiede weisen dagegen die F a h r b a h n e n der verschiedenen Bauarten auf:

Bei den *Standseilbahnen* bewegt sich das Fahrzeug wie ein normaler Eisenbahnwagen auf einem Gleis, es steht also auf seinen Radsätzen. Nicht als Seilbahn, sondern als Aufzug sind dagegen alle Anlagen einzuordnen, bei denen das Fahrzeug zwischen Zwangsführungen läuft.

Bei *Seilschwebebahnen* hängt das Fahrzeug an einem Laufwerk, dessen Fahrbahn das Tragseil bildet, es „schwebt" also scheinbar durch die Luft. Auch Einschienenbahnen, bei denen ein Zugseil hängende Fahrzeuge bewegt, werden als Seilschwebebahnen eingestuft.

Der Vollständigkeit halber müssen hier auch die *Schleppseilbahnen* erwähnt werden. Bei ihnen werden vom Zugseil Personen oder Lasten ohne besondere Fahrbahn über den Erdboden oder Schnee „geschleppt", und jeder kennt sie in ihrer häufigsten Form als *Skischlepplift.*

Weitere Unterschiede der Seilbahnen ergeben sich aus der B a u a r t ihrer F a h r z e u g e :

Für die meist recht großen Fahrzeuge der Standseilbahnen ist die Bezeichnung „*Seilbahnwagen*" durchaus angebracht. Sie sind fest mit dem Ende des Zugseils verbunden. Früher beförderte man an einem Seilende zuweilen auch mehrere Seilbahnwagen gleichzeitig und bezeichnete dann das fest mit dem Seil verbundene Fahrzeug als *Hauptwagen.* Wird das zweite Fahrzeug auf der talwärtigen Seite angekuppelt, heißt es *Anhängewagen;* läuft es dagegen auf der bergwärtigen Seite, spricht man von einem *Vorsetzwagen.* In Steinbrüchen, auf Baustellen und ähnlichen Einrichtungen findet man gele-

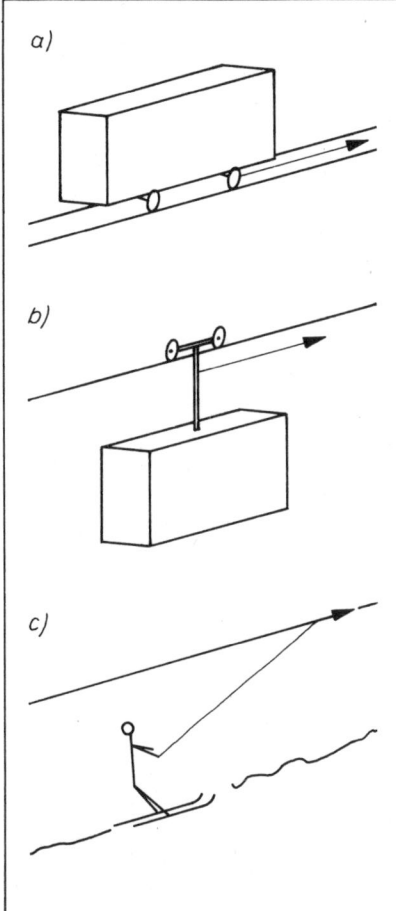

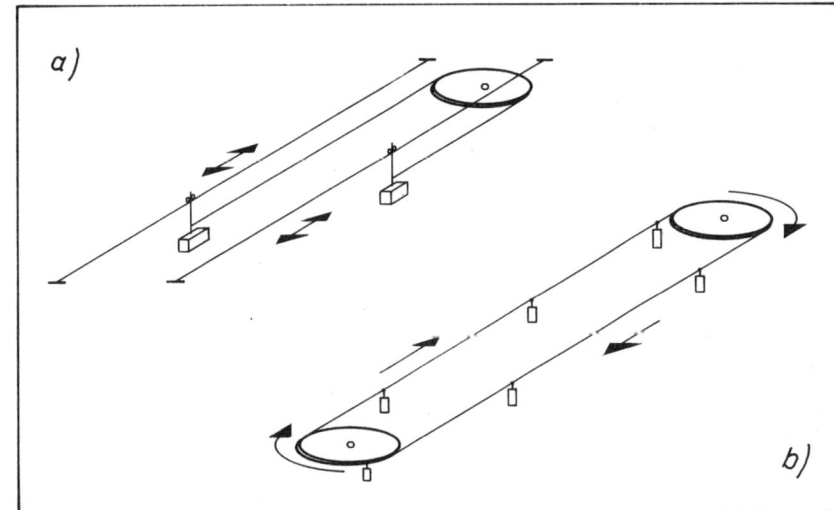

15 Bauarten von Seilbahnen:
a) Standseilbahn; Wagen fährt auf einem Gleis und wird vom Zugseil gefördert.
b) Seilschwebebahn; Wagen hängt am Seil oder an einer Fahrschiene und wird vom Zugseil gefördert.
c) Schleppseilbahn; Last (z.B. Skifahrer) wird ohne besondere Fahrbahn geschleppt.

16 Vereinfachte Standseilbahn im Steinkohlenwerk Freital–Zauckerode (stillgelegt). Die Wagen sind nicht fest mit dem Zugseil verbunden.

17 Betriebsarten von Seilbahnen: a) Pendelbetrieb, b) Umlaufbetrieb

gentlich auch Standseilbahnen, deren Wagen nicht fest mit dem Seil verbunden sind. Diese werden als „vereinfachte Standseilbahnen" bezeichnet.
Die Seilbahnwagen der Seilschwebebahnen werden mit Hilfe eines Gehänges am Laufwerk pendelnd aufge-

hängt. Je nach ihrer Form unterscheidet man für den Personenverkehr zwischen Großkabinen, Kleinkabinen und Sesseln.
Großkabinen müssen stets mit einem Begleiter besetzt werden, der vor allem in unvorhergesehenen Situationen für die Sicherheit der Fahrgäste verant-

wortlich ist. Dagegen besitzen *Kleinkabinen* nur Plätze für maximal 4 Fahrgäste, die ohne Begleiter befördert werden. Sie werden im Ausland auch vielfach als *Gondel* bezeichnet. (Alle Seilbahnwagen und Kabinen werden in diesem Buch im Maßstab 1:100 dargestellt.)

Die Bauart der *Sessel* ist am einfachsten: Der Fahrgast wird auf einem einfachen Sitzgestell befördert, wobei ihn meistens ein kleines Dach vor Öl und Schmutzwasser, das vor allem bei Regen von den Seilrollen abtropft, schützt.

Entsprechend der verwendeten Seilbahnwagen wird die gesamte Anlage als Großkabinen-, Kleinkabinen- oder Sessel-Seilschwebebahn bezeichnet, wobei allerdings für die letzteren vielfach die umgangssprachliche Bezeichnung „Sessellift" verwendet wird. Seilbahnen werden weiter unterschieden durch ihre B e t r i e b s a r t :

Beim *Pendelbetrieb* bewegt sich der Seilbahnwagen auf seiner Fahrbahn abwechselnd in die eine Richtung und wieder zurück. Sind 2 Seilbahnwagen vorhanden, so müssen deshalb auch 2 getrennte Fahrbahnen vorhanden sein. Diese Forderung verteuert jedoch den Bau von Standseilbahnen erheblich, so

18

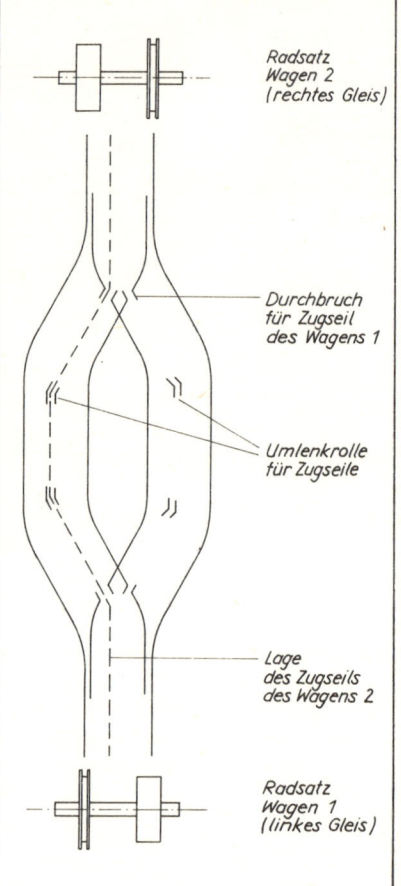

Radsatz Wagen 2 (rechtes Gleis)

Durchbruch für Zugseil des Wagens 1

Umlenkrolle für Zugseile

Lage des Zugseils des Wagens 2

Radsatz Wagen 1 (linkes Gleis)

19

20

18 Abtsche Weiche

19 Die Abtsche Weiche der Standseilbahn in Dresden-Loschwitz.

20 Lastenseilbahn mit Umlaufbetrieb in Lugau (Erzgebirge) für Steinkohlentransporte, Zweiseilbahn (Umlaufbetrieb) mit Schutznetz an einer Straßenüberführung (stillgelegt).

21 Schleppseilbahn: Skischlepplift am Fichtelberg in Oberwiesenthal.

daß schon frühzeitig nach Möglichkeiten gesucht wurde, mit nur einem Gleis für 2 Wagen auszukommen. Als erster Kompromiß wurden die 2 Gleise ineinander verschlungen und nur in der Streckenmitte getrennt verlegt, wo sich die beiden Fahrzeuge begegnen. Schließlich löste der Schweizer Roman ABT das Problem mit der nach ihm benannten Abtschen Weiche. Bei ihr werden an der Ausweichstelle die äußeren Schienen des Gleises lückenlos durchgeführt, während die ihneren nur angelenkt sind. Die Radsätze der Seilbahnwagen besitzen

1 Rad mit Doppelspurkranz und 1 spurkranzlose Walze. Die Doppelspurkränze befinden sich bei einem Wagen rechts, beim anderen links. So fährt jeder Wagen stets in sein Gleis, ohne daß die Weiche bewegliche Teile besitzt. Das Zugseil wird an der Weiche in Vertiefungen eingelegt, so daß die Walzen der Radsätze auch darüber laufen können, ohne es zu beschädigen.

Beim *Umlaufbetrieb* müssen stets 2 getrennte Fahrbahnen vorhanden sein. Die Seilbahnwagen bewegen sich auf der einen Fahrbahn alle in der gleichen Richtung zur Bergstation, werden dort auf die zweite Fahrbahn gebracht und benutzen diese in der Gegenrichtung bis zur Talstation, wo sie wiederum auf die erste Fahrbahn wechseln. Davon gibt es wieder 2 verschiedene Bauarten. Bei der eleganteren von beiden stellen lösbare Seilklemmen die Verbindung zwischen Seilbahnwagen und Zugseil dar. In den Stationen laufen die Seilbahnwagen auf festen Laufschienen und werden vom Personal geschoben. Diese

Arbeit wird bei Kleinkabinenbahnen durch ein leichtes Gefälle der Schienen zwischen den Plätzen zum Aussteigen, Abstellen und Einsteigen erleichtert. Ein weiteres Gefälle beschleunigt den Seilbahnwagen auf die Geschwindigkeit des Zugseils. Eine Vorrichtung schließt automatisch die Seilklemme, und der Wagen wird zur Gegenstation gezogen. Dort angekommen, wird die Seilklemme durch eine andere Vorrichtung wieder gelöst, und der Wagen geht auf die Führungsschiene über. Durch einen Anstieg der Führungsschiene wird die Kabine so weit abgebremst, daß sie an der Aussteigsseite hält – das Spiel kann von Neuem beginnen.

2 Sicherheitseinrichtungen garantieren einen unfallfreien Betrieb. Die Starteinrichtung läßt die Seilbahnwagen stets in gleichmäßigen Abständen auf die Strecke fahren. Sie kontrolliert im Zusammenwirken mit der Starteinrichtung auf der Gegenstation, daß stets in beiden Richtungen die gleiche Anzahl Seilbahnwagen unterwegs sind und damit ein weitgehender Masseausgleich gegeben ist. Eine Kontrolleinrichtung prüft, ob sich die Seilklemme aller abfahrenden Wagen auch wirklich geschlossen hat. Ist das einmal nicht erfolgt, so setzt sie die gesamte Anlage still.

Wesentlich einfacher gestaltet sind Umlaufseilbahnen mit am Zugseil fest angeklemmten Fahrzeugen. Diese fahren allerdings ohne Halt durch die Stationen, so daß im Personenverkehr die Fahrgäste auf- und abspringen müssen. Damit ist diese Bauart von vornherein auf kleinere Anlagen, wie Sesselbahnen mit niedrigen Fahrgeschwindigkeiten, beschränkt, die dann mehr eine Sporteinrichtung als ein öffentliches Verkehrsmittel darstellen. Muß nämlich doch einmal zur Aufnahme eines Gehbehinderten angehalten werden, so bleiben auch alle Sessel auf der Strecke stehen.

Das Wichtigste: Die Seile

Jedes Seil besteht aus einer Vielzahl von Drähten, die miteinander verdreht – der Fachmann sagt dazu „geschlagen" – werden. Obwohl sie dadurch einen festen Verband bilden, können sie sich gegeneinander verschieben, so daß das Seil biegsam ist. Bricht ein Einzeldraht, so ist die Funktion des Seils – wenn auch mit etwas geringerer Festigkeit – gewährleistet. Beim Bruch eines Trägers aus Vollmaterial gleichen Querschnitts wäre dies nicht der Fall.

Am verbreitetsten sind die *Litzenseile*. Geschlagen werden bei ihrer Herstellung zunächst mehrere Einzeldrähte zu einer Litze, anschließend wiederum mehrere Litzen zum fertigen Seil. Dabei wird in die Mitte eine Seele eingelegt, die meist aus Hanf besteht. Sie stützt die um sie angeordneten Litzen und nimmt gleichzeitig das Schmiermittel auf, das gleich bei der Herstellung mit eingebracht wird.

Meistens werden beim Schlagen der Litzen und des fertigen Seils 2 unterschiedliche Schlagrichtungen – rechts und links – verwendet. Bei dem so entstandenen *Kreuzschlagseil* sind die einzelnen Drähte fest miteinander verbunden. Dagegen werden bei Seilbahnen *Gleichschlagseile* bevorzugt. Bei ihnen sind die Schlagrichtung von Litze und Seil gleich, meistens beide nach rechts, wodurch die Drähte nicht so innig verbunden sind. Gleichschlagseile sind dadurch elastischer und haben dazu noch eine glattere Oberfläche.

Schon frühzeitig versuchte man, die bei der Herstellung eines Litzenseiles zwangsläufig entstehenden Lücken zwischen den einzelnen Drähten besser auszunutzen. Es wurden verschiedene Seilkonstruktionen entwickelt, in denen Einzeldrähte mit unterschiedlichen Durchmessern miteinander verarbeitet wurden. Zu ihnen gehören die in der DDR bei einigen Seilbahnen verwendeten Litzenseile in Seal- oder Warringtonmachart.

Für Spezialzwecke werden *Spiralseile* verwendet. Bei ihnen sind die Einzeldrähte um einen Kerndraht geschlagen.

Ebenfalls besonderen Zwecken dienen die *voll verschlossenen Seile*. Bei ihnen ist das eigentliche Seil von einer Lage Profildrähte umgeben, die ineinander greifen und damit das Seil äußerst wi-

22

Festpunkt — Station 1 Antrieb (Treibscheibe) — Tragseil 1 — Tragseil 2 — Zugseil — Gegenseil — Umlenkscheibe — Spannscheiben — Seilkupplung — Spannseile — Spannmassen — Station 2

23

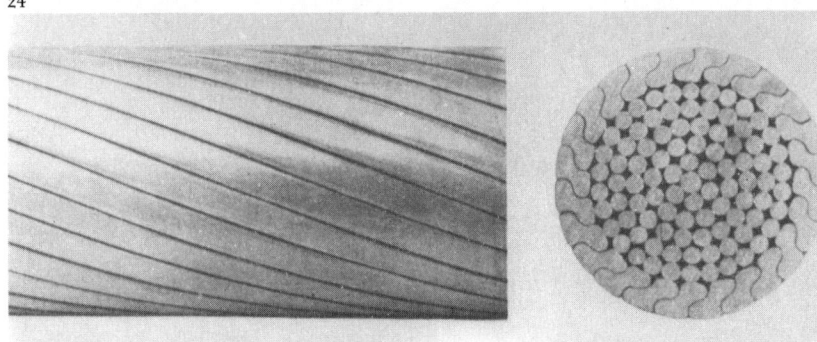

24

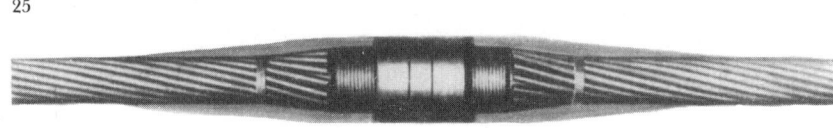

25

22 Benennung der Seile

23 Litzenseile: oben Gleichschlagseil, unten Kreuzschlagseil

24 Aussehen und Querschnitt eines voll verschlossenen Tragseils.

25 Schnitt durch eine vergossene Tragseilkupplung.

Seile, die dort nach ihrer Aufgabe benannt werden.

Tragseile bilden die Fahrbahn. Sie sind nicht nur ständig der Witterung ausgesetzt, sondern auch den Laufrädern der Seilbahnwagen, so daß hier Spiralseile oder besser noch voll verschlossene Seile verwendet werden. Jede Fahrbahn wird aus einem, seltener aus 2 Tragseilen gebildet.

Das *Zugseil* bewegt die Wagen. Dabei läuft es ständig über die Führungsrollen und durch die Fördermaschine, es muß also biegsam und elastisch sein. Deshalb werden hier nur Litzenseile, meist mit Gleichschlag verwendet. Bei Umlaufseilbahnen wird das Zugseil zu einem endlosen Seil verspleißt, während es bei Pendelbahnen nur von einem Wagen zum anderen über die Fördermaschine läuft. Als Ausgleich der Kräfte und Massen über die Talstation dient dann ein *Gegenseil.*

Bei kleineren Anlagen übernimmt ein einziges Seil gleichzeitig die Aufgaben von Trag- und Zugseil. Es wird dann *Förderseil* genannt.

Alle Seile müssen gespannt werden. Es ist jedoch unmöglich, die steifen Tragseile über eine Rolle zu den Spannmassen zu führen. Sie werden deshalb an ihrem Ende mit einem *Spannseil* verbunden, für das ein elastisches Litzenseil verwendet wird. Auch die Förder- und Gegenseile laufen über bewegliche Rollen, die durch ein Spannseil mit der Spannmasse verbunden sind. Damit die Spannmassen nicht zu groß werden, führt man zuweilen die Spannseile auch flaschenzugartig über mehrere Rollen. Sollen 2 Seile miteinander verbunden werden, so kann man diese verspleißen: Beide Seilenden werden aufgedreht und die einzelnen Drähte so ineinander gelegt, daß ein fortlaufendes Seil entsteht. Ein guter *Spleiß* ist im Durchmesser nicht größer als jedes einzelne Seil, seine Herstellung erfordert jedoch viel Erfahrung.

derstandsfähig gegen äußere Einflüsse machen, allerdings auch seine Beweglichkeit einengen.

Gegen Korrosion werden Seile heute nicht nur durch das Schmiermittel geschützt, sondern auch durch die Verwendung verzinkter Drähte.

Standseilbahnen besitzen nur ein Zugseil. Dagegen gibt es bei Seilschwebebahnen eine Anzahl verschiedener

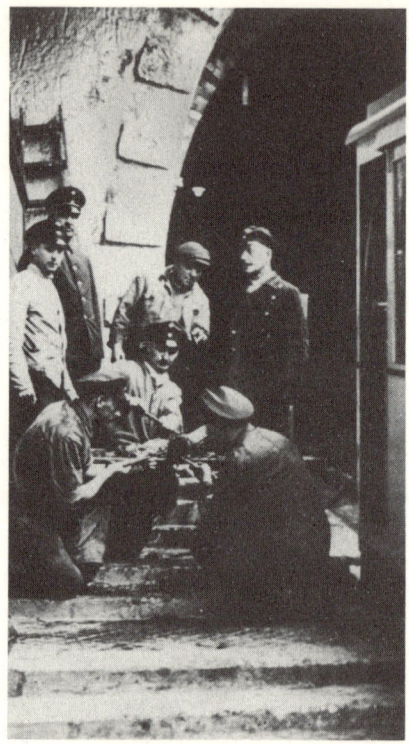

26 Auswechseln des Zugseils der Standseilbahn in Dresden-Loschwitz. Das neue, aufgetrommelte Seil wird am Wagen befestigt und von diesem auf die Strecke gezogen.

27 Vorbereitung eines Seils zum Vergießen in der Seilkupplung des Wagens: Das Seilende wird aufgespleißt, die einzelnen Drähte umgebogen und danach in die Kupplung eingebracht und mit Weißmetall vergossen (Standseilbahn Dresden).

28 Spannwagen einer Einseilbahn (z.B. in Oberhof).

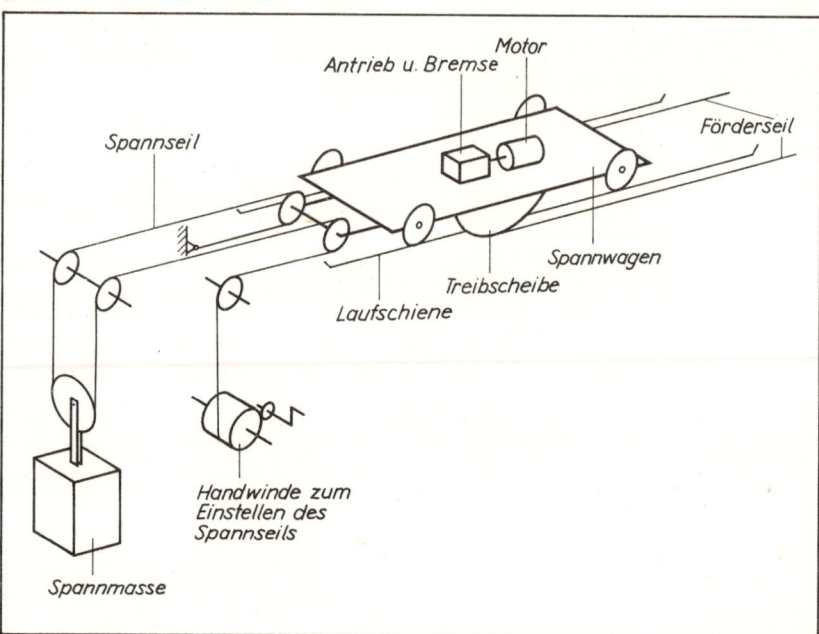

28

Einfacher ist das Verbinden durch eine *Kupplung*. Auch dazu müssen beide Seilenden ein kleines Stück aufgedreht werden. In die Kupplungshälften werden Seilenden eingelegt, deren Einzeldrähte in Besen- oder Korbform gebogen und dann mit Weißmetall oder Feinzink vergossen. Der Durchmesser einer solchen Kupplung ist natürlich größer als der des

Seiles. Dafür lassen sich aber auch Seile unterschiedlicher Konstruktionen verbinden, so das Tragseil mit dem Spannseil. Die Kupplung ist auch geeignet zum Befestigen des Zugseils am Wagen. Im allgemeinen wird jedoch eine *Klemmverbindung* be-

29 Rolle zur Seilführung auf der geraden Strecke einer Standseilbahn (Augustusburg). Das Zugseil läuft in der Rille der Führungsrolle zwischen den Fahrschienen. Die zweite Rolle führt das Seil des anderen Wagens.

30 Im Gleisbogen einer Standseilbahn werden die Seilführungsrollen schräg gestellt, um auch den Seitenzug des Seils aufnehmen zu können.

31 Ein Bogen in der Trasse einer Seilschwebebahn bedarf besonderer Winkelstationen, in denen die Wagen auf Führungsschienen von einem Tragseil zum anderen laufen. In dieser Winkelstation der heute stillgelegten Steinbruchbahn in Collmen-Böhlitz (Kreis Wurzen) sind auch die Spannrollen und Spannmassen gut zu erkennen.

31

32 Stütze einer Einseilschwebebahn mit Umlaufbetrieb. Eine Rollenbatterie mit 4 Rollen führt das Förderseil (Sessellift Oberwiesenthal-Viehtrift).

33 Dieses Leitrad führt das Zugseil der Seilschwebebahn in Dresden-Loschwitz von der Strecke zur Fördermaschine. Seine Lager lassen sich durch 2 Spindeln auf Gleitbahnen verschieben. Dadurch wird der Weg des Zugseils durch das Maschinenhaus verändert und somit die Dehnung des Seils ausgeglichen.

vorzugt. Dagegen werden die Tragseile an ihrem Festpunkt meist etwas länger gehalten und auf eine Trommel gebracht. Es ist dann möglich, von Zeit zu Zeit das Seil ein Stück nachzulassen, damit nicht immer die gleichen Stellen des Tragseils auf den Auflageschuhen der Stützen liegen, wo das Seil am stärksten beansprucht wird.

Dadurch wird die Lebensdauer erhöht. Natürlich muß beim Nachlassen das Seil in der Spannrichtung in der Gegenstation gekürzt werden.

Für jedes Seil ist wichtig, daß es niemals geknickt werden darf. Deshalb liegen die Tragseile auf den Stützen beweglich in gekrümmten Auflageschuhen. Die Zug- und Förderseile laufen über mehrere Führungsrollen, damit an jeder nur ein kleiner Knickwinkel entsteht. Je stärker das Zugseil abgewinkelt werden muß, um so mehr Rollen sind in so einer Rollenbatterie zusammengefaßt. Bei Standseilbahnen wird das Zugseil in kurzen Abständen von einer Führungsrolle gestützt, damit es nicht auf der Gleisbettung schleift und dadurch beschädigt wird. In den Gleisbögen werden die Führungsrollen schräg gestellt und lenken

dadurch gleichzeitig das Seil seitlich ab.

In den Stationen müssen die Seile oft bis zu 180° abgelenkt werden. Die dabei verwendeten Führungsrollen müssen einen sehr großen Durchmesser erhalten. Bei Biegewechseln – Ablenkungen des Seiles in verschiedene Richtungen – muß stets eine längere Gerade zwischengeschaltet werden. Mißachtet man diese Grundforderungen beim Bau einer Seilbahn, wie beispielsweise 1924 in Oberwiesenthal, dann erreichen ihre Seile nur eine extrem kurze Lebensdauer und machen den Betrieb unwirtschaftlich. Nachträgliche Änderungen an der Seilführung sind jedoch immer sehr schwierig und aufwendig und erfordern meist den vollständigen Umbau der gesamten Anlage.

Antriebe und Fördermaschinen

Die Mehrzahl der Seilbahnen in der DDR besitzt *Fördermaschinen mit Treibscheiben.* Das sind große angetriebene Räder – bis 4,5 m Durchmesser – mit einer Rille, in denen das Zugseil läuft. Zur Vergrößerung der Reibung zwischen Seil und Treibscheibe wird diese Rille mit Leder, Hartholz oder Kunststoff, bei kleineren Bahnen auch mit Gummi, ausgefüttert.

Die von der Treibscheibe auf das Zugseil übertragbare Kraft ist jedoch nicht nur von den Seilkräften und der Reibung zwischen Seil und Treibscheibenfutter abhängig, sondern auch vom *Umschlingungswinkel.* Darunter versteht man den Winkel zwischen den Radien am Auf- und Ablauf des Seiles an der Treibscheibe. Müssen hohe Kräfte übertragen werden, so versucht man, den Umschlingungswinkel zu vergrößern. Dazu wird das Seil über eine Rille der Treibscheibe geführt und läuft dann über eine antriebslose Gegenscheibe, um erneut über eine zweite Rille in der Treibscheibe zu laufen. Gestaltet man die Seilführung über die Gegenscheibe in Form einer 8, so vergrößert sich der Umschlingungswinkel nochmals; allerdings benötigen derartige Fördermaschinen wegen der auftretenden Biegewechsel und der damit erforderlichen größeren Abstände mehr Raum.

Früher glaubte man, die Treibfähigkeit mit dem Umschlingungswinkel beliebig erhöhen zu können. Daher entstanden Fördermaschinen mit 2 starr gekuppelten Treibscheiben, zwischen deren 2 oder sogar 3 Rillen das Seil mehrmals hin- und hergeführt wurde. In der Praxis lassen sich jedoch niemals so viele Rillen mit völlig gleichem Durchmesser herstellen, so daß die einzelnen Rillen sehr unterschiedlich an der Förderleistung beteiligt sind. Dafür treten zum Teil erhebliche Ausgleichkräfte an den Seilstücken zwischen den Treibscheiben auf. Können die Kräfte mit einer Treibscheibe mit 2 Rillen nicht mehr übertragen werden, so müssen entweder mehrere Treibscheiben mit einem Ausgleichgetriebe verwendet werden, oder das Seil wird in der Rille durch besondere Vorrichtungen zwangsweise festgeklemmt. Bei den Seilbahnen in der DDR sind solche Fördermaschinen nicht vorhanden.

Völlig unabhängig von der Reibung arbeiten *Fördermaschinen mit Seiltrommeln.* Das Zugseil wird mit seinem Ende am Trommelumfang befestigt und dann einfach aufgewickelt, „aufgetrommelt". Solche Maschinen werden in der Regel bei Seilbahnen mit nur 1 Wagen verwendet, weil hier der zweite Wagen als Gegenmasse fehlt. Bei Bahnen mit 2 Wagen muß für jeden ein besonderes Zugseil mit eigener Trommel angeordnet werden.

Die Treibscheiben oder Seiltrommeln wurden früher durch Dampfmaschinen angetrieben, aber bald setzte sich der Elektroantrieb durch. Eine fast gleichmäßige Drehzahl unabhängig von den Lastverhältnissen erzielte man durch einen Gleichstrom-Nebenschlußmotor, zu dem parallel eine Akkumulatorenbatterie geschaltet wurde. Wird der Motor durch einen stark beladenen, talwärts fahrenden Wagen überdreht, so arbeitet er als Generator und bremst. Die Batterie dient dabei als Belastungswiderstand und wird geladen. Bei Ausfall der Energiezuführung speist die Batterie den Motor weiter und übernimmt die Funktion der Notstromversorgung. Der Maschinist braucht in beiden Fällen keinerlei Schalthandlungen durchzuführen. Diese Schaltung war jedoch nur so lange wirklich einfach, wie in den alten Ortsnetzen Gleichspannung und Batterie ohnehin vorhanden waren. Mit der Umstellung der Landesenergieversorgung auf Wechsel- bzw. Drehstrom mußte man andere Wege gehen. Kleine Seilbahnen können dabei direkt mit Drehstrom betrieben

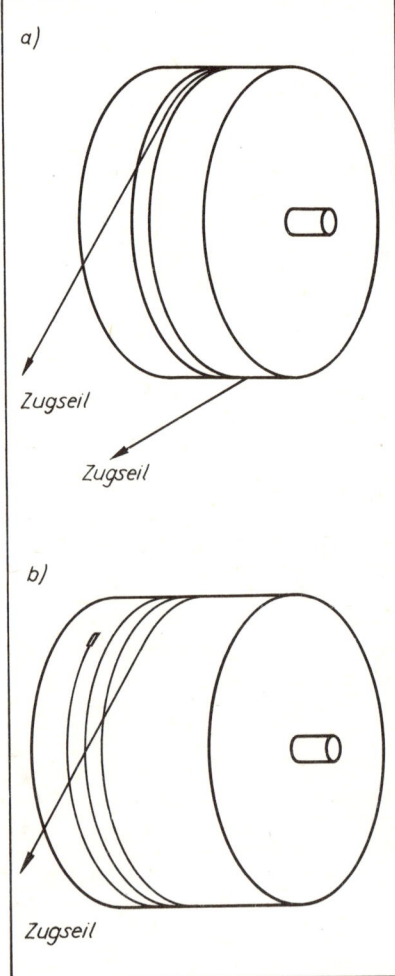

a)

Zugseil

Zugseil

b)

Zugseil

a)

4
1
Leiträder
3
2
Strecke
Treibscheibe

a)

6
1
Leiträder
5
2
3
Strecke
4
Gegenscheibe (ohne Antrieb)
Treibscheibe

b)

9
1
Leiträder
8
2
6
4
Strecke
Zahnrad
Treibscheibe 1
3 5 7
Treibscheibe 2

c)

1 ⟶ bis 9 ⟶ Seilführung

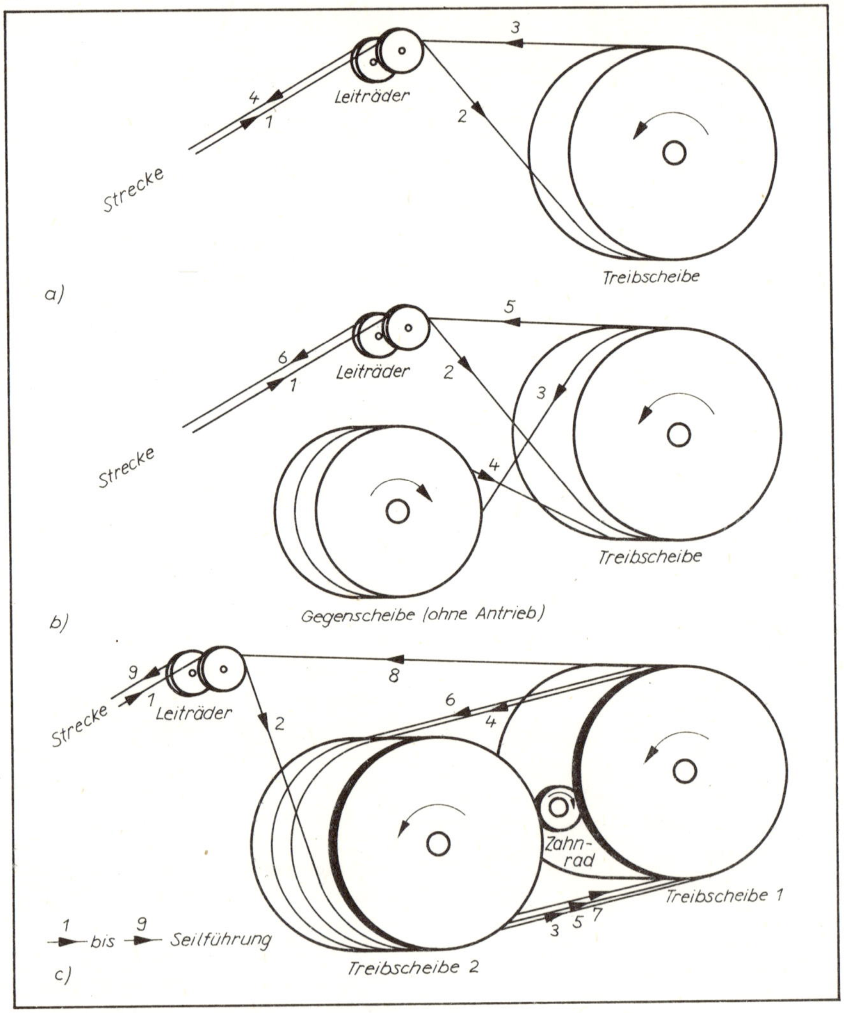

34 Treibscheibe und Trommel (schematisch):
a) Treibscheibe mit 1 Seilrille, b) Seiltrommel.

35 Seilführung bei verschiedenen Treibscheibenfördermaschinen:
a) Treibscheibe mit 1facher Umschlingung;
b) Treibscheibe mit doppelter Umschlingung und Seilführung in Form einer 8 (z. B. in Augustusburg);
c) 2 starr gekuppelte Treibscheiben mit 3facher Umschlingung (z.B. in Dresden).

36 Fördermaschine mit 2 starr gekuppelten Treibscheiben, die in Verlängerung der Gleisachse angeordnet sind. Auf der Hauptwelle links die Sicherheitsbremse (Standseilbahn Dresden-Loschwitz).

37 Offenes Stirnradgetriebe zwischen dem Antriebsmotor und der Fördermaschine mit 2 starr gekuppelten Treibscheiben im Nebenraum (Schwebeseilbahn Dresden, Zustand 1909).

38 Fördermaschine mit 1 Treibscheibe. Die 2 schräg nach unten laufenden Seile führen zu der im Bild nicht sichtbaren Gegenscheibe, die nicht angetrieben wird (Augustusburg, Zustand 1929 mit gekapseltem Getriebe). Der Zahnkranz auf der

Treibscheibe ist ein Überbleibsel des alten Antriebs von 1911.

39 Moderne Fördermaschine mit 1 verkleideten Treibscheibe und 1 nicht angetriebenen Gegenscheibe, zwischen denen das Seil in Form einer 8 geschlungen ist. Rechts das Getriebe (Augustusburg 1973).

40 Treibscheiben-Fördermaschine, die rechtwinklig zwischen den Tragseilen einer Seilschwebebahn steht. Oben eines der 2 Leiträder, die das Zugseil wieder auf die Strecke führen. Die Sicherheitsbremse wirkt direkt auf die Treibscheibe (Oberwiesenthal – Fichtelberg-Schwebebahn, Fördermaschine Baujahr 1962).

36

39

37

40

38

41

43

42

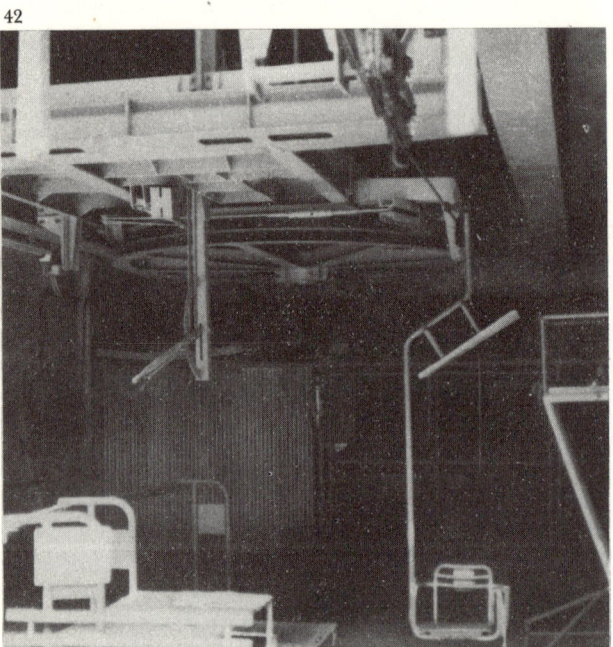

44

41 Treibscheibe mit Haupt- und Hilfsantrieb. Auch diese Fördermaschine der Personenschwebebahn Thale steht rechtwinklig zu den Tragseilen.

42 Bei den Sesselliften, wie hier in Oberhof, ist die Treibscheibe mit dem gesamten Antrieb in einem Spannwagen untergebracht. Der Spannwagen übernimmt gleichzeitig die Funktion des Antriebs und der Spannvorrichtung für das Förderseil.

43 Der Spannwagen des Sessellifts Oberhof (von oben gesehen) mit Antriebsmotor, Getriebe und Bremse.

44 Trommel-Fördermaschine der Standseilbahn im Pumpspeicherwerk Wendefurth. Die Bremsen sind hier besonders gut zu sehen: Zwischen Antriebsmotor und Getriebe die kleinere Betriebsbremse, zwischen Getriebe und Seiltrommel die größere Sicherheitsbremse.

werden. Bei größeren Anlagen wird ein Ward-Leonard-Umformer zwischengeschaltet, der die Energieverluste gering hält; der Antriebsmotor läuft dabei mit Gleichstrom. In neuester Zeit hat die Leistungselektronik auch hier Einzug gehalten, indem die Steuerung des Antreibsmotors verlustarm mit Hilfe von Thyristoren vorgenommen wird.

Jede Fördermaschine muß natürlich auch mit *Bremsen* ausgerüstet sein. Daß daneben der als Generator geschaltete Elektromotor bremst, wurde bereits erwähnt.

Alte Fördermaschinen waren nur mit einer *Handbremse* ausgerüstet. Der Maschinist drückte durch Drehen eines Handrades 2 hölzerne Bremsklötze auf eine Scheibe auf der Motorwelle. Die Zahnradübersetzung verstärkte das Bremsmoment. Als *Notbremse* diente ein „Fallgewicht", ein Massestück, das beim Überfahren des Gleisendes mechanisch ausgelöst wird und beim Herabfallen über ein Seil die Handbremse gewaltsam zuzieht. Heute sind für jede Fördermaschine einer Personenseilbahn 2 Bremsen vorgeschrieben. Damit die Notbremse auch bei einem Getriebeschaden wirksam bleibt, müssen ihre Bremsbacken direkt auf die Treibscheibe drücken. Dagegen wird die *Betriebsbremse* auf der Motorwelle angebracht. Sie kann klein gehalten werden, denn ihr Bremsmoment wird durch die Zahnradübersetzung des Getriebes verstärkt.

Die Bremsbacken der Betriebsbremse werden durch Federkraft oder ein Massestück auf die Bremstrommel gepreßt und, solange die Bahn in Bewegung ist, elektromagnetisch oder elektrohydraulisch gelüftet. Die Notbremse ist bei kleineren Anlagen nach dem gleichen Prinzip gebaut. Bei großen Bremsen wird statt der Feder häufig auch ein Massestück verwendet, das die Bremsbacken an einen Kranz auf der Treibscheibe preßt. Nur das Spannen der Feder oder Heben des Massestückes erfolgt elektromagnetisch oder hydraulisch; dann wird die Bremse verriegelt. Im Gefahrenfall wird diese Verriegelung wieder gelöst, und die Bremswirkung tritt sofort ein.

Signale und Sicherheitseinrichtungen

Früher war es üblich, daß Seilbahnen vom Maschinenraum aus bedient wurden. Der Maschinist konnte dabei die Fahrzeuge nicht sehen und war daher vollkommen auf Signale angewiesen.

Mit der Fördermaschine verbunden war ein *Streckenzeiger*, an dem der Maschinist die Stellung der Wagen erkennen konnte. Wenn aber einmal das Seil auf der Treibscheibe rutschte, stimmte die Stellung der Fahrzeuge und des Streckenzeigers nicht mehr überein. In einer Station wurden daher *Schlaghebel* angebracht, die ein am Wagen befestigtes Blech niederdrückte und dadurch Glocken als Einfahrsignale im Maschinenhaus auslöste. Anfangs erfolgte das rein mechanisch über Drahtzüge. Später kuppelte man den Schlaghebel mit einem Schalter, so daß nun Glocken oder Summer in Verbindung mit Kontrollampen elektrisch betätigt werden konnten.

Heute wird der Bedienungsraum so angebracht, daß der Maschinist wenigstens einen Teil der Strecke einsehen kann. Trotzdem ist bei der Mehrzahl der Seilbahnen nach wie vor ein Streckenanzeiger notwendig. Eine automatische Nachstelleinrichtung gleicht nach jeder Fahrt den Schlupf des Seils auf der Treibscheibe aus.

Es ist auch bei modernsten Anlagen notwendig, daß der in die Station einfahrende Wagen Signale oder *Steuerimpulse* auslöst. Das geschieht vielfach noch durch Schlag- oder Druckschalter, teilweise auch durch berührungs-

lose Sensoren. Nur mit Hilfe dieser Signale oder Impulse ist es möglich, die Seilbahnwagen genau an den Stufen der Bahnsteige halten zu lassen. Geht die Fahrt doch einmal zu weit, dann wird als letzter Schalter der *Notendschalter* betätigt. Es bewirkt die Unterbrechung des Stroms zum Antriebsmotor und löst gleichzeitig die Notbremse aus, so daß die Seilbahn zum Stillstand kommt.

Vor Beginn jeder Fahrt müssen die Begleiter dem Maschinisten die Abfahrbereitschaft ihres Wagens anzeigen. Früher wurden die dafür notwendigen elektrischen Impulse durch eine kurze Kontaktschiene am Bahnsteig vom Wagen zum Maschinenhaus übertragen. Problematisch dagegen wurde die Signalgebung, wenn auf der Strecke angehalten und wieder angefahren werden mußte. Die primitivste, beinahe gefährliche Methode war das *Winken mit Fähnchen* oder *Signallampen*. Sie wurde noch bei der 1924 gebauten Fichtelbergschwebebahn angewendet. Bei Standseilbahnen führte man entlang der Strecke einen Leitungsdraht, den der Begleiter vom Wagen aus mit einem Stab berühren konnte. Damit löste er ein Haltesignal aus und schloß gleichzeitig ein *Telefon* an, über das er sich mit dem Maschinisten über den Grund des Haltens und die mögliche Weiterfahrt verständigen konnte.

Wenn aber im Winter die Leitung vereiste, wurde die Übertragung des Haltesignales auch hier unsicher. Daher erfolgt die Verständigung zwischen Wagenbegleiter und Maschinisten und die Übertragung von Steuerimpulsen heute meistens mit Hilfe von *UKW-Funk*. Bei Seilschwebebahnen besteht auch die Möglichkeit, Trag- und Zugseil als Leitungen für Signale und Telefon zu nutzen, während Standseilbahnen zuweilen auch mit einer Schleifleitung entlang der gesamten Strecke ausgerüstet sind.

46

47

Eine weitere Sicherheitseinrichtung, die *automatische Wagenbremse*, schützt die Wagen der Standseilbahnen bei Bruch des Zugseils, denn die verheerenden Folgen einer unkontrollierten Talfahrt wären kaum vorstellbar. 1877 beim Bau der Standseilbahn in Zeitz hatte man diese Problematik noch nicht vollständig erkannt und rüstete die Wagen mit Bremsen aus, die wie bei normalen Eisenbahnwagen nur auf die Radsätze wirkten. Sie blieben bei späteren Havarien wirkungslos, denn die Räder rutschten auf den Schienen. Daher wurden andere Standseilbahnen mit einer Zahnstange ausgerüstet, in die ein Bremszahnrad des Wagens eingriff.

Bei den anderen Bahnen auf dem Territorium der DDR wurde dieser Entwicklungsschritt übersprungen, denn 1892 hatte der Schweizer Ingenieur BUCHER-DURRER eine automatisch wirkende *Zangenbremse* erfunden. Bei ihr wird die Bremskraft durch 2 Bremsbacken von beiden Seiten an den Schienenkopf übertragen. Dieser

45 Der Arbeitsplatz des Maschinisten der Schwebeseilbahn in Dresden-Loschwitz befand sich zur Zeit des Dampfbetriebs im Maschinenraum direkt neben den Treibscheiben.

46 Nach der Umstellung der Schwebeseilbahn in Dresden-Loschwitz auf elektrischen Betrieb im Jahre 1909 blieb der Arbeitsplatz des Maschinisten fast unverändert neben den Treibscheiben. Er bedient rechts die Handbremse, links den Fahrschalter.

47 Die Arbeitsbedingungen des Maschinisten der Schwebeseilbahn in Dresden-Loschwitz wurden 1951 durch diesen am Bahnsteigende geschaffenen Raum wesentlich verbessert. Die Handsteuerung wurde beibehalten, der Maschinist bedient rechts die Handbremse, links den Steuermotor des Fahrschalters.

48 Der Bedienungsstand der Standseilbahn in Dresden-Loschwitz nach ihrer Elektrifizierung im Jahre 1909 glich weitgehend dem der benachbarten Schwebeseilbahn. Rechts die Handbremse, links der Fahrschalter.

49

50

51

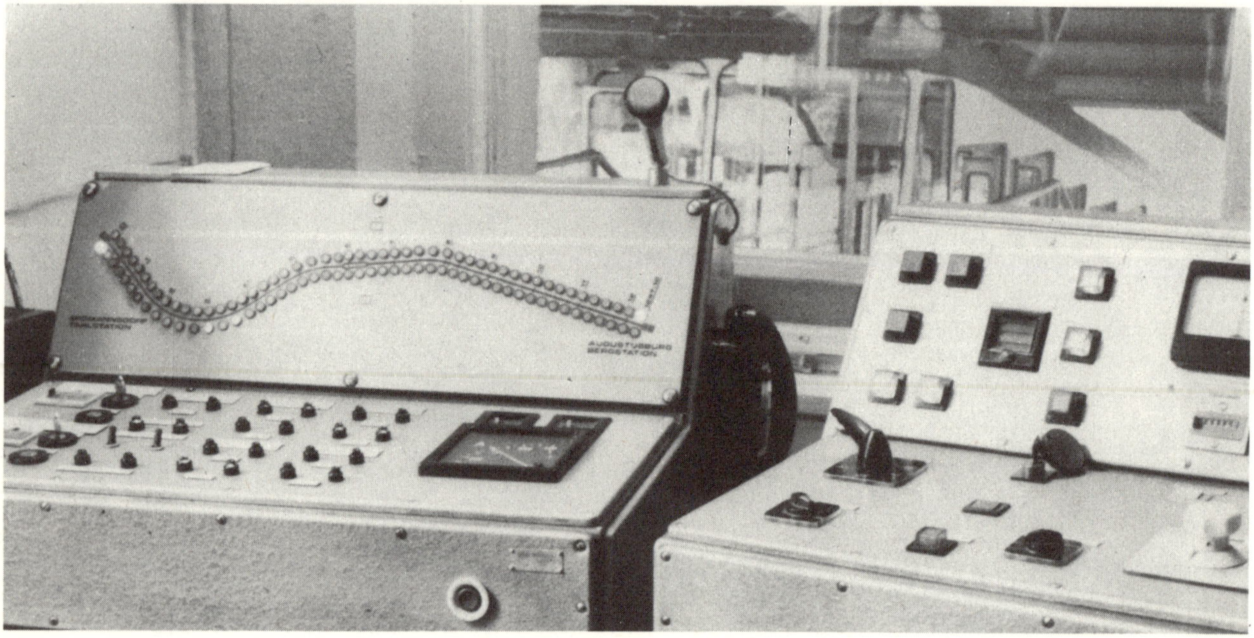

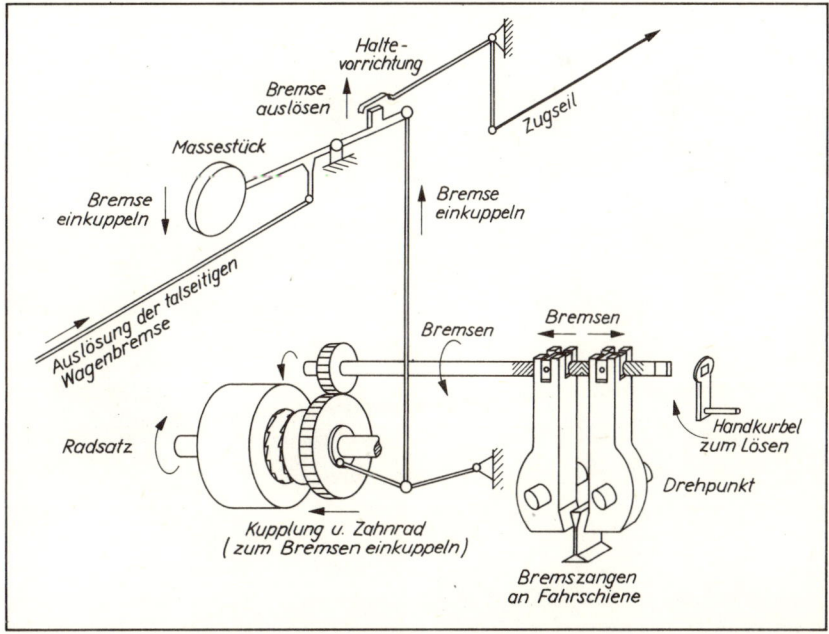

52

49 Bedienungsstand der Oberweißbacher Bergbahn für halbautomatischen Betrieb (Zustand
1984).

50 Bedienungsstand der Drahtseilbahn Augustusburg zur Zeit des Handbetriebs. Am Streckenzeiger (links an der Wand) konnte der Maschinist
den Standort der Seilbahnwagen erkennen.

51 Bedienungspult der Drahtseilbahn Augustusburg von 1973. Der Betrieb läuft automatisch,
kann aber auch durch Hand gesteuert werden. Der
Streckenzeiger wurde als Leuchtschaubild gestaltet.

52 Bedienungspult der Fichtelberg-Schwebebahn in Oberwiesenthal für halbautomatischen
Betrieb, gebaut 1962. Der Streckenzeiger erhielt
eine kreisrunde Form.

53 Wagenbremse (System Bucher-Durrer, z.B.
in Dresden)

53

wird keilförmig ausgebildet, damit er eine gute Angriffsfläche bietet. Dazu walzte man früher besondere Keilkopfschienen, während heute die normalen Profile am Schienenkopf abgehobelt werden. Die Bremsbacken sind in einer Zange gelagert, deren Teile

54 Wagenbremse (Schnellschlußbremse, z.B. in Augustusburg).

55 Fallgewichtssicherung der Schwebeseilbahn in Dresden-Loschwitz. Bei Gefahrensituationen, wie z.B. beim Befahren des Notendschalters, wird durch die Spule das gehobene Massestück (Fallgewicht) losgelassen und schlägt beim Fallen das darunter in der Führung laufende Teil nach unten in die abgebildete Lage, wobei dieses Teil mit Hilfe des Seils die Handbremse anzieht. Das große Massestück rechts oben stammt noch aus der Zeit, als die Auslösung vom Notendschalter rein mechanisch über Drahtzüge erfolgte.

56 Alter Signalschrank der Schwebeseilbahn Dresden-Loschwitz zur Verständigung zwischen Maschinisten und den Begleitern der beiden Wagen.

57 Der zugehörige Signalgeber auf dem Bahnsteig der Schwebeseilbahn in Dresden-Loschwitz.

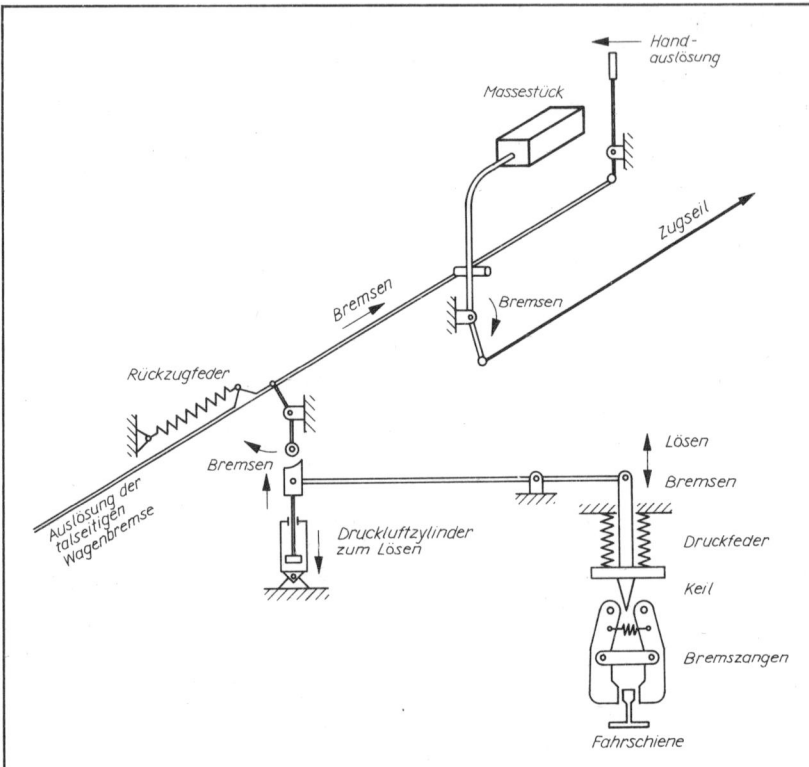

58

58 Fahrgestell eines Standseilbahnwagens (Dresden-Loschwitz). Links die Räder mit Doppelspurkranz zum Durchfahren der Abtschen Weiche, rechts die spurkranzlosen Räder. Der Arbeiter dreht mit einer Kurbel die Bremswelle.

durch eine Spindel bewegt werden. Wie arbeitet nun die Automatik? Das Zugseil ist am Wagen an einem kurzen Hebelarm befestigt und hält dabei einen langen Hebel mit einem Massestück hoch. Reißt das Zugseil oder bleibt aus einem anderen Grund die Zugkraft des Seils aus, so sinkt das Massestück nach unten, verdreht dabei das Hebelsystem und kuppelt dadurch ein loses Zahnrad am bergseitigen Radsatz fest, so daß es sich mit diesem dreht. Das Zahnrad ist mit einem zweiten auf der Spindel in Eingriff, und diese Spindel schraubt

nun die Bremszangen zusammen. Am talseitigen Radsatz befindet sich ebenfalls eine Bremse. Ihr Hebel mit dem Massestück liegt auf einem Nokken, der durch ein Gestänge mit dem Hebelsystem der bergwärtigen Bremse verbunden ist. Dreht sich bei Bruch des Zugseils dieses Hebelsystem, so zieht es über das Gestänge den Nocken zur Seite und löst damit gleichzeitig die talseitige Bremse aus. Aber auch der Begleiter kann vom Dienstabteil aus bei Gefahr den Nocken und damit die Bremse betätigen.
Beim System Bucher-Durrer fährt der Seilbahnwagen nach Auslösen der Bremsen zunächst ein Stück ungebremst zu Tal, bis schließlich die Zungen an die Schienen herangeschraubt wurden und die Bremswirkung ein-

setzt. Diesen Nachteil vermeiden die *Schnellschlußbremsen*, bei denen die Bremszangen durch starke Federn angepreßt werden. Während der Fahrt sind die Federn im gespannten Zustand blockiert und damit die Bremszangen gelöst. Zur automatischen Auslösung ist auch hier das Zugseil an einem Hebelsystem befestigt, das bei seiner Bewegung die Blockierung der Federn aufhebt. Dadurch werden die Bremszangen schlagartig an die Schienen gepreßt.
Zum Lösen der Wagenbremsen muß zunächst das schlappe Seil beseitigt werden. Danach können beim System Bucher-Durrer die Hebel gehoben und die Bremsspindeln von Hand zurückgedreht werden. Bei den Schnellschlußbremsen erfolgt das zum Lösen notwendige Zusammendrücken der Federn mit Hilfe von Druckluft, die im Wagen in einem Behälter mitgeführt wird.
Ältere Seilbahnwagen besitzen meistens noch eine *Handbremse*, deren Bremszangen der Begleiter durch Drehen einer Kurbel im Dienstabteil anzieht.
Bei den Seilschwebebahnen lassen sich aus Raum- und Massegründen nur Großkabinen mit Wagenbremsen ausrüsten. Diese Fangeinrichtungen arbeiten nach dem gleichen Prinzip wie die Schnellschlußbremsen und klemmen sich am Tragseil fest. Eine Ausnahme bildet die als Einschienenbahn gebaute Schwebebahn in Dresden-Loschwitz, die Bremsen nach dem System Bucher-Durrer besitzt.
Als weitere Sicherheitseinrichtung müssen noch die *Fliehkraftschalter* erwähnt werden. Sie sind an den Fördermaschinen angebracht und bei Standseilbahnen auch für die Wagen vorgeschrieben. Wird die zulässige Höchstgeschwindigkeit überschritten, dann lösen diese Fliehkraftschalter die Bremsen aus und bringen damit die Seilbahn zum Stillstand.

Gesetze über Seilbahnen und Aufsichtsbehörden

Schon beim Bau der ersten Seilbahnen erkannten Polizei- und Verwaltungsstellen, daß von den starken Neigungen und den Besonderheiten der Seile Gefahren ausgehen, so daß es ratsam erschien, durch entsprechende Auflagen und eine staatliche Aufsicht die Betriebssicherheit zu garantieren.

Die Einordnung der Seilbahnen in die Gesetzeswerke bereitete jedoch lange Zeit große Schwierigkeiten, die durch die Neuheit dieses Verkehrsmittels und seine sich ständig weiterentwickelnde technische Ausführung bedingt waren. Dadurch kam es örtlich zu recht unterschiedlichen Festlegungen.

In Sachsen wurde 1902 die Aufsichtsbehörde aller elektrischen Straßen-, Werk- und Anschlußbahnen, der „Königliche Kommissar für elektrische Bahnen", auch mit der Aufsicht über die Seilbahnen betraut. Diese Regierungsentscheidung war vorausschauend, denn sie rechnete bereits mit der baldigen Elektrifizierung der wenigen mit Dampf betriebenen Seilbahnen. Außerdem besaß auf Grund einer Verordnung aus dem Jahre 1851 nur der sächsische Staat das Recht zum Bau und Betrieb von Bahnen, die mit „Elementarkraft" angetrieben wurden. Privatunternehmer erhielten dieses Recht nur in Ausnahmefällen verliehen, wobei der Staat gleichzeitig zahlreiche Bedingungen stellte. In dieser Weise wurde auch bei Seilbahnen verfahren, die dem öffentlichen Personenverkehr dienen sollten, dagegen erhielten reine Lastenseilbahnen für innerbetriebliche Transportaufgaben nur eine einfache Bau- und Betriebsgenehmigung. Technische Forderungen wurden jeweils neu aufgestellt, um sie der allgemeinen Entwicklung anpassen zu können.

In Preußen wurden Seilbahnen, die dem öffentlichen Verkehr dienten, nach dem Kleinbahngesetz von 1892 behandelt. Damit gab es auch hier eine klare Regelung für das Genehmigungsverfahren, und die technische Aufsicht oblag den Direktionen der Staatsbahn. Dagegen wurden die Lastenseilbahnen mit den Kranen und anderen Förderanlagen gesetzlich gleichgestellt. Einheitliche technische Forderungen, die beim Seilbahnbau und -betrieb einzuhalten waren, gab es auch in Preußen nicht. Lediglich Bayern, Italien und die Schweiz hatten bereits vor dem zweiten Weltkrieg derartige Verordnungen beschlossen.

Mit dem Erscheinen der „Bau- und Betriebsordnung für Straßenbahnen und Bahnen besonderer Bauart" im Jahre 1940 wurde im Prinzip das alte preußische Genehmigungs- und Aufsichtssystem für das gesamte damalige Deutsche Reich verbindlich; einheitliche technische Forderungen gab es jedoch weiterhin nur in Bayern.

Es ist ganz natürlich, daß sich unter derartigen Umständen für die einzelnen Bauteile der Seilbahnen keine einheitlichen Begriffe herausbilden konnten, sondern örtlich die verschiedensten Bezeichnungen entstanden. Insbesondere mangelte es an einer klaren Definition, was eigentlich überhaupt eine Seilbahn ist. Bei der Frage, ob eine Anlage als „Bahn" oder als „Aufzug" zu betrachten ist, ließ man sich daher mehr von den Verkehrsaufgaben als von technischen Gesichtspunkten leiten.

Ein Streit aus den Jahren 1919 und 1920 soll zeigen, zu welchen folgenschweren Verwicklungen solche unklaren Gesetzgebungen führen können: Die Steuerbehörde forderte die im ersten Weltkrieg eingeführte Fahrkartensteuer auch von den Fahrgeldeinnahmen des Personenaufzugs in Bad Schandau. Die Stadtgemeinde als Betreiber bestritt jedoch, daß dieser eine Bahn sei und erhob Klage beim Gericht. Die Verhandlungen zogen sich durch alle Instanzen, bis das Reichsgericht die Klage endgültig mit folgender Begründung zurückwies: „Der Aufzug ist als Schienenbahn im Sinne des § 1 des Verkehrssteuergesetzes anzusprechen … Der Beförderungskörper, den man auch Wagen oder Fahrstuhl oder Fahrbühne oder Kabine nennen kann, gleitet in Gleitlagern zwischen und an 2 seitlichen, senkrecht stehenden Führungsschienen auf und nieder. Der Umstand, daß der Wagen an Drahtseilen hängt, ändert nach Ansicht des Reichsgerichtes nichts an der Rechtslage; es glaubt vielmehr, daß der Aufzug in seiner technischen Einrichtung einer mit elektrischer Kraft gezogenen Drahtseilbahn gleichkomme, insbesondere, wenn diese steil aufwärts geführt wird." (Reichsgericht, Amtliche Sammlung, Bd. 97, S. 154).

Die Aufsichtsbehörde für Seilbahnen in der DDR war die dem Volkswirtschaftsrat unterstellte Zentralinspektion der Technischen Überwachung. Mit Auflösung des Volkswirtschaftsrats wurde 1968 das „Staatliche Amt für technische Überwachung" (TÜ) gebildet. Mit Erscheinen der „Arbeitsschutzanordnung 917 – Seilbahnen" und der zugehörigen „Technischen Grundsätze" am 19. Oktober 1971 wurden nicht nur die notwendigen klaren Begriffe definiert, sondern vor allem auch einheitliche Forderungen über den Betrieb und die technische Gestaltung geschaffen. Die „Anordnung über die Personenbeförderung durch den Kraftverkehr, Nahverkehr und die Fahrgastschiffahrt" vom 18. März 1976 brachte darüber hinaus erstmals einheitliche Festlegungen zum Verhalten der Fahrgäste und zum Beförderungsvertrag, die auch für alle Seilbahnen verbindlich sind. Inzwischen gilt die „Personenbeförderungsverordnung" (PBVO) vom 5. Januar 1984.

In diesem Buch werden grundsätzlich alle Begriffe so verwendet, wie sie in der „Arbeitsschutzanordnung 917 – Seilbahnen" definiert sind. Ausgenommen sind hiervon lediglich begründete geschichtliche Darstellungen, wie zum Beispiel das Urteil des Reichsgerichts von 1920 und die historisch entstandenen Eigennamen der einzelnen Bahnunternehmen.

Nur selten bei Seilbahnen: Havarien und Unfälle

Harte Forderungen der staatlichen Aufsichtsbehörden, gute Qualitätsarbeit der Seilbahnhersteller sowie gewissenhafte Wartung und Pflege durch die Betreiber führten von jeher dazu, daß die Seilbahnen zu den sichersten Verkehrsmitteln gehörten. Heute stehen für die regelmäßigen Revisionen Methoden der zerstörungsfreien Werkstoffprüfung zur Verfügung, mit denen beispielsweise in den Seilen Brüche der innenliegenden Drähte bereits erkannt werden, bevor sich außen sichtbare Schäden zeigen. Verbunden mit den bereits behandelten Sicherheitseinrichtungen sind damit Unfälle oder gefährliche Havarien an Seilbahnen so gut wie ausgeschlossen.

Kommt es doch einmal zu einem Zwischenfall, so wird dieser meistens von der Presse wegen seines Seltenheitswertes hochgespielt und damit Unruhe verbreitet. Es muß hier aber eindeutig gesagt werden: Standseilbahnen und Großkabinen-Seilschwebebahnen sind die sichersten aller Verkehrsmittel, die wir auf der Welt kennen! Diese Behauptung wird durch zahlreiche internationale Statistiken eindeutig bewiesen.

Trotzdem ist man überall auf den seltenen Ausnahmefall gut vorbereitet. Dabei konzentrieren sich die Maßnahmen auf das Ziel, nach einer Havarie die Seilbahn wieder fahrfähig zu machen und zumindest die begonnene Fahrt mit verminderter Geschwindigkeit zu beenden, damit die Fahrgäste die Wagen verlassen können. Der häufigste Grund für den Stillstand einer Seilbahn ist der Ausfall der Energieversorgung. Deshalb besitzt heute jede dem öffentlichen Verkehr dienende Bahn einen Notantrieb, meistens in Form eines Notstromaggregats, ältere Anlagen auch eine Notstromversorgung aus einer Akkumulatorenbatterie. Für kleine Sessellifte genügt auch ein Handkurbelantrieb.

Was aber, wenn auch mit dem Notantrieb die Seilbahn nicht wieder in Gang zu bringen ist? Bei Standseilbahnen müssen dann die Fahrgäste aussteigen und die Strecke zu Fuß gehen. Auch bei der Schwebeseilbahn in Dresden-Loschwitz ist eine Bergung relativ einfach. Ihre Konstruktion als Einschienenbahn mit geringem Stützenabstand ermöglicht stets das Hochklettern von Bergungskräften zu den Wagen und das Anlegen von Leitern. Bei anderen Seilschwebebahnen bleibt nur das Abseilen der Fahrgäste. Die Rettungsmannschaft bringt das Bergungsgerät, das der Begleiter zu seinem Wagen hochzieht; danach kann jeder Fahrgast in einem Bergungssack abgeseilt werden.

Komplizierter wird die Bergung bei Kleinkabinen- und Sesselbahnen, die ohne Begleiter fahren. Hier wird ein

59 Der Zusammenstoß der Schwebeseilbahn in Dresden-Loschwitz mit einem Lastkraftwagen am 4. Oktober 1932 erregte viel Aufsehen, obwohl keine Personen zu Schaden kamen. Die Entgleisung des Seilbahnwagens geschah erst bei dem Versuch, das Auto wegzufahren. Die Seilbahnwagen hatten übrigens nur von 1930 bis 1934 die halbgeschlossene Plattform mit Glasvorbau, aber ohne Tür.

60 Auf Grund der besonderen Bauart der Schwebeseilbahn in Dresden-Loschwitz ist dort das Bergen der Fahrgäste mit Leitern möglich.

61 Bergungsübergang bei der Personenschwebebahn Thale. Auf dem Zugseil laufend gelangt der Bergungsmann zur Kabine. Er ist dabei am Tragseil angeschnallt, damit er nicht abstürzen kann.

62 Notstromaggregat, bestehend aus Dieselmotor (links) und Generator (rechts), mit dem bei Ausfall der Energieversorgung die begonnene Fahrt mit verminderter Geschwindigkeit beendet werden kann (Personenschwebebahn Thale).

Mann der Rettungsmannschaft von der nächsten Stütze aus in einem Rettungssitz zur Kabine gefahren. Mutige klettern auch einfach an den Seilen entlang – natürlich gesichert. Alles weitere vollzieht sich dann wie bei den Großkabinenbahnen. Bei großen Seilschwebebahnen im Hochgebirge werden zum Bergen auch Hubschrauber eingesetzt.
Folgende Zahlen mögen die Seltenheit einer Bergung untermauern: In den 83 Betriebsjahren bis zur Rekonstruktion der Seilschwebebahn in Dresden-Loschwitz war trotz der einfachen Ausführung der Anlage nur 6 mal ein Bergen der Fahrgäste notwendig, in Thale während der über 15 Betriebsjahre überhaupt nicht. Ein Vorfall zeigt, daß trotzdem alle Bahnverwaltungen ihre Belegschaft in Havarieübungen bestens vorbereitet haben:

Am 8. Oktober 1972 blieben die Wagen der Schwebeseilbahn in Dresden-Loschwitz infolge eines Schadens an der Steuerung auf halber Strecke stehen. Die Fahrgäste wurden verständigt, daß die Reparatur zwar längere Zeit in Anspruch nehmen würde, ihr Aufenthalt im Seilbahnwagen jedoch völlig gefahrlos sei. Trotzdem verfiel ein älteres Ehepaar im Wagen in Panik, so daß sich die Betriebsleitung zur Bergung entschloß. Unter den 8 Fahrgästen befand sich ein blinder 70jähriger Mann mit nur einem Arm. Trotz dieses Erschwernisses verlief die gesamte Bergungsaktion völlig ruhig und reibungslos. 2 Tage später veröffentlichte die „Sächsische Zeitung" einen Leserbrief, geschrieben von dem zunächst so verängstigten Ehepaar. Seine Überschrift lautete: „Unser schönstes Sonntagserlebnis!"

Personenseil-
bahnen der DDR

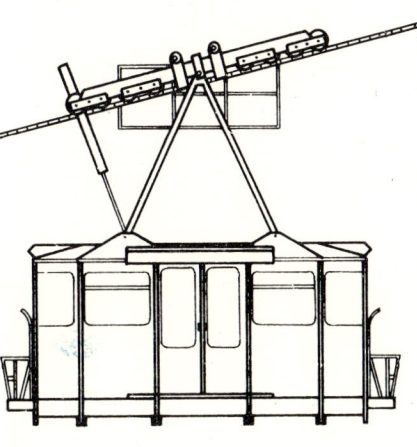

Augustusburg   65

Dresden-Loschwitz   74

Die Standseilbahn Loschwitz – Weißer Hirsch   76

Die Schwebeseilbahn Loschwitz – Oberloschwitz   92

Die Standseilbahn am Lingnerschloß   106

Hohenwarte   110

Klingenthal   115

Oberhof   118

Oberweißbach   122

Oberwiesenthal   139

Riems   157

Thale   164

Wendefurth   176

Zeitz   181

63 Drahtseilbahn Augustusburg: Alter Seilbahnwagen aus dem Jahr 1928.

64 Drahtseilbahn Augustusburg: Seilbahnwagen (Baujahr 1973). Die Strecke verläuft vorwiegend durch Wald.

65 Wagen der Drahtseilbahn Augustusburg an der Himmelsleiterbrücke unweit der Talstation.

64

66 Standseilbahn Dresden-Loschwitz: Die Bahnsteighalle der Bergstation Weißer Hirsch mit abfahrbereitem Wagen. Rechts die Reste der Entlüftung und des Kohlenschuppens aus der Zeit des Dampfbetriebes, links das alte Stationsgebäude.

67 Einfahrt in die Abtsche Weiche der Standseilbahn Dresden-Loschwitz – Weißer Hirsch.

68 Die Standseilbahn Dresden-Loschwitz – Weißer Hirsch führt durch 2 Tunnel. Blick aus dem Burgbergtunnel auf die Gaststätte „Luisenhof".

69 Standseilbahn Dresden-Loschwitz – Weißer Hirsch: Die 2 Wagen des Baujahrs 1962 / 63 begegnen sich in der Mitte der Strecke.

66

67

68

70 Das Traggerüst der Schwebeseilbahn in Dresden-Loschwitz wirkt noch auffälliger, wenn Bäume und Sträucher im Herbst ihre Blätter verloren haben.

71 Ein Wagen der Schwebeseilbahn in Dresden-Loschwitz oberhalb der einzigen festen Stütze (Nr. 24) des stählernen Traggerüstes.

72 Die Schwebeseilbahn Dresden-Loschwitz fährt unterhalb der Bergstation an der Stützmauer des Aussichtspunktes „Reinhardsbank" entlang, so daß die Führungsschienen schon in diesem Bereich beginnen müssen.

73 Blick von der „Loschwitzhöhe" über die Schwebeseilbahn in Dresden-Loschwitz und die Elbe mit dem „Blauen Wunder" auf das Dresdner Stadtzentrum.

71

72

74 Die Standseilbahn des Pumpspeicherwerkes Hohenwarte II neben der Rohrbahn. Im Hintergrund das Unterbecken, der Ort Hohenwarte und die Staumauer des Pumpspeicherwerkes Hohenwarte I.

75 Die Talstation des Sesselliftes in Oberhof fügt sich gut in die Landschaft ein.

76 Der neue Seilbahnwagen aus dem Jahre 1960 bietet den Fahrgästen der Oberweißbacher Bergbahn eine gute Aussicht. Gleich ist die Bergstation erreicht; im Hintergrund die Hochfläche jenseits des Schwarzatales.

77 Die Drehscheibe in der Bergstation Lichtenhain der Oberweißbacher Bergbahn. Am Bahnsteig steht der Triebwagen Nr. 279 201-8 abfahrbereit in Richtung Cursdorf, auf dem Abstellgleis der Aufsetzwagen für die Rollbühne.

78 In der Ausweichstelle der Oberweißbacher Bergbahn begegnen sich der Seilbahnwagen des Baujahrs 1960 und die Rollbühne mit dem 1973 entstandenen Aufsetzwagen.

77

81

79 Großkabine des Baujahrs 1972 auf der Fahrt zum Fichtelberg.

80 Großkabine (Baujahr 1972) der Fichtelberg-Schwebebahn an der Stütze 1.

81 Die Bergstation der Fichtelberg-Schwebebahn mit der Stütze 5 und dem Turm des neuen Fichtelberghauses.

82 Blick von der Streckenmitte der Fichtelberg-Schwebebahn auf den neuen Stadtteil von Ober-wiesenthal.

83 Personenschwebebahn Thale: Blick vom Hexentanzplatz auf den Wachlerfelsen mit dem Überläufer 1 und die Stadt Thale.

84 In der Talstation der Personenschwebebahn Thale herrscht noch einige Minuten Ruhe, dann wird ein neuer Betriebstag beginnen.

85 Die Gleise der Standseilbahn des Pumpspeicherwerkes Wendefurth sind zwischen den beiden Rohrleitungen verlegt. Der Seilbahnwagen ist der Maximalneigung angepaßt.

86   Der Personenaufzug verbindet Bad Schandau mit der Hochfläche „Ostrauer Scheibe" und führt dabei an einer fast senkrechten Sandsteinfelswand empor.

Augustusburg

heute das Zweitakt-Motorrad-Museum, ein Museum für Jagdtier- und Vogelkunde sowie eine Kutschensammlung. Auch der 170 m tiefe Schloßbrunnen mit Göpelwerk ist noch erhalten. Von den Ecktürmen bietet sich ein Rundblick über weite Teile des Erzgebirges und dessen Vorland. Im Gegensatz zum Schloß war das zu dessen Füßen liegende Städtchen Schellenberg fast unbekannt und nahm daher 1899 auch den Namen Augustusburg an. Ganz anders als im übrigen Erzgebirge hatte hier der Bergbau nur geringe Bedeutung und ging frühzeitig ein. Die industrielle Entwicklung folgte den Tälern mit ihren Wasserkräften und Eisenbahnen und berührte die auf dem Berge liegende Stadt nicht, wodurch ihre Bewohner in große Not gerieten.

Heute arbeiten die 3 300 Einwohner in den Betrieben der Textilindustrie, des Maschinen- und Fahrzeugbaus im benachbarten Erdmannsdorf, in Flöha, Zschopau und Karl-Marx-Stadt.

Schloß und Stadt Augustusburg

Im mittleren Erzgebirge wurden die durch das Zschopau- und Flöhatal führenden Wege seit dem 13. Jh. von der Schellenburg beherrscht, die auf einer 517 m hohen Porphyrkuppe zwischen beiden Tälern angelegt war. Nach ihrer Zerstörung durch Blitzschlag ließ der sächsische Kurfürst AUGUST I. in den Jahren 1568 bis 1571 ein wuchtiges, vierflügeliges Renaissanceschloß errichten, nach ihm „Augustusburg" genannt. Bau und Ausstattung besorgten namhafte Künstler, so Hieronymus LOTTER als Baumeister und unter anderen Lucas CRANACH d. J. als Maler. Die historischen Räume beherbergen

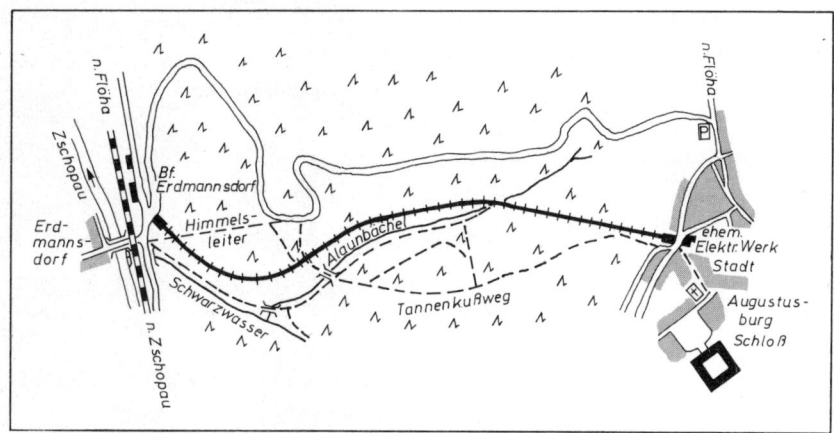

87   Lageplan der Drahtseilbahn Augustusburg (M 1:10 000).

88   Streckenprofil.

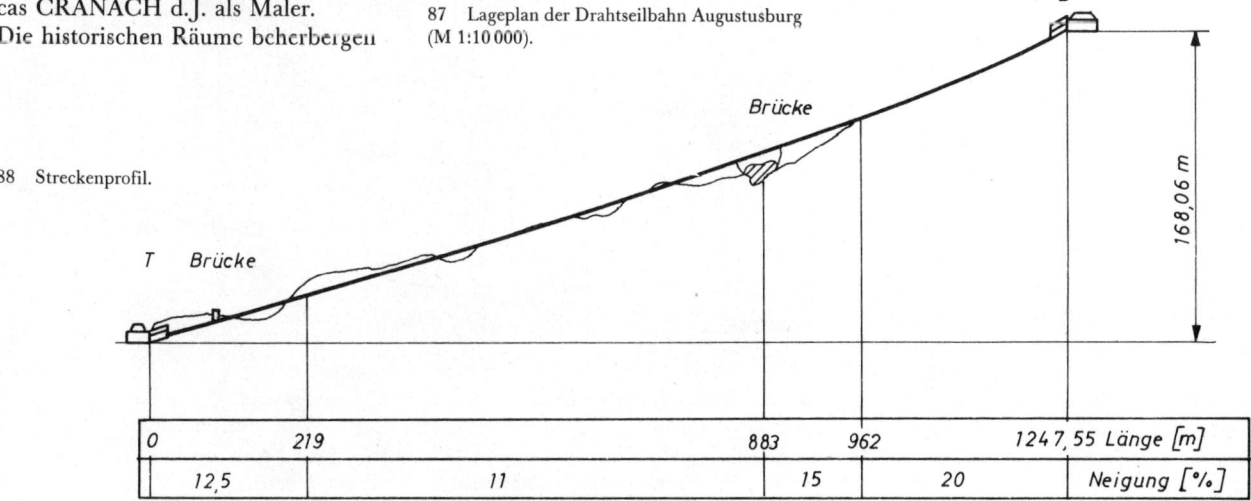

0	219			883	962	1247,55 Länge [m]
12,5	11			15	20	Neigung [%]

Außerdem haben sich Stadt und Schloß mit ihrer schönen Umgebung zum Luftkurort, vor allem aber zum Naherholungsgebiet der nur 14 km entfernten Bezirksstadt Karl-Marx-Stadt entwickelt.

Die lange Vorgeschichte der „Drahtseilbahn"

Schon frühzeitig baute man durch die Täler um Augustusburg Eisenbahnen in das Erzgebirge. 1866 wurde die Strecke von Chemnitz (Karl-Marx-Stadt) über Flöha nach Annaberg durch das Zschopautal eröffnet, 1875 folgte Flöha–Marienberg durch das Tal der Flöha. An beiden Strecken entstanden in der Nähe Augustus-burgs Bahnhöfe. In Luftlinie gemessen betrug die Entfernung zum Bahnhof Erdmannsdorf-Augustusburg der An-naberger Strecke nur 1 200 m, zum Bahnhof Hohenfichte an der anderen Strecke 2 500 m. Beide Bahnhöfe lie-gen aber in den Tälern, und zwar 170 m tiefer als die Stadt. Die Über-windung dieses großen Höhenunter-schieds bereitete zur damaligen Zeit erhebliche Schwierigkeiten.
Der Wunsch nach einem direkten Eisenbahnanschluß nahm 1897 kon-krete Formen an. Von Flöha aus, Knotenpunkt der beiden o. g. Bahnen mit der Strecke Dresden–Zwickau, sollte eine 6,5 km lange Schmalspur-bahn in vielen Windungen die Höhe erklimmen. Der sächsische Staat hatte seit 1881 viele Schmalspurbahnen durch die Täler des Erzgebirges ge-baut, um deren Ortschaften und In-dustrie zu erschließen. Dieses Projekt lehnte er aber 1899 nach einigem Hin und Her ab, weil das Fehlen nennens-werter Industrie in Augustusburg, ge-ringer Einzugsbereich der Strecke und ihre steile Führung auch in weiter Zu-kunft keine Rentabilität erwarten lie-ßen.

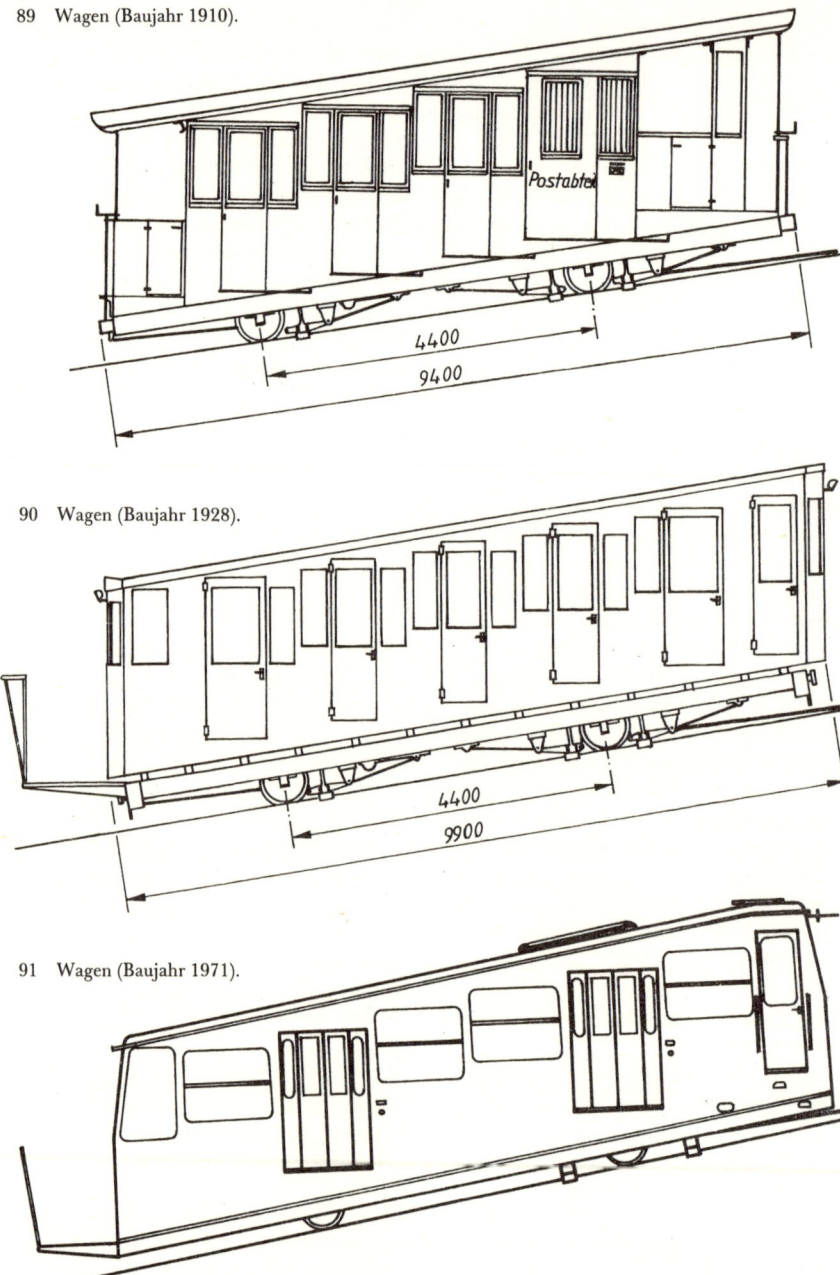

89 Wagen (Baujahr 1910).

90 Wagen (Baujahr 1928).

91 Wagen (Baujahr 1971).

Die Stadtverordneten hatten diese Problematik frühzeitig erkannt und noch 1897 Verhandlungen mit der Helios-Elektricitäts-Gesellschaft in Köln begonnen. Sie sollte auf kürze-stem Wege zum nächsten Bahnhof, also nach Erdmannsdorf, eine Stand-seilbahn bauen.

66

Das erste Projekt sah vor: völlig gerade Streckenführung von 1 250 m Länge und 220 m Höhenunterschied, Lage der Bergstation bei den Schloßtreppen, elektrischer Betrieb. Am 8. August 1899 bat Helios die sächsische Regierung um die Genehmigung für spezielle Vorarbeiten. Die nun folgenden komplizierten und langwierigen Verhandlungen können hier nur stark gekürzt wiedergegeben werden.

Augustusburg besaß damals noch kein Elektrizitätswerk. Die Regierung empfahl daher Dampfbetrieb, was die Helios-Gesellschaft zum Anlaß nahm, sich von dem Unternehmen zurückzuziehen. Daher bat die Stadtgemeinde am 23. Januar 1900 selbst um die Konzession. Die sächsische Regierung gab jedoch das eingereichte Projekt wegen bedeutender Mängel zurück. Es wurde daraufhin von Helios gemeinsam mit der am Bau der Dresdner Seilbahnen beteiligten „Kette – Deutsche Elbschiffahrts-Aktiengesellschaft" überarbeitet. Die dabei entstandene Linienführung entsprach fast der später ausgeführten.

Inzwischen trat Helios alle Rechte und Pflichten an die Chemnitzer Elektrizitätswerke GmbH ab, die nun als Dritte am 15. Oktober 1900 die Konzession beantragte. Gleichzeitig wollte diese Gesellschaft eine elektrische Straßenbahn von Chemnitz nach Erdmannsdorf bauen. Am 2. Januar 1902 kam es mit der Stadtgemeinde zum Vertragsabschluß über den Bau der Standseilbahn und eines Elektrizitätswerks. Dagegen versagte die Regierung ihre Genehmigung für die Straßenbahn, und die Zustimmung zur Standseilbahn machte sie vom Nachweis des zum Bau benötigten Kapitals abhängig. Trotzdem begannen die Chemnitzer Elektrizitätswerke Anfang März mit den Bauarbeiten. Der Bürgermeister duldete dieses Verhalten, weil durch den Bahnbau viele Arbeits-

lose Beschäftigung fanden. Als jedoch dem Ministerium des Innern bekannt wurde, daß der Bahnbau trotz der noch fehlenden Genehmigung begonnen worden war, verbot es kurzerhand die Fortsetzung der Arbeiten.

Die Chemnitzer Elektrizitätswerke verfügten nicht über die zum Bau erforderlichen Mittel. Daher gründeten sie die Elektrizitätswerke Augustusburg als Aktiengesellschaft und wollten die Lieferanten mit Aktien dieser neuen Gesellschaft bezahlen. Endlich erteilte die Regierung am 2. September die Genehmigung zur Fortsetzung der Bauarbeiten, aber schon 5 Wochen später ruhten sie endgültig: Die Chemnitzer Elektrizitätswerke GmbH mußte am 11. Oktober 1901 Konkurs anmelden. Nach langem Rechtsstreit übernahm die Stadt die begonnenen Anlagen für 12 500 Mark und bemühte sich danach vergebens, die ebenfalls in Konkurs geratene Aktiengesellschaft neu zu gründen. Unter diesen Bedingungen gelang es ihr nur unter größten Anstrengungen, das Elektrizitätswerk auf eigene Rechnung fertigzustellen.

Im Sommer 1906 prüfte der sächsische Finanzminister persönlich die Möglichkeit, in den damals kaum genutzten Räumen der Augustusburg eine Forstfachschule einzurichten und die dazu notwendige Verkehrserschließung vorzunehmen. Die Kosten für den Bau der Standseilbahn wurden damals auf 375 000 Mark geschätzt, die die Stadt allein nicht aufbringen konnten. Sie bat daher beim sächsischen Finanzministerium um einen Zuschuß. Die Verhandlungen verschleppten sich jedoch so lange, so daß die Schule schließlich in Olbernhau eingerichtet wurde.

Am 10. Januar 1908 richtete der Stadtgemeinderat eine Petition an die Sächsische Ständeversammlung mit der Bitte, Mittel für eine Schmalspurbahn nach Flöha oder für die „Drahtseil-

bahn" zu bewilligen. Beide Kammern erkannten die Notwendigkeit einer besseren Verkehrserschließung an und genehmigten 150 000 Mark Staatsbeihilfe. Daraufhin bewarb sich am 29. Oktober 1908 die Berliner Firma Oskar KAISER um die Konzession, zog sich aber 1909 ohne Begründung wieder zurück.

Augustusburger Bürger ergriffen nun die Initiative und gründeten unter der Leitung des Arztes und Stadtverordneten Dr. ROHLFS einen „Ortsausschuß zur Erbauung der Drahtseilbahn", der sich am 11. September 1909 selbst um die Konzession bemühte. Inzwischen sah jedoch die sächsische Regierung das Projekt als endgültig gescheitert an und lehnte es ab.

Aber die Mitglieder des Ortsausschusses ließen sich nicht entmutigen. Am 28. Dezember 1909 sprachen sie persönlich beim Innenminister vor und erläuterten ihre Pläne. Sie wollten eine Aktiengesellschaft gründen, die mit dem Staatszuschuß die Bahn bauen sollte. Eine Begehung der abgesteckten Trasse mit allen zuständigen Behörden und Grundstückseigentümern am 9. April 1910 konnte die komplizierten Verhandlungen wesentlich abkürzen.

Endlich ging es zügig voran. Die neue Aktiengesellschaft brachte ein Grundkapital von 130 000 Mark selbst auf, dazu bewilligte die Ständeversammlung ein unverzinsliches Darlehen des Staates von 75 000 Mark. Am 10. Juni 1910 verlieh die sächsische Regierung der „Drahtseilbahn Augustusburg Aktiengesellschaft" das Recht zum Bau und Betrieb der Bahn.

Die Projektierung und Bauleitung übertrug man dem Technischen Bureau für Ingenieurbauten C. F. Richard MÜLLER in Dresden, den seilbahntechnischen Teil lieferte die Maschinenfabrik Eßlingen.

Am 31. August 1910 begannen die Erdarbeiten. Von den alten, 1902 begonnenen Anlagen konnte kaum noch etwas verwendet werden. Für die Förderung der Erdmassen wurden zunächst 3 kleinere vereinfachte Standseilbahnen errichtet, bei deren unterster die Loren von einer Dampfwinde gezogen wurden, während man zum Antrieb der mittleren und oberen die größere Masse der talwärts fahrenden beladenen Wagen ausnutzte.

Bis dahin unbekannte Stollen eines alten Alaunschieferbergwerks führten schon während des Bahnbaus im unteren Streckenteil zu erheblichen Senkungen des Bahndamms und einer Stützmauer. Erst das fachgerechte Verbauen dieser Hohlräume durch Bergleute des Zauckeroder Steinkohlenwerks brachte Abhilfe.

Trotz dieser Schwierigkeiten konnte die Bahn am 24. Juni 1911 feierlich eröffnet werden. Die Ehrengäste trafen sich 13 Uhr in der Talstation, fuhren nach oben zur Festansprache und Besichtigung der Maschinenanlage und trafen sich danach im Hotel „Weißer Hirsch" zum Festmal wieder. Unter den Bauarbeitern war weniger Freude: Sie waren nicht nur von dieser Veranstaltung ausgeschlossen, sondern größtenteils wieder arbeitslos; nur wenige von ihnen konnten als Maschinist oder Schaffner weiterbeschäftigt werden.

Die Bahnanlage von 1911

Die Talstation wurde gegenüber dem Empfangsgebäude des Bahnhofs Erd-

92 Nur während der ersten Betriebsjahre hatte man an der Alaunbächelbrücke diese Übersicht bis zur Bergstation, zur Kirche und zum Schloß Augustusburg. Heute ist dieser Blick durch Hochwald völlig versperrt.

93 Die ersten Seilbahnwagen wurden 1911 an der Ausweiche auf das Gleis gesetzt. Nachdem der Transport des ersten Wagens vom Bahnhof Erdmannsdorf aus mit Pferden äußerst beschwerlich war, zog man den zweiten Wagen mit einer Dampfwalze.

mannsdorf-Augustusburg angelegt. Ihre Gestaltung entspricht heute noch weitgehend der des Jahres 1911, wie auch Streckenverlauf sowie Äußeres der Bergstation praktisch unverändert geblieben sind. Das Gebäude der Talstation ist im Jugendstil gestaltet und enthält Warte- und Dienstraum, an die sich die Bahnsteighalle anschließt. Die Strecke verläuft zuerst durch einen 6 m tiefen Felseinschnitt, über den auf einer Stahlbrücke der alte, steile Fußweg zur Stadt, Himmelsleiter genannt, führt. Der Einschnitt wurde nötig, damit die Talstation nahe an den Eisenbahnhof gelegt werden konnte. Die Strecke führt dann am Nordhang der Täler des Schwarzbachs und des Alaunbächels weiter und kürzt nur einige Talwindungen ab. So werden trotz des Hochwalds, der erst kurz vor der Bergstation endet, immer wieder Blicke nach Süden frei. Nach 800 m führt das Gleis auf einer 35,6 m langen Bogenbrücke über das Alaunbächel und verläßt dessen Tal. Der größte der 6 mit Bruchsteinmauerwerk verkleideten Betonbögen mißt 6 m Höhe und 7 m Weite.
In der Bergstation hatte man das Gebäude mit dem Warte- und Dienstraum gegenüber der anschließenden Bahnsteighalle versetzt angeordnet. Damit wollte man sich die Möglichkeit für eine spätere Gleisverlängerung offenhalten, die dem Abstellen von Vorsetzwagen dienen sollte, was jedoch niemals verwirklicht wurde. Eine kleine Werkstatt und die Maschinenräume wurden im Keller angeordnet. Die erste Fördermaschine besaß eine Treibscheibe mit 3 Rillen und eine Gegenscheibe ohne Antrieb. Der Elektromotor trieb über einen Riemen die Vorgelegewelle an, deren Drehung hölzerne Zahnräder auf die Treibscheibe übertrugen. Die elektrische Energie wurde dem Ortsnetz mit 3×120 V (Drehstrom) entnommen und in 220 V (Gleichstrom) umge-

formt, wofür 2 Motorgeneratoren zur Verfügung standen. Die elektrische Ausrüstung vervollständigte eine Akkumulatorenbatterie. Der Arbeitsplatz des Maschinisten war am Bahnsteigende angeordnet, so daß er den oberen Teil der Strecke übersehen konnte.
Verbesserungsbedürftig war die erste Gleisanlage. Für die verwendeten Keilkopfschienen mit einer Masse von nur 23,5 kg/m war der Abstand der Stahlschwellen mit 1,8 m viel zu groß gewählt und mußte nach der Betriebsaufnahme schnellstens verringert werden. Noch problematischer war der zu große Abstand der Seilführungsrollen. Das Seil schliff auf Schotter und Schwellen, so daß auch der Rollenabstand verringert werden mußte. Interessant war die Bauart der ersten Wagen. Sie besaßen nur 3 geschlossene Abteile, dazu einen Postraum und 2 unterschiedlich gestaltete Plattformen, von denen die größere, bergseitige, für die Beförderung größerer Gepäckstücke gedacht war. Da auch stehende Fahrgäste befördert wurden, war von jeder Plattform ein Teil für den Begleiter abgetrennt. Die Wagen besaßen Ofenheizung und elektrische Beleuchtung, die aus einer Akkumulatorenbatterie gespeist wurde. Der Fahrplan war so aufgebaut, daß Anschluß zu allen Zügen der Staatsbahn vermittelt wurde. Dabei war eine Fahrzeit von 10 min vorgesehen, die jedoch bei starkem Verkehrsaufkommen auf 8 min verringert werden durfte. Der Fahrpreis für eine Bergfahrt betrug 35 Pfennige.

Die weitere Entwicklung

Das Verkehrsaufkommen der neuen Standseilbahn übertraf alle Erwartungen. So wurden bis Ende 1911 145 000 Fahrgäste befördert. Die Aktionäre konnten 2,5 % Dividende in

Empfang nehmen, 1912 und 1913 sogar 5 %.
Diese Entwicklung wurde durch den ersten Weltkrieg jäh unterbrochen. Das gesamte Personal wurde zum Kriegsdienst einberufen, und nur mit Mühe gelang es 2 Fachleute freizustellen, damit der Betrieb aufrecht erhalten werden konnte. Ab 1916 wurden auch Schaffnerinnen eingestellt. Wegen der ständig steigenden Preise für Strom und Material, das zudem immer knapper wurde, mußten 1917 zum ersten Mal die Fahrpreise erhöht werden. Vom gleichen Jahre an wurde die Seilbahn zum Ersatz fehlender Fuhrwerke auch zunehmend für den Güterverkehr genutzt.
Durch den allgemeinen wirtschaftlichen Niedergang nach dem Krieg stiegen die Preise ins Unermeßliche, die Löhne mußten immer wieder angepaßt werden. Die Folge waren Fahrpreiserhöhungen in immer kürzeren Abständen, die zusammen mit der ständig wachsenden Arbeitslosigkeit zu einem starken Rückgang der Fahrgäste führten. Am 1. September 1923 mußte der Bahnbetrieb schließlich ganz eingestellt werden, denn die Gesellschaft konnte die hohe Stromrechnung nicht mehr bezahlen.
Bekanntlich hatte der Staat versucht, durch Einführung der Rentenmark Voraussetzungen für eine Stabilisierung der Wirtschaft zu schaffen. Örtliche Interessenten zeichneten nun einen Zuschuß von 1 200 Rentenmark, um die Aktiengesellschaft vor dem Konkurs zu retten. Damit war es möglich, die Schulden in der neuen Währung zu bezahlen und den Betrieb am 24. Dezember 1923 mit zunächst 10 Fahrten täglich wieder aufzunehmen. Das staatliche Darlehen wurde 1924 in eine feste Beteiligung des Freistaates Sachsen in Form einer Aktie von 52 000 Rentenmark umgewandelt. Damit wurde der Staat zum Hauptaktionär und konnte auf das

weitere Schicksal der Bahn wesentlichen Einfluß nehmen.

Die nächsten Jahre brachten endlich die Voraussetzungen für eine Modernisierung. 1928 ließ man bei der WUMAG in Görlitz 2 neue Wagenkästen bauen und setzte sie auf die alten Fahrgestelle. Die 3 mittleren Abteile besaßen je 10 Sitzplätze, die beiden Endabteile dagegen nur je 5 Sitz-, dafür aber 17 Stehplätze. Für die Beleuchtung und Heizung der Wagen wurde die Strecke mit einer Oberleitung ausgerüstet. Sie war außermittig verlegt, um die Mastausleger kurz halten zu können.

1929 folgte der Umbau der Fördermaschine. Der Antrieb erfolgte nun durch einen Drehstrommotor, der direkt aus dem Landesnetz gespeist wurde. Damit war die Fahrgeschwindigkeit konstant 3 m / s, die Fahrzeit 8 min. Umformer und Batterie entfielen. Den Riementrieb und das Zahnradvorgelege ersetzte man durch ein Getriebe, das die Firma Krupp in Essen lieferte. Treib- und Umlenkscheibe wurden weiterverwendet.

Doch schon gab es neue Probleme: Ständig sanken die Fahrgastzahlen. Ursache hierfür war nicht nur die beginnende Weltwirtschaftskrise, sondern vor allem die Konkurrenz durch die 1925 von der Post eingerichtete direkte Buslinie Chemnitz (Karl-Marx-Stadt)–Erdmannsdorf–Augustusburg–Lengefeld. Die Drahtseilbahn führte daher 1929 einen Gemeinschaftstarif mit der Deutschen Reichsbahn ein, dessen Auswirkungen jedoch unbefriedigend blieben. Auch die Scheinblüte ab 1933 brachte keine grundlegende Änderung. Die Aktionäre erhielten kaum noch Dividende und beschlossen schließlich am 29. April 1939 die Auflösung der Gesellschaft. Die Stadt übernahm sämtliche Aktien. Der neue Name des Unternehmens lautete Städtische Drahtseilbahn Augustusburg.

94

Mit Beginn des zweiten Weltkriegs wurden wieder zahlreiche Arbeitskräfte zum Kriegsdienst einberufen, so daß erneut Frauen den Dienst als Schaffner übernehmen mußten. Als Folge der Dienstverpflichtung weiter Bevölkerungskreise in Rüstungsbetriebe und der starken Einschränkungen im Omnibusbetrieb wegen Kraftstoffmangels stiegen nun die Fahrgastzahlen wieder erheblich an.

Nach Kriegsende gehörte Augustusburg zunächst zur amerikanischen Besatzungszone. Nachdem im Sommer 1945 die auf der Konferenz von Jalta von den Mächten der Anti-Hitler-Koalition vereinbarten Grenzen hergestellt wurden, gehörte nun auch Augustusburg und seine Drahtseilbahn zur sowjetischen Besatzungszone. Überall bemühten sich nun die Arbeiter, ihre Betriebe trotz aller Schwierigkeiten wieder in Gang zu bringen. Auch die Drahtseilbahner leisteten dazu ihren Beitrag, denn nach der Zerstörung von Chemnitz (Karl-Marx-Stadt)

94 In der hellen, cremefarbenen Lackierung wirkten die Seilbahnwagen aus dem Jahre 1928 viel freundlicher.

95 Während der Rekonstruktion 1971 bis 1973 diente der Seilbahnwagen Nr. 2 dem Materialtransport für den Gleisbau und war dazu entsprechend hergerichtet worden.

96 An der Bergstation ist auch nach der Rekonstruktion von 1973 immer noch der Platz eingezäunt, der 1911 für eine spätere Gleisverlängerung zum Abstellen von Vorsetzwagen freigehalten worden war.

durch anglo-amerikanische Bomber in den letzten Kriegstagen hatten viele Menschen in dem unbeschädigten Augustusburg eine erste Zuflucht gefunden und mußten nun täglich den weiten Weg zu ihrem Betrieb auf sich nehmen. So stieg die Zahl der beförderten Fahrgäste weiter und erreichte 1955 mit 936 000 einen nie erwarteten Höhepunkt. Am 1. Januar 1952 wurde der städtische in einen volkseigenen Betrieb umgewandelt. Sein Name lautet seitdem VEB Drahtseilbahn Augustusburg.

Nun wurden verschiedene kleine Verbesserungen ausgeführt, von denen der cremefarbene Anstrich, der 1961 das traditionelle dunkelrot ablöste, jedem sofort ins Auge fiel. Fördermaschine und Wagenuntergestelle hatten jedoch mittlerweile ein Alter von 50 Jahren erreicht.

Die Rekonstruktion der Seilbahn

Im Interesse der Betriebssicherheit stellte die Aufsichtsbehörde ab 1960 in zunehmendem Maße Forderungen, denen die überalterten Anlagen und Fahrzeuge nicht standhalten konnten. Untersuchungen ergaben jedoch, daß auf Grund der Geländeverhältnisse die Abwicklung des Massenverkehrs mit der Standseilbahn günstiger ist als mit Omnibussen. Daher beauftragte der Rat des Kreises Flöha als Investträger im September 1970 das ungarische Unternehmen Budapesti Bányagépgyártó Vállalat über die zuständigen Außenhandelsunternehmen beider Länder mit der Rekonstruktion der Seilbahn. Die Projektierung übernahm das ungarische Entwurfs- und Konstruktionsbüro für Straßen- und Eisenbahnbau UVATERV.

Am 4. Oktober 1971 stellte die alte Standseilbahn ihren Betrieb ein. Der Wagen Nr. 2 wurde in einen offenen Güterwagen für die Materialtransporte der neuen Gleisanlage umgebaut. Omnibusse übernahmen während der Bauzeit den Personenverkehr, bis schließlich am 1. September 1973 die neue Standseilbahn feierlich eröffnet werden konnte. Von der alten Bahn wurden nur die Trasse, die Alaunbächelbrücke und die Gebäude nach entsprechenden Anpassungs- und Erneuerungsarbeiten übernommen. Der neue Oberbau besteht aus normalen Eisenbahnschienen des ungarischen Systems 48 (48 kg / m), deren Kopf durch seitliches Abhobeln der Form der Bremszangen angepaßt ist. Die 8 m langen Schienen sind auf Holzschwellen verlegt und zu Längen von je 96 m verschweißt. Die Seilführungsrollen erhielten eine Einlage aus dem Kunststoff Miramid. Diese Maßnahmen tragen wesentlich zu einer ruhigen und geräuschlosen Fahrt bei. Die neue Fördermaschine besitzt eine Treibscheibe mit 2 Rillen und eine Gegenscheibe, zwischen denen das Zugseil in Form einer 8 geführt ist. Die Steuerung erfolgt verlustarm mit Hilfe von Thyristoren und ist weitge-

95

96

getrennt ist. Der Fahrkomfort konnte durch große, herablaßbare Fenster, Polstersitze, elektrisch betätigte Falttüren und die Federung des talseitigen Radsatzes wesentlich erhöht werden. Die Beleuchtung erfolgt aus einer 24-V-Akkumulatorenbatterie. Die anfangs installierte Infrarotheizung bewährte sich nicht, da Elektroenergie zum Heizen und zum Laden der Batterie nur noch in den Stationen übertragen wird; die Oberleitung entlang der Strecke entfiel bei der Rekonstruktion. Jeder Wagen besitzt 2 Schnellschlußbremsen.

Die technische Ausrüstung nahm weiterhin auf eine betriebliche Besonder-

hend automatisiert, sie ist aber auch von Hand möglich. Beim automatischen Betrieb setzt sich die Bahn in Bewegung, sobald beide Schaffner die Wagentüren geschlossen und das Abfahrsignal gegeben haben. Sicherheitsstromkreise überwachen, ob die Türen wirklich geschlossen und die Wagenbremsen gelöst sind. Ist das nicht der Fall, so wird die Bahn automatisch angehalten oder die Fahrt kann nicht beginnen.

Die Übertragung aller Signale, der Impulse der Sicherheitsstromkreise und des Telefons zwischen Wagen und Maschinenhaus erfolgt mit Hilfe von UKW-Verkehrsfunk. Aus diesem Grunde wurde neben der Bergstation ein Sende- und Empfangsmast aufgestellt, und jeder Wagen trägt an der Bergseite eine Antenne. Anfangs bewirkte die stählerne Himmelsleiterbrücke Unterbrechungen der UKW-Verbindungen, die jedesmal zu einer Notbremsung führen mußten. Durch eine Zwischenstation, deren Antennen an der Brücke befestigt sind, wurde dieser Mangel behoben.

Die rot-creme lackierten Wagen sind in 2 Großräume aufgeteilt, von denen jeweils eine Ecke als Dienstabteil ab-

97   Blick in das Dienstabteil eines Seilbahnwagens von 1973. Der große Hebel hinter dem Sitz dient zum Auslösen der Wagenbremse.

98   Ausfahrt aus der Talstation Erdmannsdorf.

Auf dem Wagendach rechts die Kontaktschienen zum Übertragen von Elektroenergie in den Stationen, über dem Fenster der Stirnwand die UKW-Antenne für die Signal- und Sprechverbindung mit dem Maschinenhaus.

Technische Daten der Drahtseilbahn Augustusburg

Eröffnung		24.6.1911		
Hersteller		Maschinenfabrik Eßlingen		
Eröffnung nach Umbau		1.9.1973		
Umbau durch		UVATERV, Budapest		
Bauart		Standseilbahn, 1gleisig mit Ausweiche		
Betriebsart		Pendelbetrieb		
Talstation		Erdmannsdorf		
Höhe über NN	m	293		
Bergstation		Augustusburg		
Höhe über NN	m	461		
Strecke				
Länge	m	1 247,55 (ab 1973: 1 237,20)		
Höhenunterschied	m	168,06		
Neigung im Durchschnitt	%	13,5		
Neigung maximal	%	20,14		
Spurweite	mm	1 000		
Seile		*1911*	*1929*	*1973*
Zugseil	mm ⌀	23	28	28
Fördermaschine		*1911*	*1929*	*1973*
Bauart		Treibscheibe	Treibscheibe	Treibscheibe
Hersteller		Eßlingen	Eßlingen / Krupp	UVATERV, Budapest
Treibscheibe	mm ⌀	3 600	3 600	3 000
Antrieb		*1911*	*1929*	*1973*
Bauart		elektrisch 220 V (Gleichstrom)	elektrisch 220 V (Drehstrom)	elektrisch 250 V (Gleichstrom)
Hersteller		SSW	Sachsenwerk	GANZ
Leistung	kW	61,8	62	41
Steuerung		Hand	Hand	automatisch, Ward-Leonard-Umformer
Notantrieb		Batterie	–	Notstromaggregat 13 kW
Fahrzeuge		*1911*	*1928*	*1973*
Personenwagen	Anzahl	2	2	2
Hersteller		Eßlingen	WUMAG, Görlitz	Waggonfabrik Györ
Sitzplätze		30	40	32
Stehplätze		40	34	42
Eigenmasse	t		9,5	10,8
Betriebsdaten		*1911*	*1929*	*1973*
Fahrgeschwindigkeit	m/s	2 bis 3	3,0	3,0
Fahrzeit	min	10	8	8
Leistung	Personen/h und Richtung	350	375	375
Beförderte Personen (1983)		500 000		

heit Rücksicht. In den verkehrsschwachen Morgen- und Abendstunden benutzen die Fahrgäste fast ausschließlich nur den Wagen, der die Anschlüsse zu den Eisenbahnzügen im Bahnhof Erdmannsdorf vermittelt, während der zweite Wagen meistens leer bleibt. Die Bahn erhielt deshalb eine Sicherheitseinrichtung, die es ermöglicht, zu diesen Zeiten nur 1 Wagen mit einem Begleiter zu besetzen; die Beförderung der Fahrgäste erfolgt dann nur mit diesem Wagen. Tasterbretter über den Fahrschienen sorgen dafür, daß auch am leeren Wagen Hindernisse auf dem Gleis wahrgenommen werden: Sobald das Tasterbrett berührt wird, betätigt es einen Schaltkontakt und löst dadurch die Notbremsung aus.

Ausblick

Gegenwärtig führt die Standseilbahn täglich in der Zeit von 4.30 Uhr bis 23.15 Uhr 55 fahrplanmäßige Fahrten durch, wobei während der Früh- und Abendstunden nur 1 Wagen zur Fahrgastbeförderung genutzt wird. Besonders während der Sommermonate müssen für den Ausflugsverkehr noch zusätzliche Fahrten eingelegt werden. Der Preis für eine Berg- oder Talfahrt beträgt seit 1932 unverändert 35 Pfg. Am 1. Januar 1982 wurde die Bahn in das Volkseigene Verkehrskombinat Karl-Marx-Stadt eingegliedert. Damit wird die Koordinierung der Verkehrsaufgaben zwischen der Standseilbahn und den Augustusburg berührenden Omnibuslinien wesentlich erleichtert.
Die Rekonstruktion bietet eine gute Basis, daß die Standseilbahn die ihr zukommenden Aufgaben im Arbeiterberufs- und Schülerverkehr sowie bei der Naherholung auch in den kommenden Jahren und Jahrzehnten erfüllen wird.

Dresden-Loschwitz

Dresden, Loschwitz und der Weiße Hirsch

Dresden, die Stadt am Elbstrom, liegt inmitten einer langgestreckten Talweitung zwischen dem Elbsandsteingebirge und dem Spaargebirge bei Meißen. Im Norden fällt die Lausitzer Granitplatte hier ungefähr 100 m steil ab, während die Ausläufer des Erzgebirges und das Elbtalschiefergebirge im Süden durch die stark ausgeprägten Seitentäler weniger schroff erscheinen. Die Lage an der Elbe in der Umgebung von Landschaften mit völlig unterschiedlichem Charakter verleiht der Stadt einen besonderen Reiz. Als König HEINRICH I. zur Unterwerfung der slawischen Stämme im Jahre 929 die Burg Meißen erbaute, war das winzige sorbische Fischerdorf Drazdany noch unbekannt. Der neue Handelsweg vom Süden über Freiberg nach Bautzen fand hier aber den günstigsten Flußübergang vor und bewirkte schon vor der ersten urkundlichen Erwähnung im Jahre 1206 die Ansiedlung deutscher Handwerker und den Bau erster Befestigungen. Bereits im 13. Jahrhundert ist eine steinerne Brücke nachgewiesen.

Bei der Teilung Sachsens im Jahre 1485 wählten die Albertiner Dresden als Hauptstadt ihres Kurfürstentums. FRIEDRICH AUGUST I. (1670–1733), „AUGUST der Starke", baute in seiner unvorstellbaren Prunksucht die Stadt zu einer repräsentativen Residenz aus und erwarb wertvolle Sammlungen. Zwinger, Japanisches Palais, Gemäldegalerie und die kurfürstliche Schatzkammer, das Grüne Gewölbe, sind noch heute weltbekannte Zeugen dieser Epoche. Am nördlichen Steilabfall des Elbtals wurden Weinberge angelegt. AUGUST der Starke ließ sich in deren Nähe direkt am Fluß in Pillnitz ein großes Lustschloß mit Park errichten, seine Höflinge folgten diesem Beispiel an anderen Stellen mit kleineren Anlagen. Aber auch die begüterten Bürger hielt es im Sommer nicht in der engen Stadt, viele zogen aufs Land. Dafür waren die Weingüter in Loschwitz, nur eine Wegstunde von Dresden entfernt, besonders beliebt. An diesem kleinen Dörfchen fließt die Elbe ganz dicht an den Steilhängen entlang, so daß die Weinberge direkt bis an den Fluß reichen. Viele der heute noch erhaltenen alten Weingüter sind mit berühmten Namen verknüpft. Eines gehörte den Eltern des Dichters und Freiheitskämpfers Theodor KÖRNER. Es war ein Mittelpunkt des Dresdner Geisteslebens – hier weilten GOETHE, KLEIST, TIECK, ARNDT, NOVALIS, HUMBOLDT und MOZART als Gäste, und SCHILLER schrieb in dem kleinen Winzerhäuschen am Hang (heute Gedenkstätte) wesentliche Teile seines „Don Carlos".

Im Nordosten der Stadt erstreckt sich ein großes Waldgebiet, die Dresdner Heide. An deren Rand oberhalb von Loschwitz erreicht die Straße nach Bautzen das Hochplateau. Früher war der letzte steile Anstieg von der Mordgrundbrücke an für die Fuhrleute besonders schwierig. War er bewältigt, so mußten die Pferde erst einmal verschnaufen. Dort stand schon seit 1572 eine Bierschänke, neben der Oberküchenmeister Georg Ernst von DÖLAU einen Weinberg anlegte. 1687 ersetzte der Kapellmeister Christoph BERNARDI die Schänke durch ein Gasthaus und nannte es „Zum weißen Hirsch". 100 Jahre später begannen Gärtner und Winzer das Gebiet zwischen der Bautzener Straße und den Loschwitzer Weinbergen zu nutzen. Auf diese Weise entstand die winzige Gemeinde Weißer Hirsch, deren größtes Anwesen man Hirschgut nannte. Auch im vorigen Jahrhundert baute das von Napoleon zu Königen erhobene Herrscherhaus seine Residenz weiter aus. Wichtigstes Zeugnis dieser Zeit ist das von Gottfried SEMPER geschaffene Opernhaus, mit dem sich Namen wie Richard WAGNER und Richard STRAUSS verbinden.

Die Eröffnung der Dampfschiffahrt (1835) und der Eisenbahn nach Leipzig (1839) beschleunigte die Entwicklung der Industrie, erleichterte aber gleichzeitig die Bestrebungen der Bürger, ihren Wohnsitz nach außerhalb zu verlegen. Bald vernichtete aber die Reblaus einen Weinberg nach dem anderen. Die Winzer, ihrer Existenzgrundlage beraubt, mußten ihre Grundstücke als Bauland verkaufen und wurden dabei von Grundstücksspekulanten betrogen. Auf diese Weise entstand die völlig regellose Bebauung der Hänge um Loschwitz. Auch auf dem gegenüberliegenden Elbufer im Dorf Blasewitz baute man ein Haus nach dem anderen. Dort endete im Jahre 1872 die erste Pferdebahnlinie Dresdens. 1893 wurde die

99 Lageplan der Seilbahnen in Dresden (M 1:7 500).

Fähre durch eine Brücke ersetzt. Diese stählerne Dreigelenkbrücke ohne Strompfeiler war für damalige Zeit eine erstaunliche ingenieurtechnische Leistung des Baurats KÖPKE. Wegen ihres blauen Anstrichs nannte sie die Bevölkerung bald „Blaues Wunder". Der Rat der Stadt Dresden sah nur ungern, daß immer mehr vermögende und damit steuerkräftige Bürger in die Umgebung abwanderten und versuchte daher, seinen Einfluß auf die Nachbargemeinden auszudehnen.

Loschwitz, Blasewitz und der Weiße Hirsch widersetzten sich jedoch diesen Bestrebungen. Erst unter dem Druck der Wirtschaftskrise nach dem ersten Weltkrieg wurden sie im Jahre 1921 mit der Stadt vereinigt.
In der Nacht vom 13. zum 14. Februar 1945 galt einer der größten angloamerikanischen Luftangriffe des zweiten Weltkriegs der Stadt Dresden. 35 000 Tote und 15 km² zerstörte Fläche waren das traurige Ergebnis. Während das Zentrum vollkommen in

Schutt und Asche lag, blieben Loschwitz und der Weiße Hirsch fast unversehrt. Auch das „Blaue Wunder" blieb erhalten; mutige Bürger verhinderten in den letzten Kriegstagen seine Sprengung.
Dresden ist heute Bezirkshauptstadt mit 510 000 Einwohnern. Moderne Hotels, Geschäfte und Wohnviertel und die restaurierten historischen Gebäude geben ihr das Gepräge einer Großstadt, die es zu besuchen lohnt.

99

v. Dresden
Bautzner Str.
Dresdener Heide
Mordgrundbach
Bautzner Landstraße
über Bühlau nach Bautzen
Klub der Intelligenz
Schillerstr.
Plattleite
Weißer Hirsch
Körnerweg
Elbe
Bergbahnstr.
Ringweg
von Dresden Käthe-Kollwitz-Ufer
Treppe
Luis-hof
nach Bühlau
Schiller-haus
Plattleite
Grundstr.

Seilbahn
Projekt
Straßenbahnlinie bzw. Buslinie mit Haltestelle

Burgberg
Loschwitz
Sierksstr.
Veilchenweg
Loschwitzhöhe
Schöne Aussicht
Körnerpl.
Piln. Landstr.
nach Rochwitz
Blasewitz
Schiller-platz
„Blaues Wunder"
P
von Dresden
Schiffs-Anlegestelle
nach Pillnitz

75

Die Standseilbahn Loschwitz – Weißer Hirsch

Die Vorgeschichte

Der Drang der Dresdner, in die Vororte zu ziehen, brachte eine Hochkonjunktur für die Grundstücksspekulanten. Einer aber überragte die kleinen Geschäftemacher durch Weitblick und klare Planung: Ludwig KÜNTZELMANN. Er kaufte im Jahre 1874 das Hirschgut mit dem Ziel, eine Villenkolonie anzulegen.

Der Wert eines Grundstücks wird aber nicht allein durch seine schöne Lage bestimmt, sehr wichtig ist auch seine Erschließung durch Verkehrswege. Daher hatte KÜNTZELMANN bereits ein Jahr zuvor das Dresdner Ingenieurbüro THIEME & NOSKE mit der Projektierung einer Standseilbahn von Loschwitz zum Weißen Hirsch beauftragt – für damalige Zeit ein äußerst kühnes Vorhaben, denn in ganz Europa gab es erst 4 Anlagen, die als Vorbild dienen konnten. Das Königlich Sächsische Ministerium des Innern lehnte aber KÜNTZELMANNs Konzessionsgesuch vom 8. November 1873 nicht etwa wegen Bedenken gegen eine derartige technische Neuerung ab, sondern wegen Fehlens eines Verkehrsbedürfnisses zu der kleinen Gemeinde Weißer Hirsch mit nicht einmal 100 Einwohnern. So mußte man sich mit einer Pferdeomnibuslinie behelfen.

Im Jahre 1888 eröffnete Dr. LAHMANN sein „Physiatrisches Sanatorium". Hier traf sich die Hautevolee zur Entfettungskur – der Weiße Hirsch war plötzlich Badeort geworden. Eine gute Verbindung nach Dresden wurde immer dringender. 2 Bürger der Stadt erkannten diese Situation: Commissionsrath Ferdinand DÖRFINGER und Dr. Alfred STÖSSEL. In ihrem Auftrag suchte am 18. November 1890 Rechtsanwalt Dr. BONDI beim Innenministerium um die Konzession für eine Standseilbahn nach.

Das gleichzeitig eingereichte Projekt sah die Talstation im Garten hinter dem Haus Grundstraße Nr. 3 vor. Von da aus sollte die Bahn den Burgberg umfahren, durch einen weiten Gegenbogen den Bau einer Brücke über das Seitental des Loschwitzgrunds am Sandweg vermeiden und schließlich in einem dritten Bogen den Endpunkt am Rißweg erreichen. Der Antrieb war mit Wasserballast vorgesehen.

Die Regierung beschäftigte sich zur gleichen Zeit mit verschiedenen Projekten zu einer Staatseisenbahn, die von Dresden-Neustadt aus über Weißer Hirsch, Bühlau und Weißig die Schönfelder Hochfläche erschließen sollte. Sie sah daher in der Seilbahn einen unerwünschten Konkurrenten und erschwerte die Verhandlungen, bestritt ein allgemeines Bedürfnis und stimmte schließlich nur unter der Bedingung zu, daß der gesamte Landerwerb durch die Unternehmer freihändig, das heißt ohne Inanspruchnahme des Enteignungsrechts, erfolgte. Das war jedoch ausgeschlossen, denn es gab auch zahlreiche Gegner der neuen Bahn, zerschnitt sie doch die Grundstücke der Loschwitzer Hausbesitzer, ohne daß diese irgendeinen Vorteil von dem neuen Verkehrsmittel zu erwarten hatten. Schließlich kapitulierten die Unternehmer vor den immensen Schwierigkeiten.

Der Bau einer normalen Eisenbahn von Dresden auf die Hochfläche erforderte jedoch außergewöhnlich hohe Baukosten, so daß der Staat davon schließlich Abstand nahm. Jetzt wäre er froh gewesen, wenn ein Privatunternehmer schnell eine andere Verkehrslösung geschaffen und damit Kritiken wegen Fehlens einer Bahnverbindung von der Regierung ferngehalten hätte. So forderte das Innenministerium DÖRFINGER und Dr. STÖSSEL auf, ihr Gesuch nochmals einzureichen. Als es am 6. Mai 1893 eintraf, war wiederum Dr. BONDI ihr Vermittler.

100 Luftbild von Dresden-Loschwitz aus dem Jahr 1933. Rechts ist das Traggerüst der Schwebeseilbahn in voller Länge zu erkennen, neben ihrer Bergstation die Gaststätte „Loschwitzhöhe". Dagegen zeigt sich die Standseilbahn links nur zwischen Burgberg und oberen Tunnel; ihre Bergstation verdeckt die Gaststätte „Luisenhof", dahinter der Stadtteil Weißer Hirsch. Auffällig ist auch die Treppe vom Hotel „Burgberg" zur Talstation. (ZLB/L 0620 / 76 vom 27. 8. 1976)

Nun ging alles sehr schnell – schon am 4. September wurde die Baugenehmigung erteilt.
Die Unternehmer hatten ihr Projekt völlig verändert. Die Talstation lag nun hinter dem Ratskeller, und eine anschließende Tunnelstrecke vermied allen Ärger mit den Hausbesitzern. Der obere Streckenteil führte geradeaus den Hang hinauf zu der geplanten Gaststätte Luisenhof, wobei ein zweiter Tunnel unvermeidlich wurde. Das Tal am Sandweg wollte man mit einem Damm überwinden, die Erdmassen dazu sollten in Einschnitten vor beiden Tunnels gewonnen werden.
Dieser Damm führte nun zu erheblichen Einsprüchen der Grundstücksbe-

sitzer im mittleren Streckenteil. Am intensivsten protestierte dabei der Hofbuchhändler WARNATZ, dessen Haus oberhalb der Trasse an der Plattleite stand. Die heutige Streckenführung ergab sich schließlich als Kompromiß mit den Anliegern. Der Damm wurde durch eine Stahlbrücke ersetzt, die sich auch besser in das Gelände einfügt. Dafür mußten die Tunnel verlängert werden, denn wohin hätte man nun die Erdmassen aus den Einschnitten schütten sollen?
Die Grundstücksbesitzer trieben die Bodenpreise in die Höhe und stellten vielfältige Forderungen, unter anderem den Bau von Durchlässen zu den durch die Bahn abgeschnittenen Gartenteilen. Am Rietschelweg mußte ein Grundstück sogar vollständig erworben werden, weil auf ihm ein Haus so ungünstig stand, daß die Brücke fast über dieses hinweggeführt werden mußte. Durch immer neue Forderungen überstiegen die notwendigen Kosten bald das Vermögen der beiden Unternehmer, so daß diese gezwungen waren, ihre Konzession zu verkaufen. Das bedurfte jedoch der ausdrückli-

chen Genehmigung der sächsischen Regierung, die unbedingt einen sächsischen Unternehmer sehen wollte. Nach diesem Hin und Her erhielt aber doch die Vereinigte Eisenbahnbau- und Betriebsgesellschaft m.b.H. in Berlin am 16. August 1894 die Konzession.

Der Bau – komplizierter als erwartet!

Das Mißtrauen der Regierung gegen das preußische Unternehmen äußerte sich unter anderem in der Verschärfung der Konzessionsbedingungen. So wurde z. B. gefordert, den Bau im Frühjahr 1895 zu beginnen. Andererseits war die Gesellschaft um ein gutes Verhältnis zu den zuständigen Stellen bemüht und lud für den 9. November 1894 zu einer kleinen Feier anläßlich des ersten Spatenstichs ein. Dort verkündete Dr. STÖSSEL: Eröffnung ist am 15. Mai! Unverzüglich begannen die beiden Loschwitzer Bauunternehmer MIRUS und BERNDT mit den Erdarbeiten.
Doch der Winter wurde lang und

streng, und als endlich weitergearbeitet werden konnte, rächte sich bitter, daß keiner der Beteiligten über Erfahrungen beim Bau von Seilbahnen verfügte. Immer wieder lösten die Arbeiten kleinere Erdrutsche aus, und einmal stürzte sogar eine ganze Mauer zu Tal. Da der Burgberg vollkommen aus Schwemmsand besteht, ging es auch mit dem Tunnel nur langsam voran. Trotz größter Vorsichtsmaßnahmen senkten sich Teile des Hotels Burgberg ab, und so mußten dessen Kaffeeterrassen gesperrt und durch zusätzliche Träger versteift werden. Unter den Loschwitzer Einwohnern verbreitete sich große Skepsis, während die Gesellschaft ständig beruhigende Nachrichten verbreitete, aber zugleich den Eröffnungstermin immer wieder verschieben mußte.

Als am 21. September der erste Seilbahnwagen auf dem Dresdner Güterbahnhof eintraf, erregte er wegen seiner ungewöhnlichen Bauart großes Aufsehen. Die Eröffnung sollte nun am 1. Oktober sein. Es stellte sich aber heraus, daß die Bahnsteige und einige Mauern nicht profilfrei hergestellt waren. Nach fieberhaftem Umbau fand endlich am 8. Oktober die erste Probefahrt statt. Die Gesellschaft wollte unbedingt die letzten schönen Tage des Jahres nutzen, um noch etwas Fahrgeld einzunehmen – schließlich hatten sich die Arbeiten über Gebühr hingezogen und weit mehr Kosten verschlungen als vorher veranschlagt waren. So wurde in hektischer Eile die Prüfung durch die Aufsichtsbehörde innerhalb von nur 3 Tagen anberaumt.

Dieser 10. Oktober 1895 sollte ein schwarzer Tag werden, obwohl zunächst bei der Besichtigung der Fördermaschine und der Bahnanlagen alles gut ging. Auch die Wagenbremsen funktionierten bei ihrer Vorführung.

Dann wurde in der Talstation einer der Güterwagen angehangen und die gesamte Strecke durchfahren, aber ... im oberen Tunnel stieß das Schutzdach des Güterwagens an die Decke, und die herabfallenden Trümmer brachten ihn zur Entgleisung. Die Prüfung wurde natürlich abgebrochen.

Am nächsten Tag vermeldete der „Dresdner Anzeiger": „... Nunmehr wird nach Beseitigung eines kleinen Anstandes (2 cm zu hohes Schutzdach des Güterwagens) durch mehrtägigen Probebetrieb das Personal noch eingeübt und darauf die Betriebseröffnung stattfinden ..."

Es muß aber weit mehr Beanstandungen gegeben haben, denn erst am 25. Oktober wurde die Prüfung wiederholt. Der Bericht enthält eine lange Liste von Mängeln und fordert deren kurzfristige Beseitigung. Unter anderem wurde verlangt, daß das Öffnen der Klapptüren der Personenwagen auch in den Tunnels möglich sein müsse, um bei Bedarf die Fahrgäste bergen zu können und in diesem Zusammenhang wird gleich der Umbau zu Schiebetüren empfohlen. Die Gesellschaft ließ aber nur die Scharniere verändern, so daß es möglich wurde,

nach dem Herausschlagen der Stifte die ganze Tür herauszunehmen. Kurios erscheint uns heute auch die Forderung, in die talseitigen Stirnwände Fenster einzubauen, damit die Aussicht für die Fahrgäste verbessert wird. Warum kam die Gesellschaft eigentlich nicht von selbst auf solche verkehrswerbenden Maßnahmen?

Die Eröffnung – wann war sie eigentlich?

Ein Inserat im „Dresdner Anzeiger" vermeldet: „Eröffnung der Drahtseilbahn Loschwitz – Weißer Hirsch ist seitens der königlichen Ministerien genehmigt. Die Bahn wird am Sonnabend, den 26. Oktober 1895 Mittags 1 Uhr dem öffentlichen Verkehr übergeben ..."

Die Vereinigte Eisenbahnbau- und Betriebsgesellschaft hatte offenbar nach den vorangegangenen unangenehmen Ereignissen bezweifelt, nach der zweiten Prüfung so rasch die Genehmigung zur Betriebseröffnung zu erhalten und deshalb erst für den 29. Oktober zur feierlichen Eröffnung

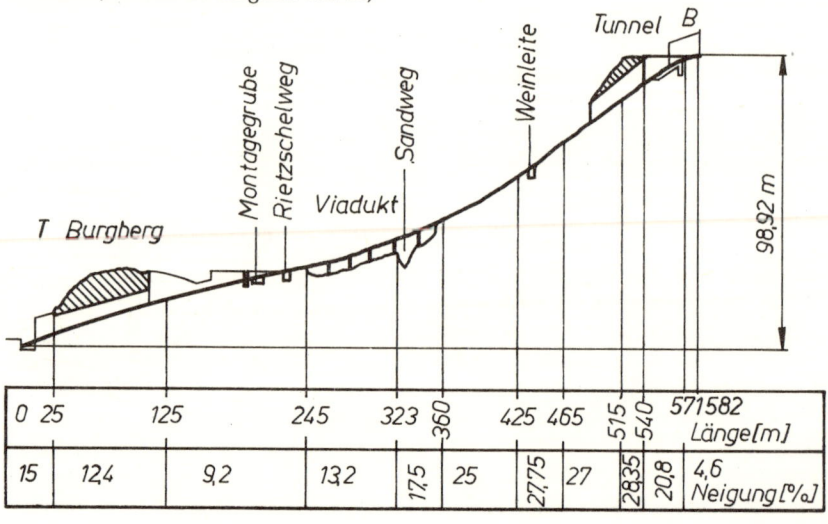

101 Streckenprofil.

eingeladen. Obwohl die Bahn schon 3 Tage in Betrieb war, fuhr nun nochmals punkt 12 Uhr ein „Festzug" mit den Ehrengästen vom Körnerplatz zur Gaststätte „Luisenhof", wo ein Imbiß gereicht wurde.

Verständlich ist, daß später vielfach auch dieser 29. Oktober als der Eröffnungstag der Bahn genannt wurde. Dagegen ist völlig unklar, wieso die „Statistik der Straßen- und Drahtseilbahnen im Königreich Sachsen" hierfür über Jahrzehnte hinweg den 1. Oktober angab. Die Dresdner Straßenbahn AG als späterer Betreiber verlegte die Eröffnung gar auf den 25. September 1895! Da dieser Tag lange Zeit in den Stationen angeschrieben war, hält er sich besonders hartnäckig in den Veröffentlichungen der letzten Jahrzehnte.

Die Bahnanlage von 1895

Die zahlreichen Neugierigen, die mit der elektrischen Straßenbahn nach Loschwitz kamen, mußten den Eingang zur Standseilbahn erst suchen: Es war (wie heute noch!) eine unauffällige, unbeschilderte Einfahrt zwischen dem Ratskeller und dem Nachbargrundstück Körnerplatz 7. Gleich hinter den Häusern, wo heute der Betonfußboden beginnt, befand sich eine Kopframpe für den Güterverkehr. Beiderseits waren Treppen angeordnet; die linke führte hinauf zum „Hotel Burgberg", die rechte zum Bahnsteig. Der erste besonders lange Absatz beider Treppen verdeckte eine Schiebebühne. Mit ihrer Hilfe konnten an den Sonntagen die beiden abgehängten Güterwagen vom Streckengleis verschwinden, nachdem ihre Seitengeländer und Schutzdächer abgenommen waren. Der Bahnsteig war durch Stufen der Streckenneigung angepaßt und befand sich in einer Halle, deren steinerne Wände zugleich als

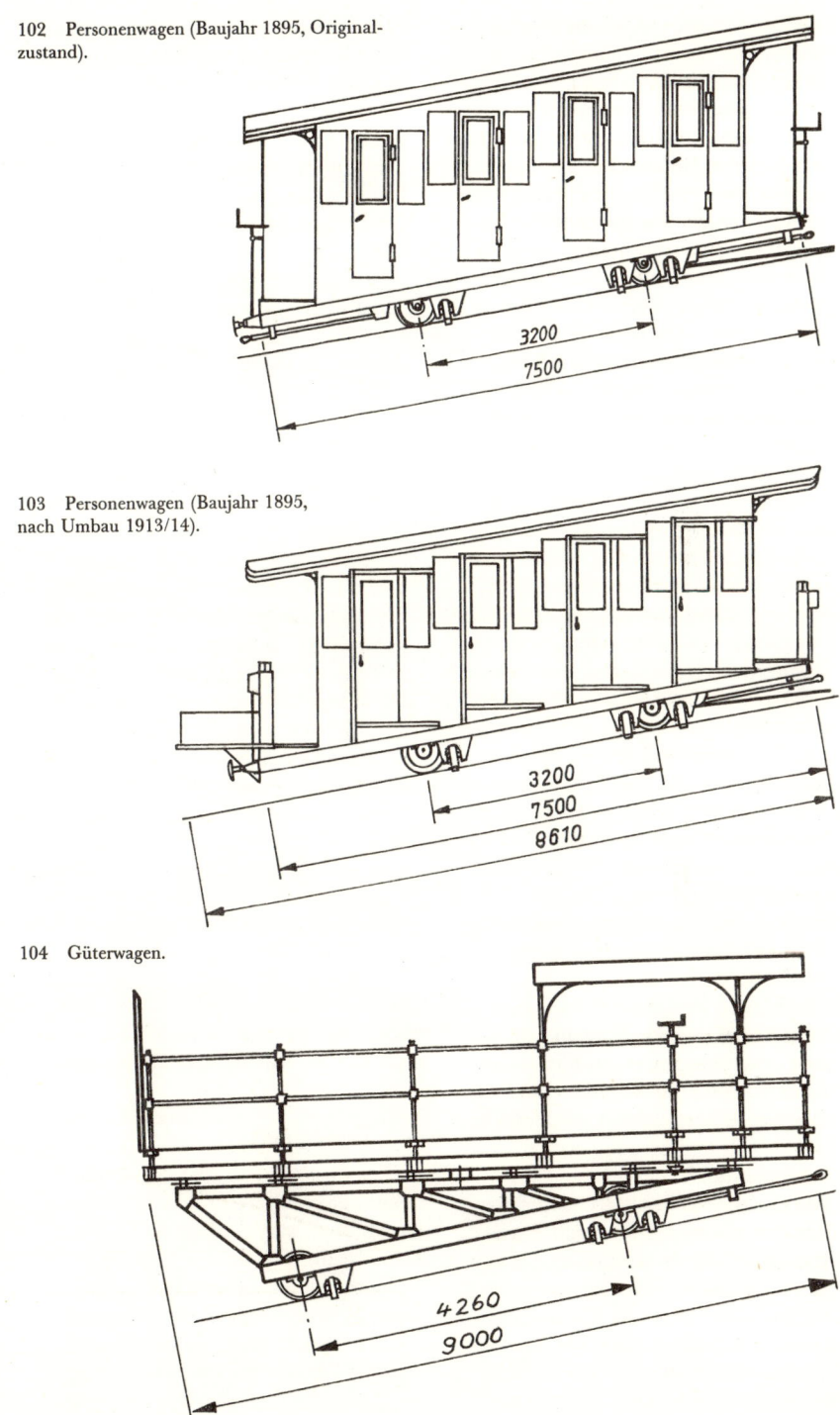

102 Personenwagen (Baujahr 1895, Originalzustand).

103 Personenwagen (Baujahr 1895, nach Umbau 1913/14).

104 Güterwagen.

Stützmauern für einen Geländeeinschnitt dienten.

Der für die Talstation zur Verfügung stehende Platz war viel zu klein, um den Verkehr reibungslos abwickeln zu können. Trotz mehrfacher Umbauten konnte dieses Problem bis heute noch nicht befriedigend gelöst werden.

An der Streckenführung hat sich bis heute nichts geändert. Aus der Bahnsteighalle der Talstation führt das Gleis sofort in den Burgbergtunnel und anschließend in einem langgestreckten S-Bogen am westlichen Hang des Loschwitzgrunds entlang. Vom Wagen aus ist kaum zu bemerken, daß die Abtsche Ausweiche auf einer Brücke liegt. Die Firma Kelle & Hildebrandt in Niedersedlitz bei Dresden baute diesen 102 m langen stählernen Gerüstpfeilerviadukt in der gleichen Art wie auf mehreren Nebenstrecken der Sächsischen Staatseisenbahn. Die große Länge der Ausweiche ergab sich aus den Besonderheiten des Bahnbetriebs. Bei starkem Ausflugsverkehr wurde den beiden Hauptwagen auf der Bergseite jeweils noch 1 zweiter Personenwagen vorgesetzt, während man an den Wochentagen an der Talseite jeweils einen Güterwagen anhing.

Um Baukosten zu sparen, aber auch wegen der Einsprüche der Anlieger, hatte man die Brücke flach gehalten und die Strecke dahinter steil den Hang hinaufgeführt. Niemand ahnte voraus, welche großen Probleme dieser plötzliche Neigungswechsel später bei Betrieb und Instandhaltung der Bahn bringen würde. Für den Fahrgast wird allerdings durch diese Streckenführung wenigstens für kurze Zeit der Blick frei über die Elbe nach Blasewitz, zum Wilisch bei Kreischa und zum Erzgebirgskamm.

Die Strecke verläuft weiter durch einen Linksbogen in den oberen Tunnel und erreicht kurz hinter ihm die Bergstation. Hier stand ursprünglich

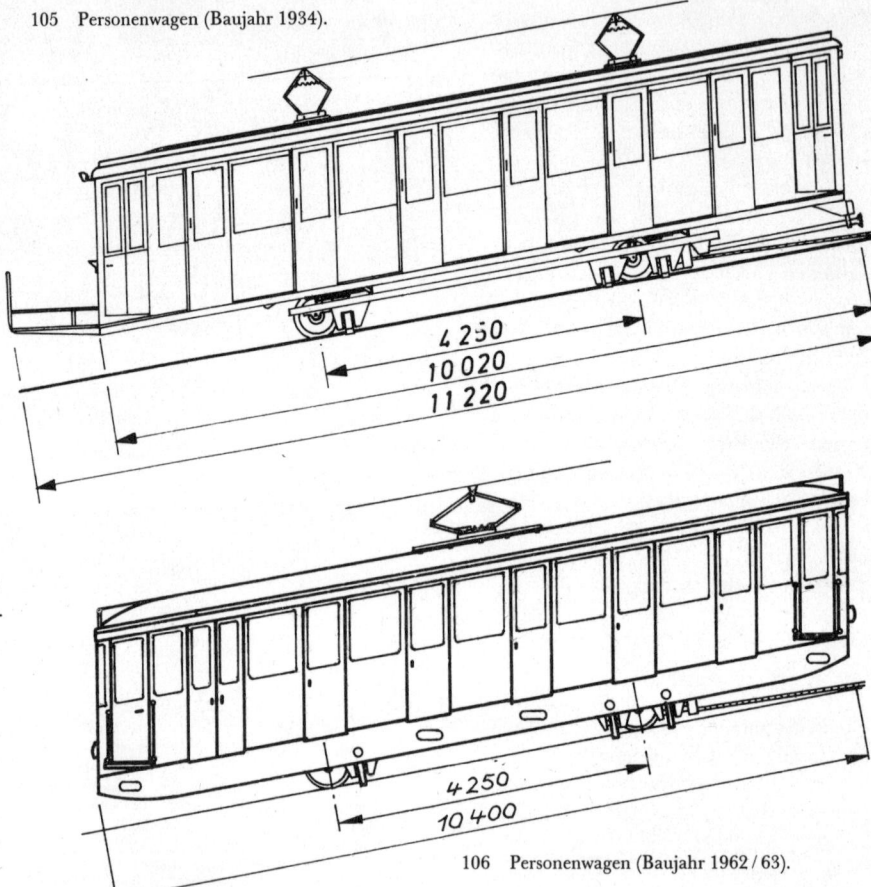

105   Personenwagen (Baujahr 1934).

106   Personenwagen (Baujahr 1962/63).

nur ein kleines Gebäude mit ausgemauertem Fachwerk, das Warte- und Dienstraum aufnahm. Das Gleis führte etwa 25 m über das Ende des völlig offenen Bahnsteigs hinaus, damit dort die Vorsetzwagen abgestellt werden konnten.

Heftige Kritik gab es über den weithin sichtbaren hohen Schornstein, weil er das Landschaftsbild verschandelte; er war aber für den Betrieb des Dampfkessels unabdingbar. Dagegen konnten die Maschinen-, Kessel- und Kohlenräume zum größten Teil unter dem Gleis und dem Bahnsteig angeordnet werden und blieben dadurch unauffällig. Die beiden starr gekuppelten Treibscheiben standen direkt unter dem Gleisende, rechts und links derselben die 2 Dampfmaschinen. Für den normalen Betrieb mit den beiden Hauptwagen genügte eine Dampfmaschine. Die zweite wurde nur benötigt, wenn mit Vorsetz- oder Güterwagen gefahren wurde, sonst verblieb sie als Reserve. Der gleichzeitige Einsatz aller 6 Wagen war verboten.

Kurz vor der Bahn war gegenüber der Bergstation die Gaststätte „Luisenhof" mit herrlichem Rundblick über Dresden eröffnet worden, bis zu der die ebenfalls neue Prinzeß-Louisa-Straße reichte – nein, kein Druckfehler! Die unterschiedliche Schreibweise bestand tatsächlich bis zu ihrer Umbenennung in Bergbahnstraße im Jahre 1926. Der

107

108

107 Gesamtansicht der Standseilbahn vom Burgberg aus (vor 1910). Die offenen Plattformen der Wagen sind noch ohne Stirnwandbleche. Hinter der Gaststätte „Luisenhof" der Schornstein des Dampfkessels der Bergstation.

108 Vorsetzwagen Nr. 4, abgestellt in der Bergstation (um 1914). Die Tür des obersten Abteils wurde entfernt, während Plattformen, Klapptüren und Holzverkleidung noch seit 1895 unverändert sind.

obere Tunnel führt übrigens unter dem Wendeplatz am Ende der Straße hinweg.
Die gesamte Maschinenanlage hatte die zur „Kette – Deutsche Elbschiff-fahrt-Aktiengesellschaft" gehörende Schiffswerft Uebigau hergestellt. Die-

ser Betrieb war bereits durch andere fortschrittliche Konstruktionen bekanntgeworden, so durch den Bau der ersten deutschen Dampflokomotive „Saxonia". Die Fördermaschine entsprach in ihrer Ausführung den Antriebsmaschinen für Kettenschleppdampfer, die damals in großen Stückzahlen in Uebigau gebaut wurden, nur ihre Abmessungen waren größer.

Besonders interessant war der Güterverkehr, der nur an den Wochentagen durchgeführt wurde. In der Talstation konnte ein komplett bespanntes Pferdegespann über eine Kopframpe auf den angehängten offenen Güterwagen fahren. Dieser besaß im Bereich der Zugtiere ein einfaches Schutzdach. Trotzdem kam es während der Fahrt häufig zum Scheuen der Pferde. Die Ursache hierfür wird nicht nur in dem leuchtend gelben Personenwagen zu suchen sein, dessen Stirnwand ja ständig vor den Köpfen der Tiere war, sondern noch mehr in dem großen Lärm während der Fahrt durch die Tunnels.

Damit das Gespann in der Bergstation wieder abfahren konnte, mußte der Güterwagen gedreht werden. Die Fundamentreste der Drehscheibe und die Abfahrt zur Straße sind heute noch am unteren Ende des Bahnsteigs zu erkennen. Gedreht wurde allerdings nur der Wagenkasten auf dem Fahrgestell, die dafür durch einen Drehzapfen und Rollen miteinander verbunden waren.

Beim Bahnbau hatte man einige Probleme, die beim späteren Betrieb entstehen konnten, unterschätzt. So hatte der Maschinist seinen Platz neben der Fördermaschine erhalten und konnte von dort die Strecke nicht einsehen, mußte aber die Wagen zentimetergenau an der vorgesehenen Stelle zum Stehen bringen. Gelang ihm das einmal nicht, so ließ sich der Güterwagen nicht mehr drehen, und die Klapptüren der Personenwagen stießen an die Stufen der Bahnsteige an, so daß sie vom Schaffner nicht mehr geöffnet werden konnten. Der Maschinist mußte dann nach Verständigung mit dem übrigen Personal die Wagen nachdrücken, was unnötige Zeit erforderte.

Durch die Stufen an den Bahnsteigen beider Stationen war die Bahn auch äußerst empfindlich gegen die mit der Zeit auftretende Dehnung des Zugseils, weil sich dann beim besten Willen nur noch die Wagen vorschriftsmäßig stellen ließ. Zum Ausgleich dieser Erscheinung hatte man zwar die Leiträder, über die das Seil von der Strecke in das Maschinenhaus läuft, verschiebbar angeordnet, aber diese Einrichtung war fast unwirksam, so daß das Seil häufig gekürzt werden mußte.

Auch die Arbeit des Schaffners war sehr schwer, mußte er doch während der Fahrt auf den völlig offenen Plattformen stehen, wo ihn selbst das überhängende Dach nur unzureichend vor Regen und Schnee schützte. Dazu kam auf jeder Station das Öffnen und Schließen der schweren Klapptüren, wozu er immer wieder über die vielen Stufen der Bahnsteige steigen mußte – und das bei einer Dienstlänge von bis zu 16 Stunden! Noch nicht einmal zwischen den Fahrten konnte er ausruhen, denn er mußte ja auch das Fahrgeld kassieren: Bergfahrt 30 Pfg., Talfahrt 10 Pfg. – für damalige Zeiten ein extrem hoher Tarif!

Die ersten Betriebsjahre – ein Existenzkampf

In den ersten Betriebstagen wurde die Bahn viel benutzt. Allein am Reformationsfest, damals in Sachsen ein Feiertag am 31. Oktober, wurden 4000 Fahrgäste gezählt. Bald bildete sich ein fester Benutzerstamm aus den

109

109 Die Talstation Loschwitz während der ersten
Betriebsjahre. An der Kopframpe steht ein Güter-
wagen mit abgeklappter Stirnwand, durch sein
Schutzdach sieht man den Personenwagen. Am
Zugang zum Bahnsteig wird erkennbar, wie der
Güterwagen nach Abnahme des Schutzdaches mit
Hilfe der Schiebebühne verschwinden konnte.

110 Die Bergstation Weißer Hirsch im Jahre
1895. Vor dem kleinen Stationsgebäude ist die
Ausfahrt für den Güterverkehr, rechts der Entlüf-
tungsturm des Maschinenhauses mit dem Auspuff
der Dampfmaschine. Das Kraftwerksgebäude und
die Bahnsteighalle wurden erst später gebaut.

Bewohnern des Weißen Hirschs, so
daß die Bahn auch im Winter von
7 Uhr bis 23.30 Uhr verkehrte. Dagegen bereitete der Güterverkehr erhebliche Probleme und wurde schon nach
kurzer Zeit wieder eingestellt.
Finanzpolitische Erwägungen veran-
laßten die Vereinigte Eisenbahnbau-
und Betriebsgesellschaft, die Seilbahn

aus ihrem Unternehmen auszuglie-
dern. Ab 18. März 1897 gehörte sie
der neu gegründeten Aktiengesellschaft Drahtseilbahn Loschwitz –
Weißer Hirsch. Als Folge der hohen
Baukosten – sie hatten genau
817 771,99 Mark betragen – war das
junge Unternehmen zu hohen Abschreibungen gezwungen, konnte aber
trotzdem im ersten Geschäftsjahr 5 %
Dividende an seine Aktionäre auszah-
len. Nach verschiedenen technischen
Verbesserungen nahm man im Sommer 1897 auch den Güterverkehr wieder auf, doch blieb er ein Mißerfolg.
Alte Loschwitzer Einwohner erinnern
sich, daß nur 2 Pferdegespanne während der Fahrt ruhig blieben, alle übrigen mußten weiterhin die steile
Schillerstraße hinauffahren, denn die
Grundstraße war noch nicht durchgehend bis Bühlau ausgebaut. Handwagen und die wenigen Ochsenkarren
brachten aber nur wenige Einnahmen.

So erübrigten sich auch einige der Bedingungen, die die Gemeinde
Loschwitz dem Unternehmen auferlegt
hatte. Danach sollte sofort eine außerplanmäßige Fahrt erfolgen, wenn die
Feuerwehr zum Weißen Hirsch aus-
rücken oder der Arzt einen dringen-
den Krankenbesuch machen mußte,
während für Fäkalientransporte nachts
die Betriebszeit zu verlängern war. Da
die Feuerwehrfahrzeuge mit Pferden
bespannt waren, haben sie die Seilbahn niemals benutzt. Um so mehr
machten die Ärzte von ihrem Recht
Gebrauch, solange sie noch keine Autos besaßen.
Einen schweren Rückschlag in der
Entwicklung des Unternehmens
brachte die Eröffnung der Straßenbahn nach Bühlau im Jahre 1899. Sie
durchfuhr das Zentrum des Weißen
Hirschs und ermöglichte die Fahrt
ohne Umsteigen bis nach Dresden.
Dagegen liegt die Bergstation der Seilbahn noch auf Loschwitzer Flur, der
Weiße Hirsch beginnt erst am letzten
Gebäude des jetzigen Forschungsinstituts Prof. Manfred v. ARDENNE auf
der Plattleite. Bis zur Bautzner Landstraße sind es 1 100 m zu Fuß, und so
wanderten viele Fahrgäste zur beque-
meren Straßenbahn ab.
Die Drahtseilbahn-AG hatte vergeblich gegen die Konkurrenz protestiert,
sich dann aber um eine zusätzliche
Einnahmequelle bemüht und an das
Maschinenhaus ein Elektrizitätswerk
angebaut. 2 weitere Dampfmaschinen
trieben die Generatoren an, die
2×120 V (Gleichspannung) für Be-
leuchtungszwecke erzeugten und damit Loschwitz und den Weißen
Hirsch versorgten. Gleichzeitig mußten die Tarife denen der Straßenbahn
angepaßt werden, so daß die Bergfahrt
nur noch 20 Pfennige kostete, die Talfahrt weiterhin 10 Pfennige. Die erheblichen Einnahmeausfälle im Bahnbetrieb konnte aber das neue Elektrizitätswerk nicht ausgleichen, so daß

alle nur möglichen Maßnahmen zur Kostensenkung erfolgen mußten.
Als erstes stellte man im Sommer 1900 den Güterverkehr endgültig ein, und im Winterhalbjahr gab es auch im Personenverkehr Einschränkungen. Der Bahnvorstand AHR trieb das Personal mächtig an. Schaffner, Heizer und Maschinisten mußten täglich bis zu 17 Stunden arbeiten und erhielten nur einen freien Tag im Monat. Von dem kläglichen Wochenlohn (für Schaffner 17,35 Mark, für Maschinisten 18,02 Mark) wurden noch Kranken- und Bekleidungsgeld abgezogen. Die meisten ließen sich diese Behandlung gefallen, denn es gab ja in Loschwitz keine Industrie und damit wenig Arbeitsmöglichkeiten, und ab und zu gaben die Fahrgäste ja auch ein Trinkgeld. Aber auch diese beschwerten sich über Herrn AHR, wies er doch häufig den Ausfall planmäßiger Fahrten an, um Dampf und Kohle zu sparen.
Die Zustände waren so skandalös, daß sie nach mehrfachen Kritiken in der Presse von der sächsischen Regierung

überprüft werden mußten. Diese erteilte die Auflage, daß die tägliche Arbeitszeit nur noch maximal 14 Stunden betragen durfte, der Tagesdurchschnitt von 12 auf 10 Stunden zu senken und monatlich 2 freie Tage zu gewähren waren. Deshalb mußte ein zusätzlicher Schaffner eingestellt werden.
Die Drahtseilbahn-AG versuchte auf vielfältige Weise, die Dresdner Straßenbahn-Gesellschaft zum Bau einer Zweigstrecke vom Weißen Hirsch zur Bergstation zu zwingen, jedoch gab es dafür keinerlei Rechtsmittel. Daher richtete sie selbst Anfang 1901 eine „Automobilomnibuslinie" ein, brach diesen Versuch aber schon nach wenigen Tagen wieder ab.
Die am 6. Mai 1901 eröffnete Schwebebahn, deren Talstation in unmittelbarer Nähe des Körnerplatzes lag, riß als völlig neuartiges Verkehrsmittel auch noch den größten Teil des Ausflugverkehrs an sich. Die Lage war geradezu katastrophal! Die Einnahmen aus dem Personenverkehr, 1899 noch über 85 000 Mark, gingen im

Jahre 1901 auf 47 000 Mark zurück. An die Aktionäre konnten keine Dividenden mehr gezahlt werden.
Als Ausgleich bemühte man sich um mehr Anschlüsse an das Kraftwerk und modernisierte es, indem die Dampfmaschinen durch Dieselmotoren ersetzt wurden. Der Name des Unternehmens wurde 1907 in Elektrizitätswerk und Drahtseilbahn

111   Der Hauptwagen Nr. 1 nach Umbau 1913/14, nun mit Schiebetüren, Plattformstirnblech und Gepäckkorb. Um 1925 versuchte man, den Schaffner durch einen Segeltuchvorhang vor Regen und Schnee zu schützen. Da ihm gleichzeitig die Sicht genommen wurde, verschwanden die Vorhänge bald wieder.

112   1932 erhielten die alten Wagen noch elektrische Beleuchtung und Heizung. Die Strecke wurde deshalb mit einer Oberleitung ausgerüstet. Beiderseits der Gleise liegt außerdem in etwa 2 m Höhe die alte Telefonleitung, die der Schaffner vom Wagen aus mit einem Kontaktstab berühren konnte.

113   Blick vom Burgberg im Jahre 1931. Während der „Luisenhof" bereits zu einer modernen Großgaststätte umgebaut war, hatte sich an der Standseilbahn seit 1895 kaum etwas verändert.

111

112

Loschwitz–Weißer Hirsch, Aktiengesellschaft geändert. Doch was nützte schon solche Reklame. Die Voraussetzung für eine nennenswerte Vergrößerung der Energieabgabe wären Industriebetriebe gewesen, und die fehlen in Loschwitz. So verloren die Aktionäre das Interesse an dem Unternehmen, und der Elektra als Besitzerin der benachbarten Schwebebahn gelang es durch gezielte Aufkäufe im Jahre 1906, die Mehrheit der Aktien in ihren Besitz zu bringen und damit das Unternehmen zu kontrollieren.

Die Elektra führte nun wesentlich erfolgreichere Rationalisierungsmaßnahmen ein als ihre Vorgängerinnen. Als erstes vereinigte sie die Betriebsleitung beider Bahnen, sparte damit Verwaltungskosten und konnte nun auch das Personal gegenseitig aushelfen lassen.

Im Jahre 1909 wurde der Antrieb der Fördermaschine auf elektrischen Betrieb umgestellt. Man ersetzte einfach die eine Dampfmaschine durch einen Elektromotor, die zweite beließ man als Reserve. Der praktische Betrieb zeigte jedoch, daß das unnötig war. Für den Fall, daß die Generatoren ausfielen, war nämlich im Kraftwerk eine Akkumulatorenbatterie vorhanden, mit der dann die Stromversorgung einige Zeit aufrecht erhalten werden konnte. Daher entfernte man 1910 auch die zweite Dampfmaschine und stellte zur größeren Sicherheit eine weitere Akkumulatorenbatterie auf. Jede Batterie war in der Lage, bei Störungen in der Stromversorgung noch 2 Stunden die Energielieferung für den fahrplanmäßigen Bahnbetrieb zu übernehmen.

Vom Jahre 1910 an wurden Stehplätze auf den Wagenplattformen zugelassen, nachdem zuvor feste Stirnwandbleche und seitliche Scherengitter angebaut worden waren. Durch eine Rückwanderung der Fahrgäste von der Schwebebahn nahm der Verkehr wieder zu, aber der Ertrag des Unternehmens blieb gering, da mittlerweile größere Reparaturen notwendig wurden. Daher kamen der Elektra die Bestrebungen der Stadt Dresden, auch die Elektrizitätswerke der Nachbargemeinden unter ihren Einfluß zu bringen, sehr entgegen. Als nämlich die Stadt das Loschwitzer Elektrizitätswerk kaufen wollte, stellte die Elektra die Bedingung, daß auch die beiden Seilbahnen mit erworben werden müßten. Auf diese Weise ging das gesamte Unternehmen am 30. Dezember 1911 von der Elektra in das Eigentum der Stadt Dresden über.

113

Als Betriebsteil der Straßenbahn geht es besser

Ab 1. Januar 1912 gliederte die Stadt das neu erworbene Unternehmen in ihre Betriebe ein. Die Seilbahnen kamen zur Städtischen Straßenbahn, bei deren Rechtsnachfolgern sie auch bis zum heutigen Tag verblieben sind, während das Kraftwerk mit allen Stromversorgungsanlagen den städtischen Gas-, Wasser- und Elektrizitätswerken angegliedert wurde.

Die Städtische Straßenbahn führte in den Jahren 1913 und 1914 umfangreiche Modernisierungen durch. Alle Fahrzeuge und Anlagen für den Güterverkehr wurden abgebrochen. Dadurch gewann man in der Talstation Raum für die Anlage von 2 getrennten Bahnsteigen für das Ein- und Aussteigen. In der Bergstation entstand eine Wagenhalle, und der häßliche Schornstein wurde abgebrochen. Die beiden Hauptwagen Nr. 1 und 2 baute man um. Dabei wurden die Klapptüren durch Schiebetüren ersetzt. Die schon etwas ramponierten hölzernen Außenwände erhielten eine Blechverkleidung, das Dach eine gefälligere Form mit Regenrinne. Außerdem wurde an der Talseite ein „Gepäckkorb" angesetzt, auf dem Fahrräder und Kinderwagen befördert wurden.

Der erste Weltkrieg und die nachfolgenden Krisenjahre verhinderten die Fortführung dieser Arbeiten, nur die allernotwendigsten Reparaturen konnten noch durchgeführt werden. Trotz allem konnte 1919 die vollständige Isolierung und Ausmauerung des Burgbergtunnels nicht mehr hinausgeschoben werden. Dazu war zum ersten Mal der Betrieb für längere Zeit – fast 4 Monate – eingestellt. Vom gleichen Jahr an wurde auch gestattet, daß bei der Bergfahrt zusätzlich in jedem Abteil 2 Fahrgäste stehen.

Die Inflation trieb die Fahrpreise in schwindelerregende Höhen. Eine Bergfahrt kostete im November 1923 150 Milliarden Mark! Die meisten Leute gingen da natürlich lieber zu Fuß. Trotzdem konnte eine vollständige Betriebseinstellung vermieden werden; die Stadt gab den notwendigen Rückhalt in dieser schweren Zeit. Nach Stabilisierung der Wirtschaftslage konnten die Erneuerungsarbeiten im Jahre 1925 fortgesetzt werden. Besonderen Schwerpunkt bildete dabei der Gleisbau. Die beiden Vorsetzwagen Nr. 3 und 4 wurden wie die Hauptwagen umgebaut, nur ohne Gepäckkorb.

Als Folge der komplizierten Lage während der Weltwirtschaftskrise wandelte die Stadt ihre Betriebe in Aktiengesellschaften um, deren Aktien unveräußerliches städtisches Eigentum blieben. Durch diese Betriebsform wollte man den Leitungen die Möglichkeit geben, dynamische Entscheidungen rasch und ohne bürokratische Hemmnisse durch städtische Organe zu treffen und damit schneller auf Veränderungen der allgemeinen Wirtschaftslage reagieren zu können. Beide Seilbahnen gehörten daher ab 1. Januar 1930 zur Dresdner Straßenbahn AG.

114

115

116 Dieses schlechte Zeitungsbild ist das einzige, das sich von dem ohnehin seltenen Einsatz der Hauptwagen des Baujahrs 1934 mit einem Vorsetzwagen des Baujahrs 1895 erhalten hat; es verdeutlicht den Größenunterschied der beiden Fahrzeuge.

117 Im Sommer 1946 steht noch die durch herabfallende Trümmer des durch Bomben zerstörten Hotels „Burgberg" beschädigte alte Bahnsteighalle in der Talstation. Zerbrochene Fensterscheiben im Wagen konnten damals nur durch Pappe ersetzt werden.

114 Die 1934 beschafften Wagen waren in Stahlleichtbauweise hergestellt.

115 Innenansicht der Seilbahnwagen aus dem Jahr 1934. Die Leuchtstofflampen wurden 1954 nachträglich angebracht.

creme mit grünem, später rotbraunem Zierstreifen und Stadtwappen.

Im Jahre 1934 beschaffte man 2 neue, größere, in Stahlleichtbau hergestellte Wagen. Bei ihnen konnte der Schaffner vom Dienstabteil aus die Türen öffnen. Er zog mit hohem Kraftaufwand einen Griff an der Wagendecke herab, von dem die Bewegung über Ketten und Gestänge auf alle 6 Türen zugleich übertragen wurde. Von den alten Wagen verwendete man die besser instand gehaltenen Hauptwagen nach entsprechendem Umbau als Vorsetzwagen weiter und gab ihnen die neue Wagennummer 3 und 4; die bisherigen Vorsetzwagen wurden verschrottet.

1935 ergänzte man die Fördermaschine durch eine zusätzliche Sicherheitsbremse und begann die Gleise in Beton zu verlegen, damit sie eine größere Stabilität erhielten. Weitere geplante Modernisierungen fielen den Kriegsvorbereitungen zum Opfer.

Nach dem Erscheinen der Bau- und Betriebsordnung für Straßenbahnen und Bahnen besonderer Bauart wurde 1940 der Name entsprechend der dort verwendeten Begriffe in „Standseilbahn" geändert. Diese unzutreffende Bezeichnung (diese Seilbahn steht ja nicht – sie fährt!) setzte sich bei der Bevölkerung nur schleppend durch, und alte Dresdner sprechen heute noch von der „Drahtseilbahn".

Der zweite Weltkrieg brachte durch Einberufung von Personal zum Kriegsdienst, Verdunklung und Materialmangel wieder erhebliche Probleme. Zur Schonung des Seils wurde ab 1940 nicht mehr mit Vorsetzwagen gefahren. Die Hauptwagen erhielten eine kohlebeheizte Warmwasserheizung, für deren Kessel ein Sitzplatz entfiel. 1944 mußte das Reserveseil eingebaut werden, ohne daß ein neues beschafft werden konnte.

Während der Bombennacht vom 13. zum 14. Februar 1945 wurde das Ho-

1932 ergab sich wieder eine Möglichkeit zur Modernisierung. Die beiden Hauptwagen wurden mit elektrischer Beleuchtung und Heizung ausgerüstet und für deren Energieversorgung die Strecke mit einer Oberleitung versehen. Im gleichen Jahr wurden die Bergbahnen in den Straßenbahntarif eingegliedert und wenig später einer Fahrt auf einer Kurzstrecke zu 10 Pfennig gleichgesetzt. Dieser Fahrpreis besteht noch heute unverändert, erfordert allerdings staatliche Zuschüsse. Auch die Lackierung der Wagen wurde der Straßenbahn angepaßt:

tel „Burgberg" getroffen und brannte
völlig aus. Die herabfallenden Trümmer beschädigten die Bahnsteighalle
in der Talstation erheblich. Da die
Wagen vorsorglich in den Tunnels abgestellt worden waren, blieben sie erhalten, und der Betrieb konnte schon
nach wenigen Tagen wieder aufgenommen werden. Am Morgen des
7. Mai 1945 erreichten sowjetische
Truppen Loschwitz und den Weißen
Hirsch und zogen zum Stadtzentrum
weiter. Daher ruhte der Betrieb, bis
am 20. Mai die Kraftwerke zum ersten
Mal wieder Strom erzeugten.
Durch die Zerstörung des Stadtzentrums hatte sich das Leben in die Vororte verlagert und die Verkehrsströme
vollkommen verändert. Auf die Standseilbahn erfolgte ein noch nie dagewe-
sener Ansturm, und obgleich tagsüber
ohne jede Zwischenpause gefahren
wurde, bildeten sich in den Stationen
lange Warteschlangen. Dazu gab es
kein Reparaturmaterial, und man
mußte viel improvisieren. So wurden
1946 Träger aus zerstörten Häusern
geborgen, mit denen die Firma
Kelle & Hildebrandt in der Talstation
eine neue Bahnsteighalle errichtete.
Aber ein neues Seil war beim besten
Willen nicht zu beschaffen. Schließlich gelang der Ankauf eines abgelegten Seils von der Drahtseilbahn Augustusburg, aus dessen noch unbeschä-
digtem Mittelteil 2 Seile für die
kürzere Bahn in Dresden gewonnen
werden konnten. Trotz ihres Durchmessers von nur 26 mm genügten sie
zur Aufnahme aller auftretenden
Kräfte; sobald aber die Bahn einmal
ruckartig anhielt, sprangen sie am
Knickpunkt oberhalb der Brücke me-
terhoch und gerieten dabei natürlich
aus den Führungsrollen, manchmal sogar auf das Brückengeländer. Ein im-
portiertes Seil beendete diesen aben-
teuerlichen Zustand. Endgültig waren
aber alle Sorgen erst ausgestanden, als
die DDR im Jahre 1957 in Zwickau

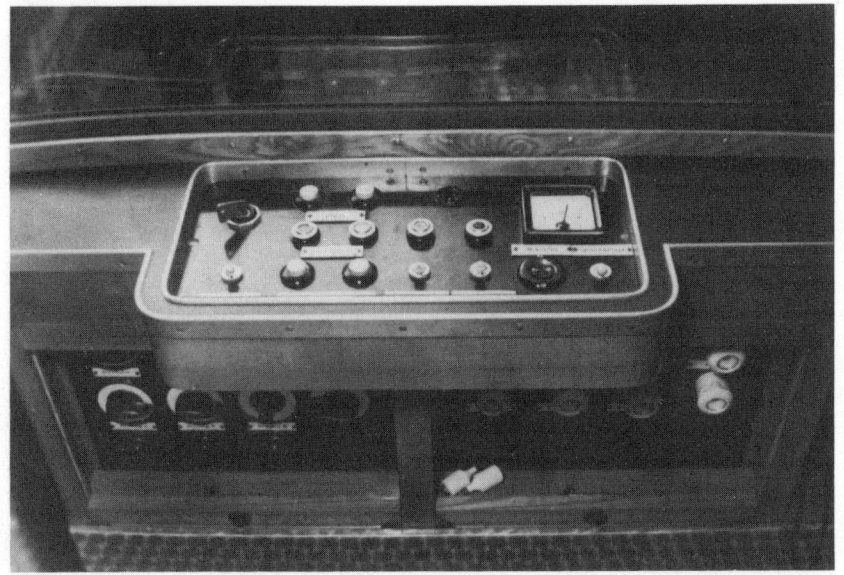

118 Blick aus dem Burgbergtunnel zur Gaststätte „Luisenhof". Die Aufnahme entstand 1960, als nach Umbau der Signalanlage die Übertragung der Signale zwischen beiden Wagen und dem Maschinenhaus mit nur einer Schleifleitung links neben dem Gleis versucht wurde.

119 Bei den beengten Verhältnissen in der Talstation war das Auswechseln der Seilbahnwagen kompliziert. Im Bild der Abtransport des alten Wagens Nr. 2 am 5. April 1963.

120 Das Schaltpult des Wagens Baujahr 1962 läßt erkennen, daß bei seiner Herstellung viele Teile des Einheitsstraßenbahnwagens verwendet wurden.

die Produktion geeigneter Seile begann. Alle Instandsetzungsmaßnahmen in diesen Jahren, auch größere, wie 1955 die Erneuerung der Wagenuntergestelle, waren nur auf die sichere Erhaltung der Bahn in der bis-

herigen Form gerichtet. Die Vorsetzwagen hatte man zur Ersatzteilgewin-
nung ausgeschlachtet und schließlich
1949 verschrottet.

Am 18. Februar 1957 kam es zu einer
bemerkenswerten Havarie: Das Seil
des bergwärts fahrenden Wagens blieb
an der Abtschen Weiche hängen und
riß vom Fahrgestell ab. Zum ersten
und bisher auch letzten Mal mußten
sich die Wagenbremsen praktisch be-
währen. Der Schaffner des talwärts
fahrenden Wagens sah, wie der andere
hinter ihm auf der Brücke stehenblieb
und ahnte den Schaden. Auf seiner
Seite war aber das Seil straff geblieben, so daß die Fahrt scheinbar normal weiterging. Als der Maschinist
bremste, erschrak er zu Tode, denn
die Treibscheiben blieben stehen und
das nur einseitig belastete Seil
rutschte durch sie hindurch! Als der
Schaffner am Bahnsteig keine Bremswirkung verspürte, löste er selbst die
Wagenbremsen aus. Niemand war zu
Schaden gekommen, aber trotzdem
gab der Vorfall Veranlassung, die Sicherheit des Bahnbetriebs zu überden-
ken und löste eine umfangreiche Modernisierung der gesamten Anlage
aus.

Im Gegensatz zu anderen Seilbahnen,
die mit der Rekonstruktion Spezialbe-
triebe beauftragten, führten in Dresden die Verkehrsbetriebe alle Arbeiten
selbst durch, größere Zuarbeiten leistete lediglich das Loschwitzer Bauun-
ternehmen WALTHER. Dadurch kam
es auch zu keinen längeren Stillegun-
gen, denn der Betrieb wurde stets
nach Abschluß einzelner Teilaufgaben
für mindestens ein Jahr wieder aufgenommen. Die Rekonstruktion begann
1960 mit der Umstellung der Signal-
technik von 220 V auf 42 V und ist
bis zum heutigen Tage noch nicht
restlos abgeschlossen.

Nach eigenen Konstruktionen bauten
die Verkehrsbetriebe in ihrer Straßen-
bahnwerkstatt Trachenberge neue

Fahrzeuge. Der erste Wagen wurde
am 3. November 1962 in Betrieb genommen. Anschließend fuhr die Bahn
bis zum 4. April 1963 mit einem alten
und einem neuen Wagen. Der Wagen
Nr. 2 aus dem Jahre 1934 wurde später im Verkehrsmuseum Dresden aufgestellt.

Die neuen Fahrzeuge unterschieden
sich von den alten nicht nur durch
den weiß-gelben Anstrich, sondern vor
allem durch Wegfall des Gepäckkorbs.
Dafür war ein geschlossenes Gepäck-
abteil mit 4 Klappsitzen vorhanden.
Stehplätze wurden nicht mehr zugelassen, um andere, noch nicht erneuerte
Anlagenteile zu schonen. Trotz der
größeren und damit auch schwereren
Wagenkästen hatte man aber die Un-
tergestelle denen der alten Wagen nur
nachgebaut und mußte sie daher
1976/77 durch neue in verstärkter
Bauart ersetzen.

Im Jahre 1965 erfolgte eine völlige
Umgestaltung der Talstation. Die Neigung des Gleises wurde auf 5 % vermindert, so daß die Stufen des Bahnsteigs durch eine Schräge ersetzt
werden konnten. Seitdem kann ein
Ausgleich der Seildehnung entfallen,

der Wagen hält dann einfach ein
Stückchen tiefer. Ein Jahr später
wurde auch die Bergstation so verändert, daß die Wagen vollständig in die
Halle einfahren können. Die Kassie-
rung des Fahrgelds erfolgte ab 1967
wie bei der Straßenbahn durch Zahlboxen und seit 1984 im Entwerterbe-
trieb.

Wesentlich schwieriger gestaltete sich
die Erneuerung der Fördermaschine.
Zwar hatten die Verkehrsbetriebe
1968 einen neuen Antriebsmotor beschafft, aber die Größe der übrigen
Teile überforderte die Möglichkeiten
der eigenen Werkstätten. Jahrelange
Bemühungen um eine neue Fördermaschine blieben vergeblich. Daher
wurde 1978/79 eine Generalreparatur
der alten Maschine vorgenommen. Es
waren die umfangreichsten Instandsetzungsarbeiten seit Bestehen der Standseilbahn überhaupt, zu deren Ausführung auch verschiedene Dresdner
Großbetriebe gewonnen werden konnten. Die Bedienung der Fördermaschine wurde dabei so verändert, daß

Technische Daten der Standseilbahn Dresden-Loschwitz – Weißer Hirsch

Eröffnung		26.10.1895		
Hersteller		Vereinigte Eisenbahnbau- und Betriebs-Gesellschaft, Berlin		
Bauart		Standseilbahn, 1gleisig mit Ausweiche		
Betriebsart		Pendelbetrieb		
Talstation		Loschwitz (Körnerplatz)		
Höhe über NN	m	116		
Bergstation		Weißer Hirsch (Bergbahnstraße)		
Höhe über NN	m	215		
Strecke		*1895*	*1914*	*1964*
Länge	m	582	574	563
Höhenunterschied	m	98,9	96,9	95
Neigung im Durchschnitt	%	16,9	16,9	16,9
Neigung maximal	%	28,35	28,35	28,35
Spurweite	mm	1 000	1 000	1 000
Seile				
Zugseil	mm ⌀	38	38	38
Fördermaschine				
Bauart		2 starr gekuppelte Treibscheiben		
Hersteller		Kette – Schiffswerft Uebigau		
Treibscheibe	mm ⌀	4 000		
Antrieb		*1895*	*1909*	*1964*
Bauart		Dampf, 2 Verbundmaschinen	elektrisch 240 V (Gleichstrom)	elektrisch 250 V (Gleichstrom)
Hersteller		Kette	SSW	Elbtalwerk
Leistung	kW	2×44,2	44,2	80
Steuerung		Hand	Hand	Hand
Notantrieb		–	Batterie	Batterie
Fahrzeuge		*1895*	*1934*	*1962/63*
Personenwagen	Anzahl	4	2 (+ 2)	2
Hersteller		AG f. Eisenbahnwagenbau Breslau	Christoph & Unmack, Niesky	eigene Werkstatt
Sitzplätze		32	48	44
Stehplätze, talwärts (1910–1962)		9	9	–
Stehplätze, bergwärts (1910–1919/1919–1969)		9/17	21	–
Eigenmasse	t	5,35	5,75	7,86
Güterwagen	Anzahl	2	–	–
Zuladung	t	4	–	–
Betriebsdaten				
Fahrgeschwindigkeit	m/s	2,5		
Fahrzeit	min	4,5		
Leistung Personen/h und Richtung		*1895* 512	*1910* 656	*1934* 784 *1962* 440
beförderte Personen (1983)		1,5 Mill.		

sie vom Maschinisten von einem abgeschlossenen heizbaren Raum aus erfolgt, wo er seine Aufgaben im Sitzen durchführen kann. Die lange Sperrzeit wurde gleichzeitig genutzt, um den oberen Tunnel zu sanieren und eine Generalreparatur der Brücke vorzunehmen.

Zukunft der Standseilbahn

Obwohl heute mehrere Omnibuslinien über die Grundstraße auf die Hochfläche führen, ist die Standseilbahn noch immer die schnellste Verbindung zwischen Loschwitz und dem Weißen Hirsch – auch unter Berücksichtigung der notwendigen 10 min Fußweg bis zur Bautzener Landstraße. Die Ansiedlung des Forschungsinstituts Prof. Manfred v. ARDENNE und mehrerer kleiner Betriebe und Institutionen auf dem Weißen Hirsch sowie der Neubau großer Wohngebiete in den östlichen Vororten haben einen ausgeprägten Berufsverkehr zur Folge, und nach wie vor benutzen auch die Ausflügler zum Luisenhof und zur Dresdner Heide gern die Bahn. Daraus ergibt sich eine tägliche Betriebszeit von 5.30 Uhr bis 23.30 Uhr mit einer Wagenfolge von 10 min, ab 19 Uhr von 20 min, oft müssen aber wegen des großen Bedarfs zusätzliche Fahrten eingelegt werden. So werden schon seit langer Zeit 1,5 Mill. Fahrgäste im Jahr befördert.

Der Rat der Stadt Dresden hat in seinem Generalverkehrsplan die Standseilbahn als ein festes Glied des Nahverkehrssystems verankert. Nicht allein ausschlaggebend für diese Entscheidung war, daß diese alte Bahn in die Bezirksdenkmalliste aufgenommen wurde, vielmehr erfordern ihre weitere Modernisierung und ihr Betrieb weit geringere Mittel als der Betrieb einer Buslinie in diesem schwierigen Gelände und der dafür notwendige Ausbau des Straßennetzes.

Die Schwebeseilbahn Loschwitz – Oberloschwitz

Die Vorgeschichte der Bahn

Hofbuchhändler WARNATZ war einer der größten Gegner der Standseilbahn, fuhr sie doch unmittelbar an seinem Haus vorbei. Aber schon bald bemerkte er die steigenden Grundstückspreise auf dem Weißen Hirsch. Da kam ihm der Gedanke, auch eine Bahn zum Plateau auf der gegenüberliegenden Seite des Loschwitzgrunds zu bauen, um dort selbst mit Grundstücken spekulieren zu können. Im Sommer 1895, also noch vor Eröffnung der Standseilbahn, stellte er gemeinsam mit von ihm geworbenen Loschwitzer Bürgern einen Antrag bei der Regierung, der aber unbeantwortet blieb. Aber WARNATZ war klug und wollte vor allem die beim Bau der Standseilbahn aufgetretenen Fehler vermeiden. Daher verbündete er sich mit der Continentalen Gesellschaft für elektrische Unternehmungen (Conti) in Nürnberg, die als Tochtergesellschaft von Schuckert & Co. nach Anwendungsmöglichkeiten für die von dem Kölner Ingenieur Eugen LANGEN erworbenen Patente über ein Einschienenbahnsystem suchte und hier auch fand. Am 29. Februar 1896 suchten WARNATZ und die Conti gemeinsam um die Konzession für eine Schwebebahn nach.

Die sächsische Regierung stand dem neuartigen Projekt recht aufgeschlossen gegenüber, sollte es doch die erste Bergschwebebahn in ganz Europa werden. Schon am 28. April fuhr ein Referent nach Deutz bei Köln, um die auf dem Hof der Waggonfabrik van der Zypen & Charlier aufgebauten Versuchsbahnen zu besichtigen. Nach dessen Bericht gab es in Regierungskreisen keinerlei Bedenken mehr hinsichtlich der Ausführbarkeit einer einschienigen Schwebebahn.

Inzwischen forderten verschiedene Gemeinden des Schönfelder Hochlands die Fortsetzung als Straßenbahn mindestens bis Rochwitz, möglichst aber bis Bühlau oder nach Schönfeld selbst. Als Folge dieser Gesuche entstanden 2 Projekte: Die östliche Variante der Linienführung hatte den Vorteil, daß die Bergstation unmittelbar an der Gaststätte „Schöne Aussicht" am Ende der ausgebauten Straße nach Rochwitz und etwa in der Mitte des zu erschließenden Baulands lag, während ihre Talstation über 300 m vom Körnerplatz und damit dem Endpunkt der Straßenbahn entfernt war. Diesen Nachteil vermied die westliche Variante; dafür lag ihre Bergstation völlig abseits von ausgebauten Straßen. Nach langem Hin und Her entschieden sich schließlich alle Beteiligten für die westliche Variante.

Das Jahr 1897 verging mit Umarbeiten und Präzisieren der Pläne. Es gelang nicht, das Grundstück Pillnitzer Landstraße Nr. 3 zu erwerben. Daher erhielt die ursprünglich völlig gerade vorgesehene Linienführung im unteren Bereich einen Bogen von 120 m Radius, damit die Talstation in das Nachbargrundstück gelegt werden konnte. Als bekannt wurde, daß das ursprünglich an der Elbe vorgesehene Elektrizitätswerk nicht mit gebaut werden sollte und der Antrieb deshalb mit Dampfmaschinen erfolgen mußte, gab es auch erhebliche Einsprüche gegen die Bergstation. Der Bau des für die Kesselanlage notwendigen Schornsteins sollte an dieser exponierten Stelle des Hochplateaus unter keinen Umständen gestattet werden. Das Maschinenhaus wurde daher als ein wuchtiger Turm gestaltet, in dessen südwestlicher Eckzinne der Schornstein versteckt ist.

Es muß hier erwähnt werden, daß sich die Conti auch mit anderen Schwebebahnprojekten befaßte, von denen aber nur die 13,3 km lange Strecke Barmen–Elberfeld–Vohwinkel im heutigen Wuppertal (BRD) ausgeführt

122 Das Traggerüst der Schwebeseilbahn wurde mit Hilfe eines fahrbaren Arbeitsgerüstes, das auf dem bereits fertiggestellten Teil herabgelassen wurde, montiert.

wurde. Die Conti beantragte 1897 die Genehmigung für Vorarbeiten für eine Schwebebahn vom Dresdner Stadtzentrum durch den Plauenschen Grund nach Hainsberg. Die sächsische Regierung unterstützte dieses Projekt sehr, sah sie doch darin den Anfang eines künftigen Dresdner Schnellbahnnetzes. Es scheiterte jedoch an der Engstirnigkeit der Grundgemeinden und der Stadt Dresden, so daß statt der Schwebebahn 1902 eine Straßenbahn durch den Plauenschen Grund gebaut wurde.

Während die Conti ihre Pläne präzisierte, trieben die Grundstücksspekulanten ihr Unwesen so schamlos, daß sich sogar das sächsische Ministerium des Innern damit befassen mußte, und das will zur damaligen Zeit etwas heißen! Es stellte fest, daß WARNATZ 120 000 m² Waldgelände hinter der „Schönen Aussicht" gekauft hatte, größtenteils nur für 35 Pfennige / m² und nun begann, es für 3–6 Mark zu

verkaufen – aber was war daran damals strafbar? Bei anderen, die erst später in das Geschäft eingestiegen waren, ergab sich ein geringerer Gewinn. Schließlich zerplatzte die Untersuchung wie eine Seifenblase.

Am 19. Dezember 1898 gründeten Schuckert & Co. als eine weitere Tochtergesellschaft die Elektra AG in Dresden. Sie übernahm von der Conti neben weiteren Bahnen und Kraftwerken auch die Loschwitzer Schwebebahn. Die sächsische Regierung erteilte daher die Konzession am 16. Juni 1899 direkt an die Elektra. Zuvor hatte aber bereits die Conti im Herbst 1898 mit den ersten Bauarbeiten begonnen.

Die Montage des Traggerüsts erfolgte von der Bergstation aus talwärts. Auf den bereits fertiggestellten Fahrbalken lief ein fahrbares Gerüst, das ein Arbeiten im Vorbau ermöglichte. Die Stützen und die dazwischenliegenden Fahrbalken wurden am Boden montiert und dann im Ganzen hochgezogen. Diese Arbeiten führte die Vereinigte Maschinenbau-AG, Werk Nürnberg (heute MAN), ein Betrieb mit großen Erfahrungen im Stahlhochbau

und Waggonbau, aus; sie lieferte später auch die Fahrzeuge. Trotzdem gestaltete sich der Bau des Traggerüstes und das Anhängen der Wagen in dem bergigen Gelände weitaus schwieriger als erwartet, so daß die für das Jahr 1900 vorgesehene Inbetriebnahme verschoben werden mußte. Die Maschinenteile und Dampfkessel wurden von der Schiffswerft Uebigau mit Lastkähnen nach Loschwitz gebracht und dann mit einem Schwerlastwagen, der mit 12 Pferden bespannt wurde, zur Bergstation weiterbefördert.

Die Eröffnung der Schwebebahn

Bereits während des gesamten Baus hatte die Elektra auf eine hohe Qualität aller Arbeiten geachtet und ständig eng mit der Aufsichtsbehörde zusammengearbeitet. Mehrfach hatte der Königliche Kommissar für elektrische Bahnen, Geheimer Baurat Dr. ULBRICH persönlich die Anlagen während des Baus in Augenschein genommen, und seine Anregungen waren stets sofort befolgt worden. Daher gab es auch bei seiner Prüfung am Vormittag des 6. Mai 1901 erwartungsgemäß keinerlei Beanstandungen, so daß noch am gleichen Tag die feierliche Einweihung vorgenommen werden konnte. Dazu der Bericht des „Dresdner Anzeiger" vom folgenden Tag: „Heute Montag 3 Uhr nachmittags ist die Bergschwebebahn Loschwitz–Rochwitzer Höhe dem Betriebe übergeben worden. Die mit dem Ereignisse verknüpfte Feier bedingte allerdings nur die Theilnahme geladener Gäste, die eigentliche öffentliche Betriebseröffnung wird erst morgen Dienstag um 2 Uhr nachmittags erfolgen.

Die Eröffnungsfeier gewann einen besonders feierlichen Charakter durch die Theilnahme Sr. königlichen Ho-

heit des Prinzen Friedrich AUGUST. Loschwitz hatte aus Anlaß des bedeutsamen Momentes reichen Flaggenschmuck angelegt. Die Betriebsräume der Bahn selbst waren mit Guirlanden, Blattpflanzengruppen und Teppichen prächtig geschmückt. Nachdem sich die geladenen Gäste alle eingefunden hatten, erschien um 3 Uhr Sr. königliche Hoheit Prinz Friedrich AUGUST mit seinen beiden Söhnen, begleitet von seinem persönlichen Adjudanten Herrn Hauptmann v. ZESCHAU und vom Erzieher der jungen Prinzen Herrn Hauptmann Freiherrn BYRN. Nachdem Sr. königliche Hoheit von Herrn Kreishauptmann SCHMIEDEL empfangen worden war, ergriff der Direktor der Kontinentalen Gesellschaft für elektrische Unternehmungen zu Nürnberg, Herr Regierungsbaumeister a. D. PETRI, das Wort.
Der Redner führte, indem er auf die Errichtung der Schwebebahn näher einging, weiter aus, daß das in vorliegendem Falle angewandte System besonders auch für die Zukunft der zwischen den hauptsächlichsten Verkehrszentren geplanten Schnellbahnen von Bedeutung sei, da es eine Entgleisung vollständig ausschließe und sich auch mit der Zeit das Feld der städtischen Bahnen erobern werde, da durch die Schwebebahn jede Verkehrsstörung aufs glücklichste vermieden sei.
Er dankte im Namen der von ihm ver-

tretenen Gesellschaft, sowie der Erbauerin der Schwebebahn, der AG Elektra zu Dresden, Sr. königlichen Hoheit für das Erscheinen zur Eröffnung." Die Arbeiter, die im Schweiße ihres Angesichts diese für damalige Zeit außergewöhnliche Anlage geschaffen hatten, wurden überhaupt nicht erwähnt.
Die Ehrengäste fuhren dann zur Bergstation und nahmen in der ebenfalls neu errichteten Gaststätte „Loschwitzhöhe" ein Festmahl ein.
Die Elektra nutzte die rege Anteilnahme höchster Kreise und der breiten Öffentlichkeit zu einer umfangreichen Reklame für das neue Einschienenbahnsystem und verwendete dabei den Werbeslogan „erste Bergschwebebahn der Welt". Die Bahnlänge wurde auf 280 m aufgerundet. Diese Angabe hält sich hartnäckig in der Literatur, obwohl spätere Nachmessungen nur 273,8 m ergaben.

Die Bahnanlage von 1901

Vom damaligen Endpunkt der Straßenbahn am Körnerplatz aus konnte der Fahrgast die Talstation in der Pillnitzer Landstraße Nr. 5 bereits sehen. Ihre Straßenfront hatte der Dresdner Architekt REUTER repräsentativ im Stil venezianischer Renaissance gestaltet. Getrennte Treppen für Ein- und Ausgang, ein großer, zum Bahnsteig offener Warteraum sowie 2 kleine Diensträume mit einem Fahrkartenschalter gestatteten auch bei stärkstem Andrang eine schnelle und reibungslose Verkehrsabwicklung. Der Bahn-

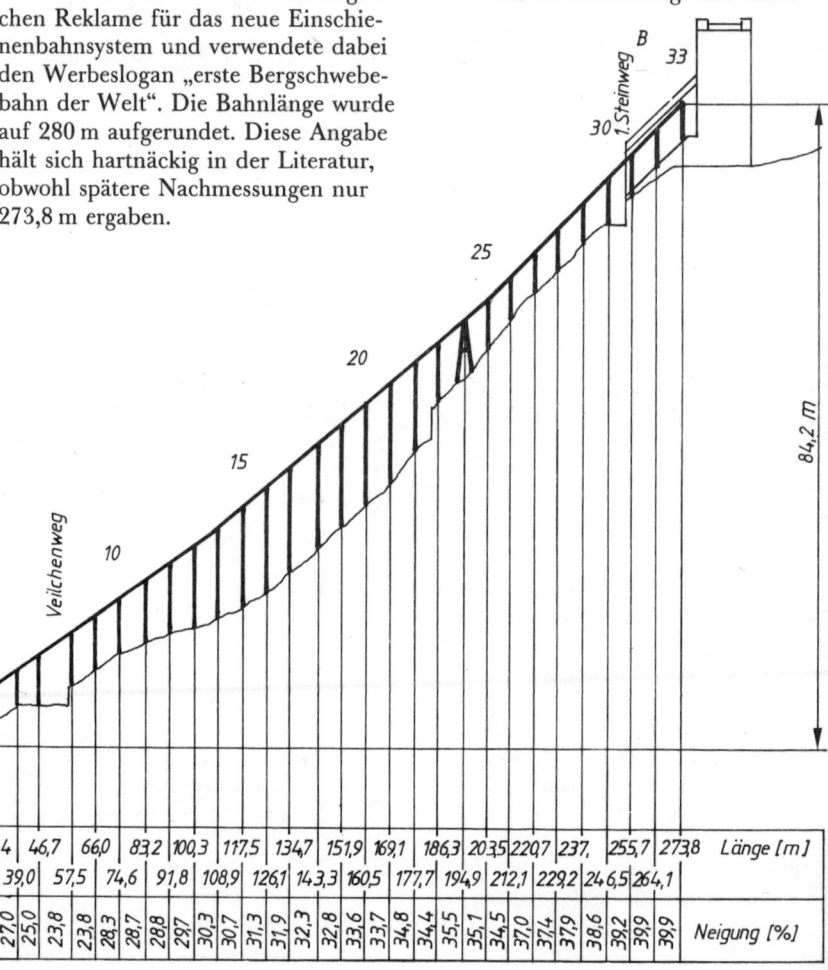

123 Streckenprofil.

Länge [m]																
0	15,7	31,4	46,7	66,0	83,2	100,3	117,5	134,7	151,9	169,1	186,3	203,5	220,7	237,	255,7	273,8
7,9	23,6	39,0	57,5	74,6	91,8	108,9	126,1	143,3	160,5	177,7	194,9	212,1	229,2	246,5	264,1	

Neigung [%]: 26,3 | 26,7 | 26,4 | 26,7 | 27,0 | 25,0 | 23,8 | 23,8 | 28,3 | 28,7 | 28,8 | 29,7 | 30,3 | 30,7 | 31,3 | 31,9 | 32,3 | 32,8 | 33,6 | 33,7 | 34,8 | 34,4 | 35,5 | 35,1 | 34,5 | 37,0 | 37,4 | 37,9 | 38,6 | 39,2 | 39,9 | 39,9

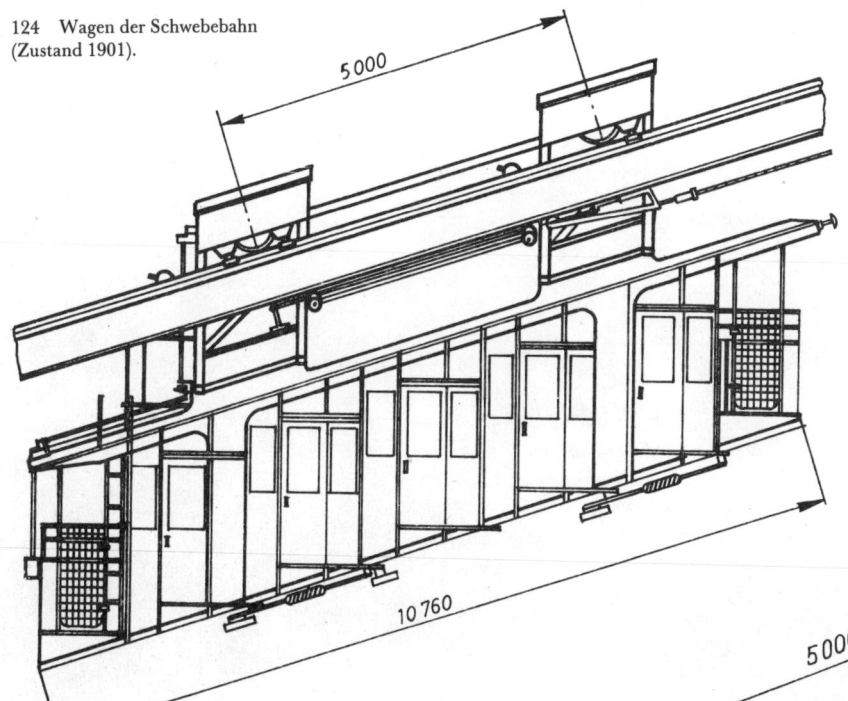

124 Wagen der Schwebebahn (Zustand 1901).

5 000

10 760

BUCHER-DURRER. Bei starkem Seitenwind konnte der Schaffner außerdem 2 „Sturmrollen" von unten an den Fahrbalken des Traggerüstes anlegen und dadurch das Pendeln des Wagens abmindern. Damit war der Betrieb bis zu Windgeschwindigkeiten von 20 m / s möglich.

Es waren 4 Wagen vorhanden. Normalerweise wurde nur mit den 2 Hauptwagen gefahren; nur bei starkem Verkehr wurden die beiden anderen vorgesetzt.

Das Traggerüst bestand aus 33 Mittelstützen, zwischen denen beidseitig je 1 Fahrbalken, auf diesem wiederum die Fahrschiene befestigt war. Stützen und Fahrbalken wurden in Nietkonstruktion hergestellt, während die Verbindungen zwischen ihnen an den

steig war mit einem Wellblechdach versehen.

Die dunkelrot lackierten Wagen glichen nur äußerlich denen der benachbarten Standseilbahn. Sie besaßen bereits ein genietetes Stahlgerippe und waren auch besser ausgestattet. Als wesentliche Merkmale wären hierzu die Schiebetüren und die elegante Innenverkleidung mit Goldledertapete zu nennen. Die Plattformen waren im unteren Teil mit Blech verschlossen und mit einer Tür versehen, so daß von Anfang an auf der bergseitigen Plattform Fahrgäste befördert werden durften. Der Schaffner hatte seinen Platz stets auf der talseitigen.

An die unter dem Wagendach verlaufenden Hauptträger waren 2 Tragbügel angenietet. Diese griffen über den Fahrbalken und enthielten jeweils 1 Laufrad mit Doppelspurkranz und die Wagenbremsen nach dem System

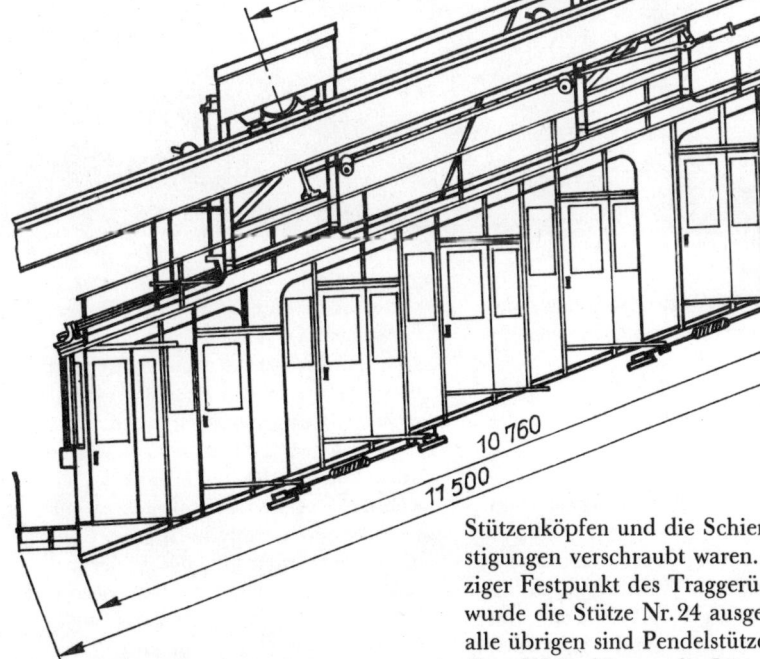

5 000

10 760

11 500

125 Wagen (nach Umbau 1954 und 1955).

Stützenköpfen und die Schienenbefestigungen verschraubt waren. Als einziger Festpunkt des Traggerüstes wurde die Stütze Nr. 24 ausgebildet, alle übrigen sind Pendelstützen. Auf diese Weise können die Längenänderungen, die infolge der Temperatur-

differenzen zwischen Sommer und Winter auftreten, ausgeglichen werden.

Bei der Konstruktion des Traggerüstes hatte man einige Fehler begangen, die bei der späteren Instandhaltung erhebliche Probleme bereiten sollten. So glaubte man, daß bei einem geringen Stützenabstand nur geringe Trägerquerschnitte benötigt werden und das Gerüst dadurch leichter wird und im Gelände weniger auffällt. Tatsächlich wurden jedoch in das Traggerüst 300 t Material verbaut – mehr als auf eine vergleichbare Streckenlänge in Wuppertal. Außerdem wurde nur Flußeisen verwendet. Gegenüber Stahl war es zwar billiger herzustellen, dafür aber durch seinen hohen Phosphorgehalt weder alterungsbeständig noch schweißbar. Die Stützenköpfe wiesen unzugängliche Stellen auf, in denen sich das Regenwasser sammelte. Zur Geräuschminderung hatte man unter die Fahrschienen Filz gelegt, der sich bald voll Wasser saugte. Die ständigen Nässeeinwirkungen hatten das baldige Rosten dieser Stellen zur Folge. Andererseits gestattete das Traggerüst, das Streckenprofil in idealer Form als

126 Gesamtansicht der Schwebeseilbahn in Dresden-Loschwitz. Obwohl diese Aufnahme erst 1950 entstand, waren die Seilbahnanlage und ihre Umgebung praktisch noch unverändert gegenüber 1901.

127 Die Schwebeseilbahn im Jahre 1901. Die Wagen besaßen damals offene Plattformen.

128 Die Bergstation im April 1901 noch während des Probebetriebs. Am Bahnsteig stehen Haupt- und Vorsetzwagen. Der Schornstein des Dampfkessels ist in der linken vorderen Turmzinne versteckt.

129 Ein Seilbahnwagen in der Talstation kurz nach der Betriebseröffnung. Rechts unten die Führungsschiene, die im Bahnsteigbereich ein seitliches Auspendeln der Wagen verhindert.

Parabel auszubilden, wodurch sich die Massen des Zugseils bei allen Wagenstellungen ausglichen. Die Elektra wies häufig auf diesen Vorteil gegenüber der ungünstig trassierten benachbarten Standseilbahn hin. Sie spielte in ihrer Werbung auch hoch, daß durch das Schwebebahnsystem für die Kreuzung von 2 öffentlichen Straßen keine besonderen Bauwerke erforderlich waren. Tatsächlich war aber die Victoriastraße (seit 1926 Veilchenweg) nur eine steile Zufahrt für die Grundstücke am Hang, die nur von kleinen Pferdefuhrwerken befahren werden

konnte, der Erste Steinweg gar nur ein Fußweg. Niemand dachte daran, daß die gewählten geringen Durchfahrtshöhen durch die stürmische Entwicklung der Kraftfahrzeuge bald zu einem Problem werden sollten.

Den Entwurf für die Bergstation hatte ebenfalls Architekt REUTER geliefert. Die Öffentlichkeit war geteilter Meinung, ob der wuchtige Turm besser in die Landschaft paßt als der schlanke Schornstein, den er verstecken sollte. Die angebaute Bahnsteighalle bestand wie in der Talstation nur aus einer Tragkonstruktion mit einem Well-

blechdach und besaß keinen seitlichen Witterungsschutz, so daß der Wind ungehindert hindurchblasen konnte. Äußerst ungünstig wurde der Zugang zum Bahnsteig gestaltet: Es gibt nur eine einzige schmale Treppe, die ihn in seinem oberen Bereich dazu stark einengt. Bei starkem Verkehr entsteht hier immer ein großes Gedränge, und die ein- und aussteigenden Fahrgäste behindern sich derart, daß dieses Nadelöhr für die tatsächliche Leistung der Seilbahnanlage bestimmend wurde. Hatte sich der Fahrgast aus der Station hinausgezwängt, so ge-

127

128

129

langte er direkt auf die Kaffeeterrassen der Gaststätte „Loschwitzhöhe". Von hier hatte er einen herrlichen Rundblick über Dresden und seine Umgebung von den Lößnitzhöhen über den Tharandter Wald und das Erzgebirge bis zu den südlichsten Tafelbergen des Elbsandsteingebirges. Die Elektra hatte in kluger Voraussicht diese große Gaststätte zusammen mit der Schwebebahn erbaut, um einen Anreiz für deren Benutzung zu schaffen, denn die vorhandene „Schöne Aussicht" war zur Aufnahme der zahlreichen Fahrgäste viel zu klein und auch sonst war kaum Hinterland für Ausflüge vorhanden. Die „Loschwitzhöhe" wurde an einen erfahrenen Gastronomen verpachtet, der aus ihr ein volkstümliches Ausflugs- und Tanzlokal machte.

Für die Fahrgäste unsichtbar blieb die Fördermaschine. Sie war von der zur Kette – Deutsche Elbschiffahrts-Aktiengesellschaft gehörenden Schiffswerft Uebigau geliefert worden und glich weitgehend der der benachbarten Standseilbahn. Die 2 starr gekuppelten Treibscheiben wurden unten im Turm genau in Verlängerung des östlichen Fahrbalkens angeordnet. Ein Leitrad lenkt das Seil von der Strecke hinunter zu den Treibscheiben. Seine Verschiebbarkeit ermöglicht die Verlängerung des Weges für das Seil durch das Maschinenhaus bis zu 3 m und damit das Ausgleichen der Seildehnung. 3 weitere Leiträder führen das Seil von den Treibscheiben auf die andere Seite des Maschinenhauses und hinauf zum westlichen Fahrbalken.

Die beiden Dampfmaschinen standen beiderseits der Treibscheiben, die eine inmitten des Turms, die zweite in einem Anbau. Bei Betrieb mit den Hauptwagen genügte eine Maschine, die zweite wurde nur benötigt, wenn mit Vorsetzwagen gefahren wurde. Der Maschinist stand direkt neben den Treibscheiben im Maschinenhaus, während der hintere kleine Anbau als Aufenthaltsraum für den Heizer diente.

Die ersten Betriebsjahre unter der Elektra

Die neuartige Bahnanlage zog viele Neugierige auf die Loschwitzhöhe, und so wurden in den restlichen 8 Monaten des Jahres 1901 385 000 Fahrgäste befördert. Aber bald verflog der Reiz des Neuen, und die Menschen wandten sich wieder anderen Ausflugszielen zu. Bis zum Jahre 1905 sanken die Beförderungszahlen rapide auf 221 000 Fahrgäste ab – ein Minimum, das nur in den Kriegs- und Inflationsjahren 1917 und 1923 unterschritten wurde. Die Schwebebahn stand in ihren Leistungen außer im Eröffnungsjahr stets hinter denen der Standseilbahn nach, und daran hat sich bis heute nichts geändert. Der Grund liegt in der dünnen Besiedlung des Hinterlands und im Mangel an attraktiven Ausflugszielen. Eine Abhilfe hätte die geplante Straßenbahn von der Bergstation nach Rochwitz bringen können, aber diese wurde niemals gebaut.

Trotz aller Schwierigkeiten bemühte sich die Elektra um einige Verbesserungen. So begann sie 1902 mit Vorbereitungen zur Verglasung der Bahnsteighalle in der Bergstation. Berechnungen zeigten jedoch, daß die auftretenden Windkräfte eine wesentliche Verstärkung der Hallenkonstruktion notwendig machten, wodurch erhebliche Kosten entstanden wären. Daher brach man die Arbeiten wieder ab, und in die bereits angebrachten Fenstersprossen wurde niemals auch nur eine einzige Glasscheibe eingezogen.

Wesentlich sinnvoller war der Umbau der Vorsetzwagen Nr. 3 und 4 im Jahre 1904. Es war nun möglich, diese auch als Hauptwagen zu verwenden. Dadurch konnten in der Talstation an den Wagen Nr. 1 und 2 Reparaturen ausgeführt werden, ohne daß deshalb der Betrieb eingestellt werden mußte.

Als Folge des gesunkenen Verkehrs und der Probleme an dem Nadelöhr in der Bergstation wurde kaum noch mit Vorsetzwagen gefahren. Ende 1905 erfolgte ein Umbau der Signalanlagen, und der Betrieb mit Vorsetzwagen wurde gänzlich eingestellt.

Als die Elektra 1906 die Betriebsgemeinschaft beider Seilbahnen einführte, benötigte sie einen größeren Verwaltungsraum. Sie gewann diesen in der Talstation, indem sie die einseitig offene Wartehalle durch eine Wand vom überdachten Bahnsteigzugang abtrennte.

Gegen Ende des Jahres 1909 wurde die eine Dampfmaschine des Antriebs durch einen Elektromotor ersetzt. Die Energie lieferte das Kraftwerk der benachbarten Standseilbahn. Deshalb verlegte man ein Kabel von deren Bergstation durch den oberen Tunnel und weiter durch die Gärten zur Grundstraße; von dort wurde eine Freileitung zur Schwebebahn weitergeführt. Die zweite Dampfmaschine verblieb als Reserve, wurde aber niemals benutzt, da die Akkumulatorenbatterie im Kraftwerk der Standseilbahn auch bei Ausfall der Generatoren die Fortsetzung des elektrischen Betriebs gestattete.

Leider waren die ersten Betriebsjahre auch durch einige Unfälle und Havarien überschattet. Vom Schlimmsten – dem Tod eines Schaffners beim Abspringen im Jahre 1902 – nahm unter den damaligen gesellschaftlichen Verhältnissen kaum jemand Notiz. Aufsehen erregte dagegen das Reißen des ersten Zugseils am 12. Mai 1908, obwohl dabei die automatischen Wagenbremsen einwandfrei

130 Luftaufnahme der Bergstation mit der Gaststätte „Loschwitzhöhe" aus dem Jahre 1933. (ZLB/L 1703/74 vom 17.12.1974)

funktionierten und niemand zu Schaden kam. Die Schaffner und der einzige Fahrgast wurden über Leitern geborgen. Ursache war das Rosten des unverzinkten Seils durch eingedrungenes Regenwasser von innen her. Das Reserveseil blieb beim Auflegen am Fuß einer Stütze hängen und wurde beschädigt, so daß es noch im Herbst gegen ein neues Seil ausgetauscht werden mußte.

Da der Betrieb mit Vorsetzwagen nicht mehr durchgeführt wurde, waren auch die Seilkräfte kleiner geworden. Vom vierten Seil an, das am 8. November 1910 aufgelegt wurde, reduzierte man deshalb den Durchmesser auf 34 mm.

Bereits bei der Beschreibung der

Standseilbahn wurde dargelegt, daß die Stadt Dresden das Kraftwerk in ihren Besitz bringen wollte. Die Elektra bestand jedoch darauf, nur das gesamte Unternehmen zu verkaufen. Dieses Verhalten war auf Grund der geringen Wirtschaftlichkeit der Schwebebahn durchaus verständlich. So gingen beide Bahnen am 30. Dezember 1911 durch Kauf in das Eigentum der Stadt Dresden über und wurden ab 1. Januar 1912 von der Städtischen Straßenbahn betrieben.

Die Schwebebahn als Betriebsteil der Städtischen Straßenbahn

Im Gegensatz zur benachbarten Standseilbahn betrieb die Städtische Straßenbahn die Schwebebahn lange Zeit ohne jede technische Veränderung weiter. Grund hierfür war die modernere Ausführung der Anlage

und das geringere Verkehrsaufkommen. Lediglich die Reservedampfmaschine wurde 1917 ausgebaut und an eine Munitionsfabrik abgegeben. Während des ersten Weltkriegs und der anschließenden Krisenjahre hatte die Bahn als städtischer Betrieb den notwendigen Rückenhalt, um trotz zurückgehender Fahrgastzahlen bei gleichzeitig enormer Kostensteigerung eine völlige Einstellung des Betriebs zu vermeiden. Dabei stiegen die Tarife in gleicher Weise wie bei der benachbarten Standseilbahn. Überhaupt brachte die gemeinsame Betriebsführung zahlreiche Parallelen, wie die Zulassung von 2 Stehplätzen in jedem Abteil bei der Bergfahrt ab 1919, die Einführung der cremefarbenen Wagenlackierung ab 1930, die mehrfache Änderung des Namens des städtischen Verkehrsbetriebes vom gleichen Jahre an und die Eingliederung in den Straßenbahntarif im Jahre 1932.

Besonders erwähnt werden muß ein Zusammenstoß zwischen der Schwebebahn und einem Lastkraftwagen am 4. Oktober 1932. Um nicht auf der Steigung stecken zu bleiben, hatte der Chauffeur den über 4 m hohen Möbelwagen den Veilchenweg rückwärts hinaufgefahren und dadurch nicht bemerkt, daß sich ein Wagen der Schwebebahn näherte. Bei dessen Auffahrt auf das Dach des Möbelwagens entstand zunächst nur geringer Sachschaden. Um die Fahrzeuge wieder zu trennen, ließen die Verantwortlichen den Möbelwagen langsam zu Tal fahren. Dadurch entgleiste der Wagen der Schwebebahn und verursachte erhebliche Folgeschäden.

Bereits seit vielen Jahren wurden von den Schlossern der beiden Seilbahnen die Lochzangen und Blockhalter für

die Schaffner des gesamten Straßenbahn- und Busbetriebs repariert. Dazu hatte man in dem Anbau, wo einstmals die zweite Dampfmaschine stand, eine Werkstatt eingerichtet. Nachdem die Schaffner auch noch mit Galoppwechslern ausgerüstet wurden, war diese Werkstatt zu klein geworden, um auch deren Reparaturen aufführen zu können. Deshalb wurde 1933 ein weiterer Werkstattraum an die Bergstation angebaut.

1934 erneuerte man die Fahrschienen der Schwebebahn. Interessant ist die dem damaligen Stand der Technik entsprechende Arbeitsweise. Die neuen Schienen wurden oberhalb der Bergstation auf der Straße verschweißt und durch Löcher, die man in die Wände des Maschinenhauses geschlagen hatte, auf das Traggerüst gefädelt. Sobald wieder einige Schienen angeschweißt waren, wurde nach unten nachgeschoben, bis zuletzt die gesamte Schienenlänge von 274 m gleichzeitig bewegt werden mußte.

Die durch den Gleisbau bedingte längere Stillstandszeit der Bahn wurde zu einer gründlichen Überholung der Hauptwagen genutzt. Dabei wurden die als Dienstabteil dienenden talseitigen Plattformen vollständig geschlossen, nachdem sie bereits 1930 einen einfachen Glasvorbau erhalten hatten. Die beiden Vorsetzwagen wurden 1937 verschrottet.

131   Im Jahre 1930 wurde der Reservewagen Nr. 3 zu Tal gebracht – die wohl einzige Aufnahme einer der wenigen Fahrten, mit Vorsetzwagen.

132   Ein Wagen nach dem Umbau von 1934 über dem Veilchenweg: Die als Dienstabteil dienende Plattform wurde geschlossen, die für die Fahrgäste bestimmte bergseitige Plattform blieb offen.

133   Blick über die Schwebeseilbahn zur Loschwitzer Kirche (1945 durch Bomben zerstört) und nach Blasewitz am gegenüberliegenden Elbufer; aufgenommen 1934 unmittelbar nach Umbau der Wagen.

Im Jahre 1936 wurde ein interessantes Experiment unternommen. Es wurde versucht, das noch brauchbare Mittelstück abgelegter Seile der Standseilbahn auf der kürzeren Schwebebahn weiter zu verwenden, um dadurch Kosten zu sparen. Die Lebensdauer betrug jedoch nur 10 bzw. 12 Monate, so daß ab 1937 wieder neue Seile eingebaut wurden. Die durch das Experiment bedingte Durchmesservergrößerung auf 38 mm wurde jedoch beibehalten.

Am 20. Oktober 1937 erhielt die Schwebebahn eine Konkurrenz. Die Buslinie C Hauptbahnhof – Loschwitz wurde über die Grundstraße nach Rochwitz verlängert und berührte dabei auch den nördlichen Teil von Oberloschwitz. Trotzdem entwickelten sich die Fahrgastzahlen der Schwebebahn steigend. Die 1936 eingeführten Stadtrundfahrten mit der Straßenbahn erfreuten sich wachsender Beliebtheit. Ihre Fahrtroute führte auch nach Loschwitz, wo die Teilnehmer in die Schwebebahn umstiegen und Gelegenheit erhielten, im Restaurant „Loschwitzhöhe" einen kleinen Imbiß einzunehmen.

Die Dresdner Straßenbahn AG glich 1940 nach dem Erscheinen der neuen „Bau- und Betriebsordnung für Straßenbahnen und Bahnen besonderer Bauart" die Namen ihrer Bergbahnen den dort verwendeten Begriffen an. So wurde aus der „Schwebebahn" die „Schwebeseilbahn". Kurioserweise wurden aber die 2 großen Schilder an der Talstation nicht verändert. Als dann 1971 die „Arbeitsschutzanordnung 917 – Seilbahnen" den heute üblichen Begriff „Seilschwebebahn" prägte, unterblieb eine nochmalige Umbenennung.

Der zweite Weltkrieg erzwang schließlich doch noch die früher geplante, inzwischen längst vergessene Verkehrserschließung zwischen Schwebeseilbahn und Rochwitz. Kraftstoffmangel führte zu drastischen Einschränkungen im Busbetrieb. Daher wurde die Linie C ab 4. Dezember 1941 von Rochwitz zur Bergstation der Schwebeseilbahn geführt. Im gleichen Jahr wurden die Wagen der Schwebebahn mit einer kohlegefeuerten Warmwasserheizung ausgerüstet, damit schließlich auch noch Elektroenergie gespart werden konnte.

Beim Luftangriff auf Dresden in der Nacht vom 13. zum 14. Februar 1945 wurden die Gebäude am Anfang der Pillnitzer Landstraße von Brandbomben getroffen. Durch den Einsatz der

Belegschaft konnte der Brand in der Talstation gelöscht werden, während in der Nachbarschaft mehrere Häuser und die Loschwitzer Kirche niederbrannten. Die Schwebeseilbahn war gerettet, ihr Betrieb konnte nach wenigen Tagen wieder aufgenommen werden. Wie bei der Standseilbahn gab es am Ende des Kriegs eine Betriebsunterbrechung vom 7. bis zum 19. Mai 1945.

Die ersten grundlegenden Neuerungen nach dem Krieg brachte das Jahr 1951. Anläßlich des 50jährigen Bestehens der Bahn wurden in der Bergstation neu geschaffene Sozialräume übergeben. Außerdem wurde am 12. Juli ein neuer Bedienungsraum am Bahnsteigende in Betrieb genommen. Seitdem ist der Maschinist nicht mehr

134 Blick von der „Loschwitzhöhe" über die Elbe mit dem „Blauen Wunder" auf das Stadtzentrum. Die Aufnahme entstand 1955 nach Umbau und Neulackierung der Seilbahnwagen, als das Stadtwappen noch nicht angebracht war.

der durch die Treibscheiben erzeugten Zugluft ausgesetzt und kann seine Arbeit im Sitzen verrichten. Das Zu- und Abschalten der Anlaßwiderstände erfolgt mit Hilfe eines umgebauten Straßenbahnfahrschalters, den ein Steuermotor antreibt, während die Bremse weiterhin rein mechanisch von Hand bedient wird.

Die Verlagerung des Lebens in die Vororte nach der Zerstörung des Stadtzentrums machte sich auf der Schwebeseilbahn nicht so extrem bemerkbar wie auf der benachbarten Standseilbahn, doch hatte auch hier der Verkehr stark zugenommen. Vor allem kamen jetzt wesentlich mehr Fahrgäste mit Fahrrädern und Kinderwagen, die auch im Winter nur auf der offenen Plattform befördert werden konnten. Daher erhielten die Wagen 1954 nach dem Vorbild der Standseilbahn Gepäckkörbe. 1955 wurden dann auch noch die bergseitigen Plattformen mit Glasvorbau und Türen versehen. Gleichzeitig erhielten die Wagen wieder elektrische Heizung, nachdem die Warmwasserheizungen am Kriegsende wegen Kohlenmangel zerfroren und bald darauf beseitigt worden waren.

Nachdem die Verkehrsbetriebe der Stadt Dresden die Rekonstruktion der Standseilbahn eingeleitet hatten, sollte auch eine allmähliche Modernisierung der Schwebeseilbahn folgen. Als erstes wurde 1964 der Antriebsmotor erneuert. 1967 folgten Reparaturen am Traggerüst in einem noch nie dagewesenen Umfang. Zahlreiche Knotenbleche mußten wegen Abrostungen erneuert, gebrochene Niete ersetzt werden. Der Umfang dieser Arbeiten ist heute noch erkennbar, weil hierbei statt der Niete Paßschrauben verwendet wurden. Im gleichen Jahr wurde wie bei der Straßenbahn die Fahrgeldkassierung durch Zahlboxen eingeführt.

Wegen des schlechten Zustandes der

Wagen wurden ab Ende 1969 keine Stehplätze mehr zugelassen. Die Konstruktion neuer Fahrzeuge war bereits eingeleitet und ihr Bau nach Prüfung der Unterlagen 1971 von der Aufsichtsbehörde genehmigt worden. Gebaut wurden aber nur 2 Modelle, von denen eines im Verkehrsmuseum Dresden aufgestellt ist, denn es kam alles ganz anders als geplant.

Schon im Jahre 1965 war die überalterte Gaststätte „Loschwitzhöhe" geschlossen und später abgebrochen worden. Die umfangreichen Instandsetzungsarbeiten der Schwebeseilbahn führten immer wieder zu längeren Stillstandszeiten. Deshalb wurde der Fahrtweg der Stadtrundfahrten so verändert, daß er Loschwitz nicht mehr berührte. Für die Schwebeseilbahn gab es während der Bauarbeiten einen Ersatzverkehr mit Omnibussen, der zunächst als Pendelverkehr durchgeführt wurde, später durch Verlängerung der Buslinie 84 Rochwitz – Schwebeseilbahn bis zum Körnerplatz. Die nie ganz verstummten Forderungen der Rochwitzer Bürger zur Wiederherstellung der alten Linienführung von vor 1941 erhielten nun neuen Auftrieb und wurden von den staatlichen Organen als berechtigt anerkannt. Daher erhielt die Buslinie 84 ab 1. Dezember 1972 einen neuen Fahrtweg von Rochwitz über die Grundstraße und den Körnerplatz zum Stadtbezirkszentrum Blasewitz. Alle diese Maßnahmen hatten zu einem starken Rückgang des Verkehrsaufkommens auf der Schwebeseilbahn geführt. Zählungen ergaben, daß täglich nur noch etwa 1 000 bis 1 300 Fahrgäste kamen, die ihre Wohnung oder Arbeitsstelle in Oberloschwitz hatten. Beim Ausflugsverkehr machte sich das Fehlen einer großen Gaststätte bemerkbar, so daß er sich auf Tage mit schönem Wetter beschränkte. Daher planten die Verkehrsbetriebe die Stillegung der

Schwebeseilbahn für etwa 1980. Bis dahin sollte sie genutzt werden, um während der bevorstehenden größeren Instandsetzungsarbeiten an der Standseilbahn einen Personalstamm bis zu deren Wiederinbetriebnahme zu erhalten. Alle Instandhaltungsmaßnahmen an der Schwebeseilbahn aber wurden auf den Endtermin 1980 ausgerichtet, ihr Ende schien gekommen zu sein.

Gegenwart und Zukunft der Schwebeseilbahn

Die 80jährige Entwicklung der Schwebeseilbahn brachte es mit sich, daß diese nun tatsächlich die älteste auf der ganzen Welt geworden war und viele Bauteile während dieser Zeit nur wenig verändert worden waren. Wo gibt es anderswo etwas Ähnliches? Die Schwebeseilbahn wurde zu einem einmaligen technischen Denkmal der Fördertechnik und des Verkehrswesens.

Diese Problematik war von einigen Fachleuten schon frühzeitig erkannt und die Bahn unter Denkmalschutz gestellt worden. Trotz fehlender Gaststätte stieg auch der Ausflugverkehr wieder an, sein Ziel war jedoch verstärkt die uralte Bahnanlage selbst. Daher beschloß 1975 der Rat der Stadt Dresden, daß die Verkehrsbetriebe die Schwebeseilbahn für immer zu erhalten und zu betreiben haben. Die Durchsetzung dieses Beschlusses erforderte jedoch einen erheblichen Aufwand. Am 1. September 1981 begann eine umfangreiche Rekonstruktion unter Beachtung der denkmalpflegerischen Gesichtspunkte. Als erstes erhielt die Fördermaschine eine Generalreparatur, und gleichzeitig wurde die Bergstation überholt. Nach einer zwischenzeitlichen Inbetriebnahme vom 1. Oktober 1982 bis zum 18. März 1984 werden gegenwärtig die Fahrbalken und Stützen des Traggerü-

Technische Daten der Schwebeseilbahn Dresden-Loschwitz – Oberloschwitz

Eröffnung		6.5.1901		
Hersteller		Elektra AG, Dresden		
Bauart		Seilschwebebahn System Langen (Einschienenbahn)		
Betriebsart		Pendelbetrieb		
Talstation		Loschwitz (Pillnitzer Landstraße)		
Höhe über NN	m	124		
Bergstation		Oberloschwitz (Sierksstraße)		
Höhe über NN	m	208		
Strecke				
Länge	m	273,8		
Höhenunterschied	m	84,2		
Neigung im Durchschnitt	%	32,18		
Neigung maximal	%	40,00		
Anzahl der Stützen		33		
Höhe der Stützen Nr. 16 + 17	m	13,60		

Seile		*1901*	*1910*	*1936*
Zugseil	mm Ø	44	34	38

Fördermaschine		
Bauart		2 starr gekuppelte Treibscheiben
Hersteller		Kette – Schiffswerft Uebigau
Treibscheibe	mm Ø	4 000

Antrieb		*1901*	*1909*	*1965*
Bauart		Dampf, 2 Verbund-maschinen	elektrisch 240 V (Gleichstrom)	elektrisch 250 V (Gleichstrom)
Hersteller		Seck & Kieselbach	SSW	Elbtalwerk
Leistung	kW	2×58,9	28,7	80
Steuerung		Hand	Hand	Hand
Notantrieb		–	Batterie	Batterie

Fahrzeuge		
Personenwagen	Anzahl	4 (ab 1938 2)
Hersteller		MAN
Sitzplätze		40
Stehplätze, talwärts (1910–1969)		6
Stehplätze, bergwärts (1910–1919 / 1919–1969)		6 / 16
Eigenmasse	t	9,35

Betriebsdaten		*1901*	*1906*	*1969*
Fahrgeschwindigkeit	m/s	2,5		
Fahrzeit	min	2,5		
Leistung Personen/h und Richtung		736	460	400
Beförderte Personen (1983)		700 000		

stes durch den VEB Sächsischer Brücken- und Stahlhochbau Dresden-Niedersedlitz erneuert. Dabei müssen einige konstruktive Veränderungen vorgenommen werden, um die Fehler aus dem Jahre 1901 endgültig zu beseitigen. Die Demontage selbst wurde ähnlich wie beim Bau der Bahn von einem Gerüst aus, das auf den Fahrbalken verfahren werden konnte, vorgenommen. Von den alten Fahrzeugen können nur die Tragbügel mit den Laufwerken und Bremsen aufgearbeitet werden; die Wagenkästen müssen völlig neu aufgebaut werden. Dazu wird eine Neukonstruktion vorgenommen, die sich soweit als irgend möglich an die alte aus dem Jahre 1901 hält, damit das alte Bild der Wagen erhalten bleibt.

Viele Schäden konnten in ihrem vollen Umfang erst nach der Demontage erkannt werden, so daß sich die Instandsetzungsarbeiten voraussichtlich noch bis zum Jahre 1988 hinziehen werden. Danach kann aber der Bestand dieses wertvollen Technischen Denkmals für die nächsten Jahrzehnte als gesichert angesehen werden.

135 Eine der letzten Aufnahmen der Schwebeseilbahn vor ihrer Rekonstruktion 1984: Blick in Richtung Bergstation.

136 Die Rekonstruktion der Schwebeseilbahn begann im März 1984 mit dem Abnehmen der alten Seilbahnwagen aus dem Jahr 1901 – bei den beengten Raumverhältnissen ein kompliziertes Unternehmen.

137 Auch der Abtransport der Seilbahnwagen war nicht ohne Schwierigkeiten, so wie hier beim Einbiegen vom 1. Steinweg in die Sierksstraße unterhalb der Bergstation.

138 Der Transport der Hauptwelle mit dem Antriebsritzel – im alten Maschinenhaus war kein Kran möglich – deutet an, welche Schwierigkeiten bei der Reparatur und Erhaltung solcher alter Anlagen, wie der Schwebeseilbahn, als Technisches Denkmal bestehen. Die Aufnahme stammt von Reparaturarbeiten aus dem Jahre 1957.

Die
Standseilbahn
am Lingnerschloß

Nur eine ganz kurze Vorgeschichte

Nur wenige alte Loschwitzer entsinnen sich an die dritte größere Seilbahnanlage, zumal sie nur wenige Jahre bestand und niemals dem öffentlichen Verkehr diente.

Prinz ALBRECHT von Preußen hatte den Lord FINDERLATERschen Weinberg gekauft und sich dort in den Jahren 1850 bis 1854 von dem Architekten LOHSE die repräsentative spätklassizistische Anlage „Albrechtsberg" errichten lassen. Von der Elbe steigen die in Gärten umgewandelten Terrassen steil hinauf zum Schloß des Prinzen und zur Villa seines Kammerherrn STOCKHAUSEN. Später erwarb der Industrielle August LINGNER diese Villa als Wohnsitz. Der ewigen Verwechslungen zwischen „Albrechtsberg I" und „Albrechtsberg II" müde taufte der Volksmund dieses Gebäude bald „Lingnerschloß".

LINGNER hatte mit der Fabrikation des Mundwassers „Odol" und von Zahncreme ein großes Vermögen erworben. Seine besonderen Verdienste lagen in der Propagierung einer gesunden Lebensweise. In diesem Anliegen veranstaltete er unter anderem im Jahre 1910 die Internationale Hygiene-Ausstellung in Dresden und stiftete das Deutsche Hygiene-Museum. Vielleicht tat er das gerade deshalb,

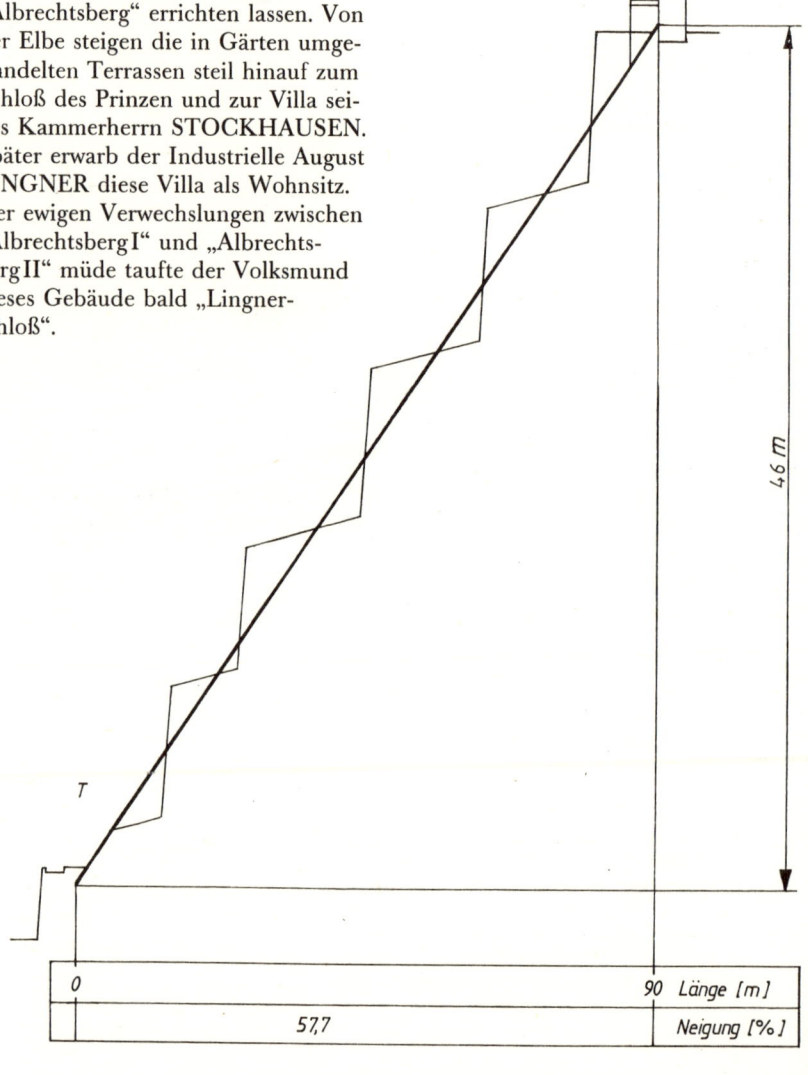

139   Streckenprofil im Lingnerschloß.

weil er selbst schwer krank war. Zunehmend hatte er Schwierigkeiten, die
vielen Stufen durch seinen Terras-
sengarten zu steigen, und schließlich
mußte er sich zuweilen sogar tragen
lassen. Die nahe Standseilbahn zum
Weißen Hirsch inspirierte ihn zu einer
ähnlichen kleinen Anlage in seinem
Park, mit deren Hilfe er wieder mühelos auf alle Terrassen und an die Elbe
gelangen konnte.

Eine kleine,
aber hochinteressante Seilbahn

Im Auftrage LINGNERS erbaute die
Dresdner Firma August Kühnscherf & Söhne im Jahre 1908 eine
Standseilbahn, die wegen ihrer recht
eigenwilligen Konstruktion noch heute
das Interesse der Fachwelt weckt.
KÜHNSCHERF war durch seine
Kunstschlosser- und Schmiedearbeiten
bekannt geworden, die er für das
Dresdner Schloß und zahlreiche andere Gebäude angefertigt hatte und
die ihm den Beinamen „Schlosserkö-
nig" eingebracht hatten. Darüber hinaus hatte er große Erfahrungen in der
Herstellung von Aufzügen, hatte sich
aber noch nie mit Seilbahnen beschäftigt. Er wandte daher viele Elemente
an, die an sich nur für den Aufzugsbau typisch sind. Begünstigt wurde

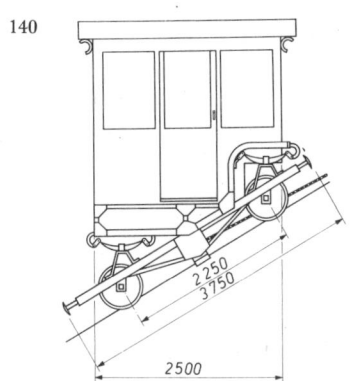

140

140   Personenwagen der Standseilbahn.

141   Der kleine Personenwagen der Standseilbahn am Dresdner Lingnerschloß auf einem auf
Stützen hochgelegten Streckenteil. Das Gleis für
den Gegengewichtswagen liegt hier zu ebener Erde
zwischen den Stützen.

das durch die kurze Strecke ohne Neigungswechsel und Gleisbögen sowie
durch die besonderen Betriebsbedin-
gungen.
Die Bahn sollte im Park keinesfalls
störend auffallen. Da aber die Gleise

oberhalb jeder Terrassenmauer in
einem Einschnitt, unterhalb dagegen
erhöht auf Stahlträgern geführt werden mußten, war es gar nicht so einfach, eine günstige Lösung zu finden.
Schließlich legte man die Trasse wenige Meter entfernt parallel zur
Grundstücksgrenze zum Schloß Eck-
berg, wo sie durch Bäume der Sicht
weitgehend entzogen war.
Auf der obersten Terrasse erbaute
man unweit des Schlosses das kleine,
runde Maschinenhaus, an das sich

eine pergolaartig geöffnete Wagenhalle anschloß. Weitere zur Bahn gehörende Gebäude gab es nicht. Durch eine geschickte Konstruktion erreichte der Hersteller außerdem einen besonders schmalen Bahnkörper: Er verlegte ein Doppelspurgleis, so daß die beiden Wagen beim Begegnen nicht wie allgemein üblich aneinander vorbeifuhren, sondern übereinander hinweg! Ermöglicht wurde diese Besonderheit durch die Aufgabe, die die Bahn erfüllen sollte und für die ein kleiner Personenwagen vollauf genügte. Sein Äußeres ähnelte der Kabine eines Aufzugs. Über seiner bergwärtigen Achse war eine Sitzbank für 2 Personen angeordnet, weitere 6 durften stehen. Die einzige Tür führte zur Parkseite.

Der zweite Wagen hatte nur die Funktion einer Gegenmasse zu übernehmen und konnte daher sehr flach ausgeführt werden. Sein Gleis war zwischen den Fahrschienen des Personenwagens verlegt und gegenüber diesen um 550 mm abgesenkt. Der „Gegengewichtswagen" – so die damalige Bezeichnung – konnte dadurch unter dem Personenwagen hinwegfahren. Auch die Seilführung war dieser Besonderheit angepaßt. Der Gegengewichtswagen fuhr unter den Zugseilen des Personenwagens entlang. Deshalb liefen die Seile auch nur über ganz dünne Walzen statt über die sonst üblichen Führungsrollen.

Auch die Sicherheitsvorrichtungen konnten einfach gestaltet werden. Nur der Personenwagen besaß eine Bremse in Form der bei Aufzügen üblichen Keilfangvorrichtung. Sie wurde durch Reißen eines Seils oder bei überhöhter Geschwindigkeit durch einen Fliehkraftschalter ausgelöst. Dagegen besaß der Gegengewichtswagen keinerlei Bremsen.

Bemerkenswert ist die ebenfalls dem Aufzugsbau entlehnte Verwendung von 2 Zugseilen für jedes Fahrzeug.

Technische Daten der Standseilbahn im Lingnerschloß

Eröffnung		1908
Stillegung		1916
Hersteller		August Kühnscherf & Söhne, Dresden
Bauart		Standseilbahn, 2gleisig
Betriebsart		Pendelbetrieb
Talstation		Lingnerpark
Höhe über NN	m	110
Bergstation		Lingnerschloß
Höhe über NN	m	165
Strecke		
Länge	m	90
Höhenunterschied	m	40
Neigung im Durchschnitt	%	} 57,7
Neigung maximal	%	
Spurweite		
für Personenwagen	mm	1 000
für Gegengewichtswagen	mm	825
Seile		
Zugseile für Personenwagen	mm ⌀	2×16
Zugseile für Gegengewichtswagen	mm ⌀	2×13
Fördermaschine		
Bauart		2 Seiltrommeln
Hersteller		August Kühnscherf & Söhne, Dresden
Trommeldurchmesser	mm	2 100
Antrieb		
Bauart		elektrisch, 200 V (Gleichstrom)
Hersteller		
Leistung	kW	11,8
Steuerung		vom Wagen aus
Notantrieb		–
Fahrzeuge		
Personenwagen	Anzahl	1
Hersteller		August Kühnscherf & Söhne, Dresden
Sitzplätze		2
Stehplätze		6
Eigenmasse	t	2,5
Gegengewichtswagen	Anzahl	1
Eigenmasse	t	2,275
Betriebsdaten		
Fahrgeschwindigkeit	m / s	0,9
Fahrzeit	min	1,5
Leistung	Personen / h und Richtung	120

Dazu wurden für das Gegengewicht dünnere Seile verwendet als für den Personenwagen, was wiederum eine Fördermaschine mit 2 Seiltrommeln bedingte. Der einfacheren Kraftübertragung wegen erhielten beide Trommeln den gleichen Durchmesser. Der Elektromotor war nur über einen Anlaßwiderstand an die Freileitung angeschlossen, die vom Kraftwerk der Elektrizitätswerk und Drahtseilbahn Loschwitz – Weißer Hirsch, Aktiengesellschaft kam und der Energieversorgung der Grundstücke an der Bautzner Straße diente. Ein Notantrieb für den Fall des Stromausfalls war nicht vorhanden.

Zum ersten Mal in Deutschland erfolgte bei dieser Seilbahn die Steuerung vom Wagen aus, so daß ein besonderer Maschinist nicht benötigt wurde. Dabei war das Anhalten an jeder Terrasse möglich. Leider ist über die technisch sicher interessante Lösung nur der Hinweis aus der Literatur bekannt: „... erfolgt durch die bei Aufzügen bekannte Druckknopfsteuerung".

Das frühe Ende

Nur kurze Zeit konnte sich LINGNER seiner Seilbahn erfreuen, denn schon am 15. Juni 1916 verstarb er. Sein Mausoleum steht unmittelbar neben der Talstation – ein Rundbau, der die 13 trauernden Geliebten des Unverheirateten in einem Relief abbildet. Vermutlich war die Seilbahn während der Beisetzungsfeierlichkeiten noch einmal in Betrieb, LINGNERs Sarg wurde jedoch vom Körnerweg aus mit einem Kran in das Mausoleum gebracht.

Der Verstorbene hatte sein ganzes Vermögen der Stadt Dresden vermacht, die aber lange Zeit keinen rechten Verwendungszweck für das Schloß hatte. Sie legte daher die Seilbahn still, brach sie aber nicht ab. Als im Jahre 1925 die Energieversorgung im Bereich der Bautzner Straße von Gleich- auf Wechselstrom umgestellt wurde, mußte der Antrieb umgebaut werden. Es unterblieb – wem hätte es genutzt? Allmählich überwuchsen die Gleise mit Buschwerk.

Erst bei der erneuten Umstellung der Energieversorgung auf Drehstrom entsann man sich der alten Seilbahn, als ein geeignetes Gebäude für eine Trafostation gesucht wurde. Alte Unterlagen vermelden ab 16. August 1933 Baufreiheit für deren Einrichtung im alten Maschinenhaus. Gleisanlage und Wagen wurden noch im gleichen Jahr abgebrochen, die Wagenhalle später in einen Schuppen verwandelt.

Viel Zeit mußte noch vergehen, bis endlich das völlig erneuerte Lingnerschloß im Jahre 1957 einer passenden Verwendung zugeführt wurde. Mit dem „Dresdner Club der Intelligenz" zogen Menschen ein, die an der Erhaltung der gesamten Schloß- und Parkanlage und ihrer Besonderheiten interessiert sind. Daher sollen bei der bevorstehenden Wiederherstellung der Terrassen auch die Reste der alten Standseilbahn erhalten bleiben.

Das Betreten des Grundstückes ist den Clubmitgliedern vorbehalten, aber den besten Überblick über die Terrassen mit dem Schloß und den Resten der Seilbahnanlage hat man ohnehin vom anderen Elbufer aus. Wer mit dem Auto zu einer Besichtigung der Loschwitzer Seilbahnen fährt, sollte daher den Weg über das Käthe-Kollwitz-Ufer wählen und dort einmal anhalten. Noch näher kommt man heran, wenn man bis Blasewitz die geruhsame Fahrt mit einem der alten Raddampfer auf der Elbe unternimmt.

Hohenwarte

Das Talsperrensystem der oberen Saale

Das vielverschlungene, tief in das Thüringer Schiefergebirge eingeschnittene Tal der oberen Saale war einst eine wildromantische Gegend. Wegen der berüchtigten Hochwasser des an sich kleinen Flusses lagen an ihm nur Hammerwerke, Mahl-, Säge- und Papiermühlen; größere Ansiedlungen gab es nur auf den Hochflächen. Aber in den weiter stromab gelegenen Städten Saalfeld und Rudolstadt wirkten sich Hochwasser und Eisgang oft verheerend aus und weckten den Wunsch zur Zähmung des Flusses. Bereits 1904 wurden erste Planungen für den Bau einer Talsperre vorgenommen, ihre Verwirklichung scheiterte jedoch an der thüringer Kleinstaaterei. Erst 1926 bis 1932 baute die Aktiengesellschaft Obere Saale eine Talsperre an den Bleilöchern, und 1936 bis 1942 folgte eine weitere bei Hohenwarte. Beide Anlagen wurden so errichtet, daß jeweils eine kleinere Sperre in Burgkammer und Eichicht als Ausgleichbecken folgt. Damit konnten die Kraftwerke Bleiloch und Hohenwarte von Anfang an als Pumpspeicherwerke betrieben werden. In den Nachtstunden wurde mit der überschüssigen Energie anderer Kraftwerke Wasser aus den Ausgleichbecken in die Hauptsperren zurückgepumpt und stand dann während der Spitzenbelastungszeiten in den Früh- und Abendstunden zur Erzeugung zusätzlicher Energie wieder zur Verfügung. Bezogen auf das gesamte Energienetz waren die im Pumpspeicherbetrieb gewonnenen Energiemengen gering, so daß das damalige Talsperrenbauamt bereits im Jahre 1928 einen Entwurf für eine große „Hochspeicheranlage an der Amalienhöhe" vorlegte. Für eine Verwirklichung fehlten jedoch da-

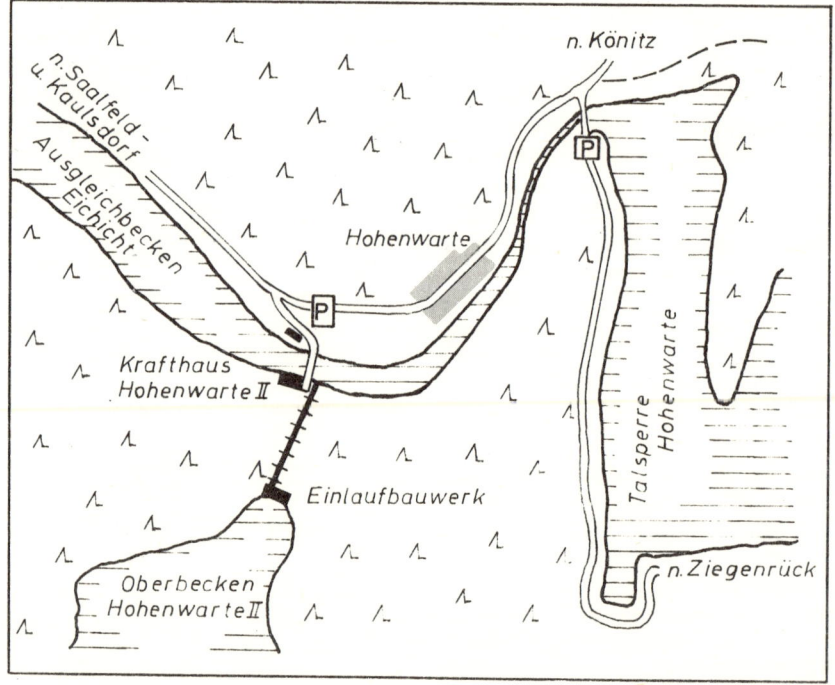

142 Lageplan der Standseilbahn im Pumpspeicherwerk Hohenwarte (M 1:25 000).

mals die Mittel. Nach dem zweiten Weltkrieg war es für die junge DDR eine der wichtigsten Aufgaben, die Energieversorgung zu stabilisieren und planmäßig auszubauen. Damit Energiespitzen besser abgefangen werden konnten, sollte die Pumpspeicherleistung entsprechend der internationalen Erfahrungen auf knapp 10% der gesamten Kraftwerksleistung erhöht werden. Daher griff man den alten Gedanken wieder auf, und so entstand in den Jahren 1956 bis 1963 das Pumpspeicherwerk Hohenwarte II. Der Ort Hohenwarte war ursprünglich nur eine kleine Arbeitersiedlung der gleichnamigen Papiermühle, die 1936 dem Talsperrenbau weichen mußte. Aus ihm entwickelte sich eine moderne Gemeinde der Energiewerker mit etwa 300 Einwohnern.

Vorgeschichte und Bau der Standseilbahn

Das Oberbecken für das neue Pumpspeicherwerk entstand mit einem Wasserinhalt von 3,3 Millionen m³ auf der Amalienhöhe, während das vorhandene Ausgleichbecken Eichicht der alten Talsperre Hohenwarte schon so

angelegt worden war, daß es gleichzeitig als Unterbecken für das neue Werk dienen konnte. Beide Becken wurden durch 8 Rohrleitungen von 672 m Länge bei 293 m Höhenunterschied verbunden. Die im Krafthaus installierte elektrische Leistung betrug 320 MW. Damit war das Pumpspeicherwerk Hohenwarte II zur Zeit sei-

143 Streckenprofil.

	0	7,3		157,9		296,9		401,8		503			684	693	Länge [m]
	36,4		70		55,4		71,3		52		20,35			51,8	Neigung [%]

299,2 m

ner Inbetriebnahme die mit Abstand größte Wasserkraftanlage in der DDR. Nicht nur die Länge der Rohrleitungen, sondern auch ihre starke Neigung von bis zu 37° machten von vornherein besondere Maßnahmen für ihre spätere Wartung und Instandhaltung erforderlich. Deshalb wurde am Rande der Rohrbahn eine Standseilbahn vorgesehen, mit deren Hilfe es jederzeit möglich wurde, Arbeitskräfte, Werkzeuge und Material mühelos an jede beliebige Stelle der Rohrleitungen zu befördern. Damit bildeten Seilbahn und Kraftwerksanlagen von Anfang an eine untrennbare Einheit. Die Projektierung und der Bau der gesamten Seilbahnanlage erfolgte gemeinsam mit anderen Anlagenteilen des Pumpspeicherwerkes durch die Škodawerke in Plzeň (ČSSR). Als erstes wurde die Gleisanlage hergestellt und während des Baus der Rohrbahn als Transportweg genutzt. 1963 wurde der Rest der Seilbahn montiert.

Eine erste Abnahme fand am 15. November 1963 statt. Aus ihr wie aus dem vom 2. bis 15. Dezember durchgeführten Probebetrieb ergaben sich noch einige kleine Änderungen. Nach der Übergabe an den VEB Pumpspeicherwerke Hohenwarte wurde die Standseilbahn am 10. Februar 1964 offiziell in Betrieb genommen. Škoda hatte die Bahn in allen Unterlagen als „Schrägaufzug" bezeichnet, so daß sich dieser Name auch bei den Kraftwerken einbürgerte. Erst nach dem Erscheinen der „ASAO 917 – Seilbahnen" mit ihren eindeutig formulierten Begriffen begann sich allmählich die richtige Bezeichnung „Standseilbahn" durchzusetzen.

Beschreibung der Standseilbahn

Gegenüber anderen Standseilbahnen weist die Anlage in Hohenwarte eine Anzahl Besonderheiten auf, die sich aus ihrer Aufgabenstellung ergeben. Auch sind einige Vereinfachungen möglich, da nur Werksangehörige befördert werden. Ein öffentlicher Personenverkehr ist weder möglich, weil sich die gesamte Bahnanlage im Kraftwerksgelände befindet, noch wäre sie sinnvoll, denn das Gebiet um die Bergstation ist weder verkehrsmäßig, oder touristisch noch gastronomisch erschlossen, und das schöne Panorama während der Fahrt rechtfertigt den großen Aufwand eines Umbaus nicht. Dazu kommt, daß sich die Aufgaben im Kraftwerksbetrieb und im öffentlichen Personenverkehr gegenseitig ausschließen.

Das Gleis der Standseilbahn liegt auf der westlichen Seite der Rohrbahn und folgt dieser mit Ausnahme der Bereiche um die Berg- und Talstation vollkommen. Deshalb sind auch die Übergänge zwischen den unterschiedlichen Neigungen kaum ausgerundet und für die Fahrgäste stark bemerkbar. Als Folge schwebt auch das Zugseil mehrere Meter hoch in der Luft, wenn der Wagen die flacheren Streckenteile befährt. Da das Gleis jedoch keine Ausweiche besitzt und nur im oberen Streckenteil 2 geringfügige Bögen aufweist, legt sich das Seil immer wieder in die Führungsrollen ein. Der einzige Wagen fährt abwechselnd zu Berg und zu Tal, weshalb die Fördermaschine in der Bergstation das Seil auf- und abtrommeln muß. Die gesamte Bergstation mit Antrieb und Bahnsteig ist im Drosselklappenhaus untergebracht. Bei der Annäherung des Wagens öffnet sich selbsttätig ein Rolltor und schließt sich wieder nach der Durchfahrt. Dagegen liegt die Talstation neben dem Krafthaus vollkommen im Freien.

Entlang der gesamten Strecke führt auf der den Rohrleitungen abgewandten Seite ein erhöhter Leitungskanal und bildet gleichzeitig einen durchgehenden Bahnsteig. Bei Wartungs- und Instandhaltungsarbeiten muß aber meistens nur an den Festpunkten der Rohrleitungen ein- und ausgestiegen werden, weil sich dort die Einstiegsöffnungen der Rohre befinden. Deshalb befinden sich an diesen Stellen zusätzliche kleine Podeste, die bei den starken Neigungen das Besteigen oder Verlassen des Wagens wesentlich erleichtern.

Besonders interessant ist die Steuerung der Standseilbahn. Unabhängig von Belastung und Fahrtrichtung wird die Drehzahl des Antriebsmotors durch einen Ward-Leonard-Umformer

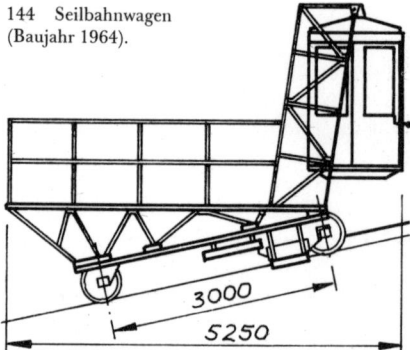

144 Seilbahnwagen (Baujahr 1964).

3000
5250

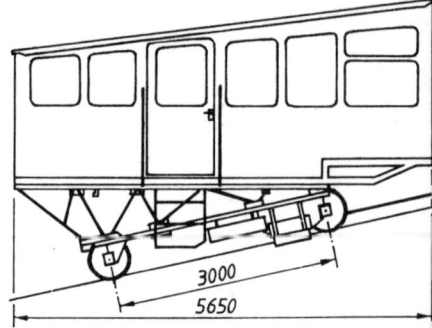

145 Neuer Seilbahnwagen (Baujahr 1971).

3000
5650

konstant gehalten. Dabei können vom Wagen aus die Fahrtrichtung und 3 verschiedene Fahrgeschwindigkeiten angesteuert werden, und auch das Anhalten ist an jeder beliebigen Stelle

146

147

148

146 Der erste, primitive Wagen der Standseilbahn im Pumpspeicherwerk Hohenwarte II. Vorn die pendelnd aufgehängte Kabine, dahinter die mit Segeltuch verkleidete Ladefläche.

147 1971 erhielt der Seilbahnwagen durch das Aufsetzen einer neuen Kabine eine zweckmäßigere Gestalt und ein bedeutend besseres Aussehen. Während der Fahrt wird das Zugseil als Folge der scharfen Neigungswechsel mehrmals in die Höhe gehoben.

148 Die Standseilbahn des Pumpspeicherwerks Hohenwarte II folgt dessen Rohrbahn bis zum Krafthaus am Unterbecken, der Talsperre Eichicht.

Bergseite ein Galgen anschloß. In diesem war eine Kabine für 3 Personen pendelnd aufgehängt, die sich unabhängig von der durchfahrenen Neigung stets senkrecht einstellte. Bei der Wahl dieser Konstruktion hatte der Projektant jedoch nicht beachtet, daß das Gebiet um das Drosselklappenhaus völlig unerschlossen ist und somit die Standseilbahn für die dort tätigen Arbeiter die einzige Verbindung zum Kraftwerk mit seinen Werkstätten, Sozialräumen und der Bushaltestelle darstellt. Für deren Beförderung war die Kabine viel zu klein bemessen, während die Ladefläche überdimensioniert war. Noch vor Inbetriebnahme der Bahn wurden deshalb auf der Ladefläche 12 Sitzplätze ange-

möglich. Die Steuerimpulse vom Wagen zur Antriebsanlage werden über Funk übertragen. Darüber hinaus ist es in beiden Stationen möglich, durch einen Tasterdruck den an anderer Stelle unbesetzt abgestellten Wagen herbeizurufen.

Der erste Seilbahnwagen besaß ein keilförmiges Fahrgestell mit einer offenen Ladefläche, an die sich auf der bracht und diese durch eine Segeltuchverkleidung notdürftig geschützt.

Die weitere Entwicklung der Bahn und ihre Perspektive

Wie bei allen neuen Anlagen mußten auch bei der Standseilbahn in Hohenwarte einige Anfangsschwierigkeiten überwunden werden. So versagte zuweilen die selbsttätige Öffnung des Rolltors in der Bergstation, und der Wagen fuhr mehrmals gegen das geschlossene Tor. Durch einen Umbau der Betätigungsschalter wurde dieser Mangel bereits im Juni 1964 beseitigt. In der Folgezeit wurden dann noch mehrere Verbesserungen an der Steuerung vorgenommen.

Weit mehr Kummer bereitete der primitive Seilbahnwagen. Die Pendelaufhängung der Kabine erwies sich als störanfällig, so daß diese festgelegt wurde. Schließlich entschloß man sich zu einem Neubau.

Die konstruktive Vorbereitung erfolgte im Rahmen einer Neuerervereinbarung durch ein Ingenieurkollektiv des Pumpspeicherwerks. Karosseriebaumeister BOYTE in Eichicht fertigte eine geschlossene Kabine mit 15 Sitzplätzen an. In der Zeit vom 7. Dezember 1970 bis 13. Januar 1971 fand eine Gesamtüberholung der Standseilbahn statt. In diesem kurzen Zeitraum wurde in den eigenen Werkstätten das Fahrgestell des alten Wagens aufgearbeitet und gleichzeitig so umgebaut, daß der neue Wagenkasten aufgesetzt werden konnte. Damit hatte man die Bahn in einen solchen Zustand versetzt, daß sie bis heute allen Anforderungen gerecht werden konnte.

Obwohl die Standseilbahn nur innerbetrieblichen Zwecken dient, verkehrt sie nach einem festen Fahrplan mit 5–7 Fahrten täglich, die dem Beginn und Ende der Arbeitsschichten sowie den Pausenzeiten angepaßt sind. Bei Bedarf werden zusätzliche Fahrten eingeschoben. Das ist besonders im Sommerhalbjahr notwendig, wenn die Revisionsarbeiten an den Rohrleitungen stattfinden.

Wasserkraftanlagen besitzen eine sehr hohe Lebensdauer, und so wird auch die Standseilbahn des Pumpspeicherwerkes Hohenwarte noch viele Jahrzehnte bestehen. Die geringe Anzahl der Fahrten läßt dabei eine hohe Lebensdauer der Anlage erwarten. Eine Ausnahme davon bildet allerdings die Kabine des Seilbahnwagens, die wegen der Materialtransporte einem überdurchschnittlichen Verschleiß unterworfen ist, so daß Gedanken bestehen, diese in den nächsten Jahren nochmals zu erneuern.

Zum Abschluß noch ein Hinweis: Das Betreten des gesamten Kraftwerksgeländes einschließlich der Rohrbahnen und ihrer Umgebung ist nur mit Genehmigung der Betriebsleitung gestattet. Daher ist es unmöglich, sich der Standseilbahn vom Oberbecken oder dem Hang aus zu nähern. Der Interessent sollte daher den Parkplatz gegenüber dem Krafthaus an der Straße Saalfeld–Kaulsdorf–Hohenwarte–Ziegenrück aufsuchen, wo er das Pumpspeicherwerk mit seiner Seilbahn ausgezeichnet überblicken kann.

Technische Daten der Standseilbahn Pumpspeicherwerk Hohenwarte II

		1964	1971
Inbetriebnahme		10. 2. 1964	
Hersteller		Škodawerke Plžen (ČSSR)	
Bauart		Standseilbahn, 1gleisig	
Betriebsart		Pendelverkehr	
Talstation		Krafthaus (Unterbecken)	
Höhe über NN	m	232,9	
Bergstation		Drosselklappenhaus (Oberbecken)	
Höhe über NN	m	532,1	
Strecke			
Länge	m	693	
Höhenunterschied	m	299,2	
Neigung im Durchschnitt	%	49,0	
Neigung maximal	%	72,5	
Spurweite	mm	1 250	
Seile			
Zugseil	mm Ø	35,5	
Fördermaschine			
Bauart		Trommel	
Hersteller		Škodawerke Plžen (ČSSR)	
Trommeldurchmesser	mm	3 500	
Antrieb			
Bauart		elektrisch, 500 V (Gleichstrom)	
Hersteller		Škodawerke Plžen (ČSSR)	
Leistung	kW	100	
Steuerung		Ward-Leonard-Umformer	
		Funkfernsteuerung vom Wagen aus	
Notantrieb			
Fahrzeuge		*1964*	*1971*
Anzahl		1	1
Hersteller		Škodawerke Plžen	Boyte, Eichicht
Sitzplätze		15	15
Stehplätze		–	–
Zuladung	t	3,0	3,0
Eigenmasse	t		3,3
Betriebsdaten			
Fahrgeschwindigkeit	m / s	0,3 / 0,5 / 0,8 (wahlweise)	
Fahrzeit bei 0,8 m / s	min	14	
Leistung bei 0,8 m / s	Personen / h und Richtung	30	

Klingenthal

Klingenthal und der Aschberg

Im oberen Vogtland wurde 1591 im engen Tal der Zwota der „Hellhammer" erbaut. Damals bezeichneten „Helle" oder „Klinge" einen tiefen Talgrund, und so erhielt die Siedlung der Hammerschmiede bald den Namen „Klingenthal".

1859 führten böhmische Emigranten den Musikinstrumentenbau ein. Zunächst wurden vorwiegend Geigen hergestellt, ab 1829 auch Mund- und Ziehharmonikas. Bald versorgte Klingenthal zusammen mit den 1951 eingemeindeten Vororten Brunndöbra und Sachsenberg-Georgenthal fast ganz Europa mit diesen Zungeninstru-

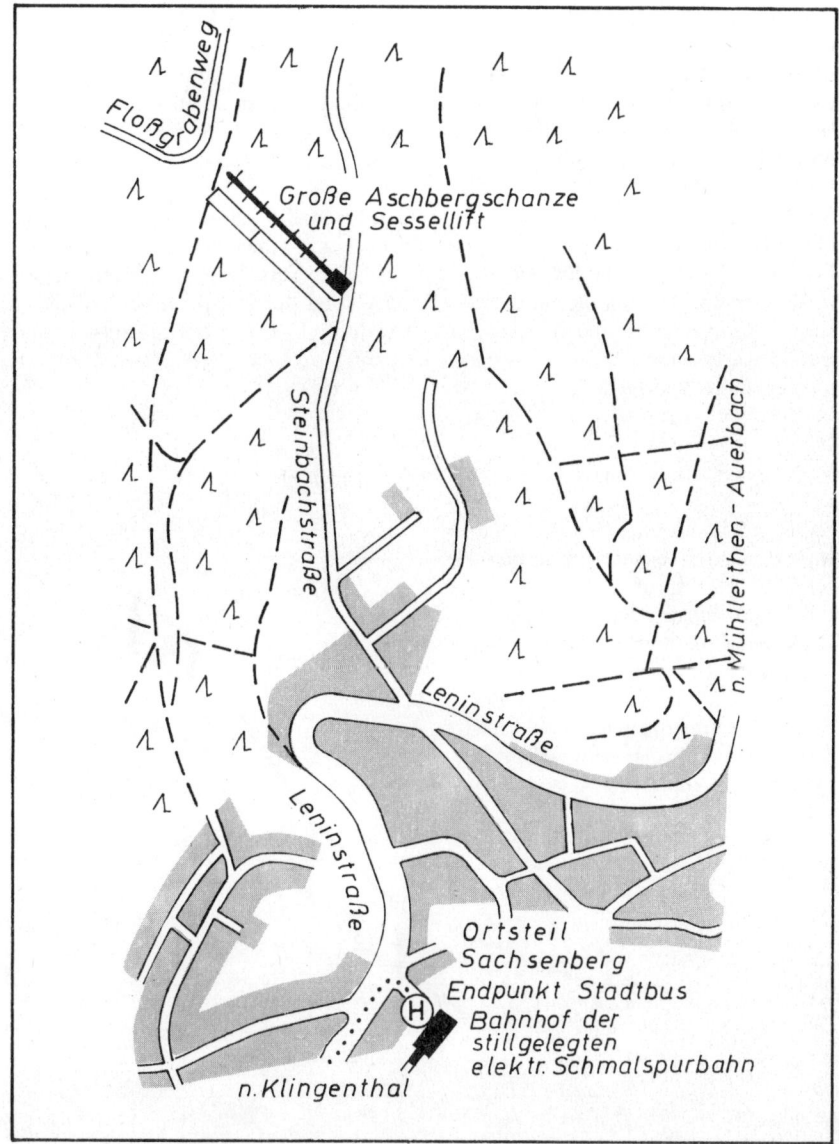

149   Lageplan des Sessellifts in Klingenthal / Große Aschbergschanze (M 1:10 000).

menten. Diese 3 Orte, die in dem engen Tal eine 5 km lange geschlossene Bebauung bilden, wurden 1916 durch eine straßenbahnartige elektrische Schmalspurbahn verbunden, die allerdings 1964 dem Kraftverkehr weichen mußte.

Klingenthal, seit 1919 Stadt und seit 1952 Kreisstadt im Bezirk Karl-Marx-Stadt, hat heute 14 000 Einwohner, die größtenteils in der Musikinstrumentenindustrie arbeiten. Größter Betrieb ist der VEB Klingenthaler Harmonikawerke, der nicht nur die traditionellen Akkordeons und Mundharmonikas herstellt, sondern dem Trend folgend vor allem auch elektronische Musikinstrumente baut. Gleichzeitig bietet Klingenthal mit seiner Höhenlage von 554 m günstige Erholungsmöglichkeiten. Die umliegenden Berge, deren höchster der Aschberg mit 935 m ist, sind darüber hinaus ein ideales Wintersportgebiet.

Vorgeschichte und Bau des Sessellifts

Klingenthal war im Jahre 1929 Austragungsort der Deutschen Skimeisterschaften. Der Sprunglauf fand auf der Großen Aschbergschanze statt. Sie stand auf dem Nordosthang des Berges unweit der Grenze zur ČSR. Die fehlende Unterhaltung während des zweiten Weltkriegs machte bald nach 1945 ihren Abbruch erforderlich. Für Wettkämpfe stand nun nur noch die

1933 erbaute Vogtlandschanze im Nachbarort Mühlleithen zur Verfügung, die aber nur Sprünge mit Weiten um 60 m zuließ.

Im Frühjahr 1958 begann man mit dem Bau einer neuen Großschanze. Zuvor hatte man sich über ihren Standort eingehende Gedanken gemacht und war zu der Überzeugung gekommen, daß dieser im windgeschützten Steinbachtal günstiger sei. Aus alter Tradition erhielt diese neue Anlage wiederum den Namen „Große Aschbergschanze". Tatsächlich liegt aber der 23,5 m hohe Sprungturm am Südosthang des Kielbergs, gestattet jedoch einen wunderbaren Blick auf den Ortsteil Sachsenberg-Georgenthal mit dem Aschberg auf der gegenüberliegenden Talseite sowie auf die Berge im Gebiet der ČSSR und auf Klingenthal selbst. Auf der Schanze sind Sprünge mit einer Weite von über 100 m möglich.

Am 1. Februar 1959 fand die Schanzenweihe statt, besucht von 70 000 Zuschauern. Reporter, die in der illustrierten Zeitschrift „Zeit im Bild" darüber berichteten, bauten in ihrer Fantasie diese neue Anlage zu einem Sportzentrum aus. Eine Zeichnung zeigte die Schanze ergänzt durch ein Hotel, Zuschauertribünen und einen Sessellift.

Bei den Lesern erregte dieser Sessellift ganz besonderes Interesse. Den meisten war seine Funktion völlig unbe-

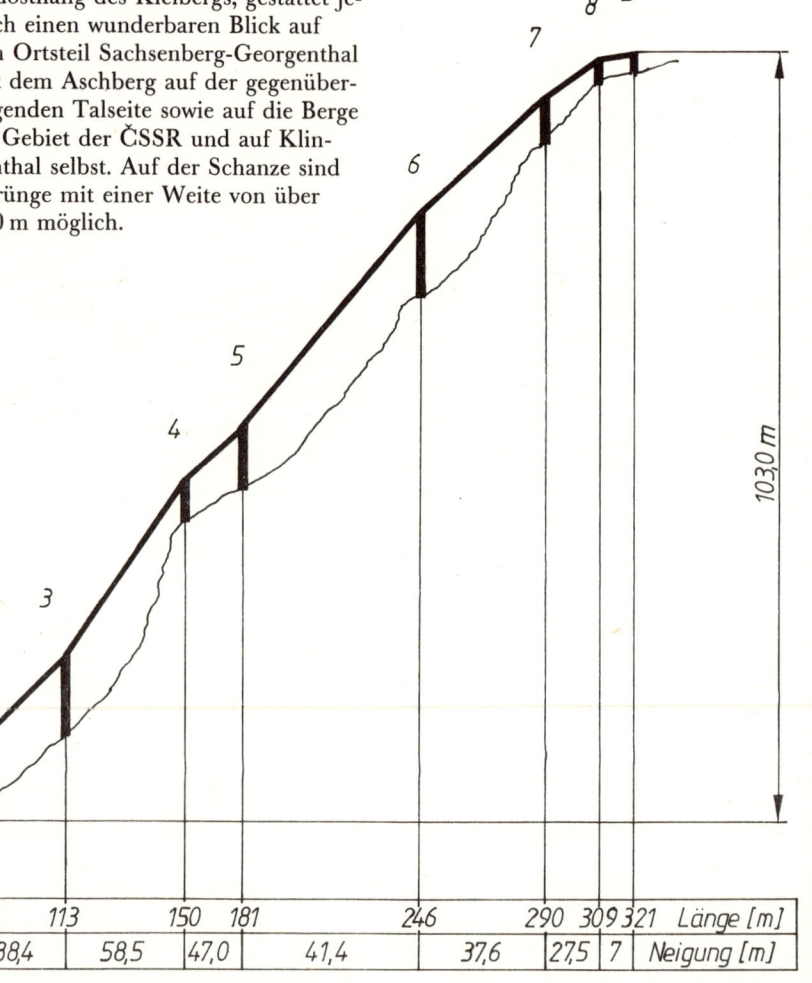

150 Streckenprofil.

	-12	0	12		80	113	150	181		246		290	309	321	Länge [m]
	0	3,5		14,3		38,4	58,5	47,0	41,4		37,6			27,5	7	Neigung [m]

116

151 Der Sessellift in Klingenthal befindet sich unmittelbar neben der Großen Aschbergschanze. Die aus Beton gefertigten Stützen weisen zwar relativ starke Querschnitte auf, wirken durch die unmittelbare Nachbarschaft der großen Bauten der Schanze trotzdem zierlich.

kannt, denn in der DDR gab es zu diesem Zeitpunkt noch keine derartige Anlage. So ahnte auch niemand, daß das Referat für Körperkultur und Sport des Bezirks Karl-Marx-Stadt und der Sportclub Dynamo Klingenthal als Verantwortlicher für die Schanze bereits mit dem VEB Ver-

lade- und Transportanlagen (VTA) Leipzig wegen des Baus eines Sessellifts verhandelten. Noch im gleichen Jahr wurde die Projektierung abgeschlossen, so daß der Bau im Frühjahr 1960 beginnen konnte.

Dieser Bau brachte eine Neuerung mit sich: Die Stützen wurden erstmalig bei einer Seilschwebebahn auf dem Territorium der DDR aus Stahlbeton hergestellt. Auch im Bauablauf wollte VTA rationell arbeiten und sah daher vor, die Stützen mit einem Hubschrauber in die vorbereiteten Fundamente einzufliegen. Aber das junge

Luftfahrtunternehmen der DDR war auf einen Kranflug noch nicht eingerichtet, auch Verhandlungen mit der Armee zur Übernahme dieser Arbeit blieben erfolglos, so daß die Stützen schließlich doch in der bisher üblichen Weise aufgestellt werden mußten. Trotz dieser nicht vorhergesehenen Schwierigkeit ging der Bau zügig voran, so daß der Sessellift zu Beginn des Jahres 1961 dem Sportclub Dynamo Klingenthal übergeben werden konnte. Gleichzeitig hatte man auch die Zuschauertribünen mit fertiggestellt.

Anlage des Sessellifts

Die Talstation des Sessellifts befindet sich im Steinbachtal neben dem Auslauf der Schanze, gleich hinter den letzten Häusern des Klingenthaler Ortsteils Sachsenberg-Georgenthal. Ihr Gebäude nimmt die gesamte Antriebsanlage auf.
Die Trasse überschreitet nach etwa 50 m auf einem Damm mit Durchlaß den Steinbach und führt dann weiter auf der nordöstlichen Seite der Schanzenanlage hinauf zur Bergstation neben dem Sprungturm. Dort steht die Umlenkscheibe im Freien.
Der Sessellift war ursprünglich nur für die am Trainings- und Wettkampfbetrieb beteiligten Sportler gedacht, wofür 14 Sessel als ausreichend betrachtet wurden. Das große Interesse an Schanze und Lift ließ jedoch schon nach kurzer Zeit einen öffentlichen Betrieb wünschenswert erscheinen, zumal der Lift im Sommerhalbjahr ohne diesen völlig ungenutzt blieb. Schon am 17. September 1961 wurde von der Aufsichtsbehörde die erforderliche Genehmigung erteilt. Nun zeigte sich, daß die Leistung des Lifts reichlich bemessen worden war und auch für den öffentlichen Verkehr ausreichte.

Technische Daten des Sessellifts Klingenthal / Große Aschbergschanze

Inbetriebnahme		Januar 1961
Zulassung für öffentlichen Verkehr		12.9.1961
Hersteller		VTA Leipzig
Bauart		Einseil-Schwebebahn mit fest ange-klemmten Sesseln
Betriebsart		Umlaufbetrieb
Talstation		Steinbachtal (Schanzenauslauf)
Höhe über NN	m	685
Bergstation		Aschbergschanze (Sprungturm)
Höhe über NN	m	788
Strecke		
Länge	m	319
Höhenunterschied	m	103
Neigung im Durchschnitt	%	32,3
Neigung maximal	%	63
Anzahl der Stützen		8
Höhe Stütze Nr. 6	m	10,2
Höhe Stütze Nr. 3	m	10,0
Seile		
Förderseil	mm Ø	18
Spannseil	mm Ø	16
Fördermaschine		
Bauart		Treibscheibe, liegend
Hersteller		VTA Leipzig
Treibscheibendurchmesser	mm	3 200
Antrieb		
Bauart		elektrisch, 380 V (Drehstrom)
Hersteller		
Leistung	kW	7,0
Notantrieb		Hand und Notstromaggregat
Sessel		
Anzahl		14
Hersteller		VTA Leipzig
Plätze		1
Eigenmasse	kg	37
Betriebsdaten		
Fahrgeschwindigkeit	m / s	1,6
Fahrzeit	min	3,3
Sesselfolge	s	30
Leistung	Personen / h und Richtung	120
Beförderte Personen (1983)		…

Weitere Entwicklung und Perspektive

Der Sessellift in Klingenthal war der erste in der DDR und diente für die in den Folgejahren vom gleichen Hersteller in Oberhof und Oberwiesenthal gebauten Lifte als Vorbild. Es besteht daher eine weitgehende Übereinstimmung dieser 4 Anlagen, nur statt der etwas plumpen Stahlbetonstützen erhielten die später gebauten solche aus verschweißten Stahlblechen. Bis heute wird der Sessellift in Klingenthal ohne nennenswerte Veränderungen vom Sportclub Dynamo Klingenthal betrieben. Die Große Aschbergschanze ist aus dem Wintersportbetrieb des Vogtlands nicht mehr wegzudenken und damit auch der Sessellift, der mit ihr eine untrennbare Einheit bildet.

Vom „Oberen Hof" zum Wintersportzentrum

Der Thüringer Wald mit seinen Steilhängen stellte lange Zeit ein großes Hindernis für die von Norden nach Süden verlaufenden Verkehrswege dar. Trotzdem führte schon im Jahre 1259 eine Paßstraße von Crawinkel nach Zella, in deren Verlauf allerdings zahlreiche Hohlwege und Schluchten des Begegnen von Fuhrwerken nicht zuließen. Deshalb erfolgte der Aufstieg nur vormittags, der Abstieg am Nachmittag. Auf dem Kamm, wo sich beide Wagenkolonnen begegneten, stand seit dem 15. Jh. der „Obere Hof" als Raststätte. Hundert Jahre später begann sich um ihn ein winziges Waldarbeiterdorf zu entwickeln. Wegen der Ruhe und der reinen Gebirgsluft kamen schon 1861 die ersten Kurgäste nach Oberhof. Am 1. August 1884 wurde die Eisenbahnlinie Erfurt–Oberhof–Suhl–Meiningen eröffnet, und nun entwickelte sich der Fremdenverkehr sehr stark. Ende 1904 trafen auch die ersten Wintergäste ein. Bald war das 810 m hoch gelegene Oberhof wegen seiner schneesi-

152 Lageplan des Sessellifts in Oberhof/Kanzlersgrund (M 1:10 000).

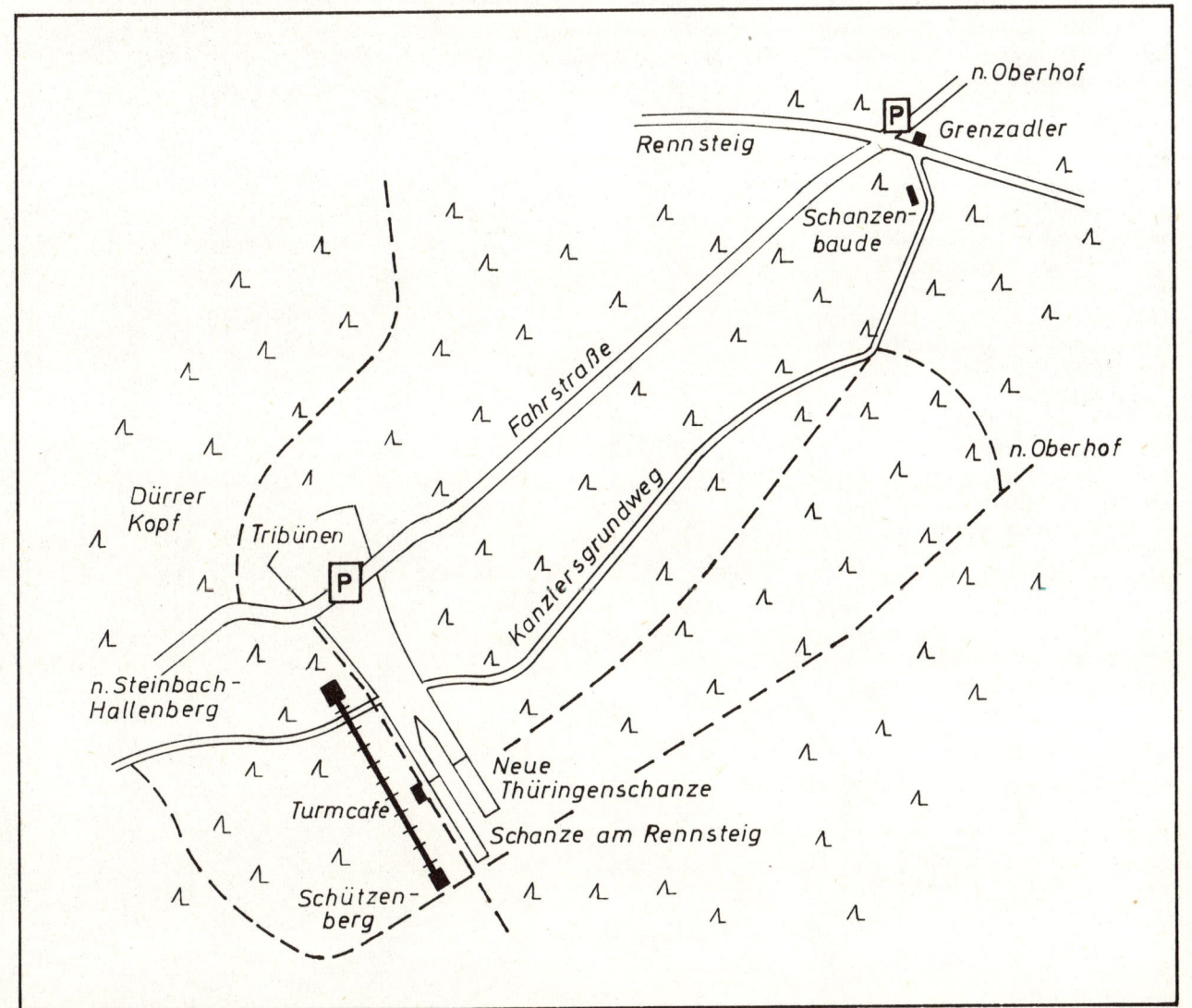

119

cheren Lage ein beliebter Wintersportplatz.

Der Bahnhof Oberhof liegt 170 m tiefer als der Ort am Südportal des Brandleitetunnels, der mit 3 039 m der längste Eisenbahntunnel der DDR ist. Seit 1908 gibt es zwischen Bahnhof und Ort eine Buslinie. Jahrzehntelange Bestrebungen, diese durch eine Seilbahn zu ersetzen, scheiterten zunächst im Jahre 1930. Auch erneute Verhandlungen der Gemeinde mit dem VEB Verlade- und Transportanlagen (VTA) Leipzig im Jahre 1958 erbrachten kein Ergebnis. Oberhof erhielt zwar kurze Zeit danach seine Seilbahn, aber an ganz anderer Stelle.

Die Förderung von Körperkultur und Sport in der DDR führte zum planmäßigen Ausbau Oberhofs als internationales Wintersportzentrum. Der Ort hat heute 3 000 Einwohner, aber 4 500 Betten in modernen Hotels und Ferienheimen und beherbergt jedes Jahr 120 000 Gäste. Die waldreiche Umgebung garantiert das ganze Jahr über Erholung und Entspannung, während mehrere Skisprungschanzen und die Kunsteisrodelbahn den Ruf Oberhofs als Wintersportzentrum in alle Welt getragen haben.

Die Vorgeschichte des Sessellifts

Dem internationalen Trend im Skispringen folgend plante man Ende der fünfziger Jahre auch im Thüringer Wald den Bau einer Großschanze. Den Standort wählte man etwa 3,5 km westlich von Oberhof am Nordhang des Kanzlersgrunds. Günstige Schnee- und Windverhältnisse lassen hier noch Sprungbetrieb zu, wenn dieser an der kleineren Thüringenschanze im Ort längst nicht mehr möglich ist. Verkehrsmäßig war das Gebiet bereits durch die Straße Oberhof–Schmalkalden und Wanderwege erschlossen. Eine imposante Sportanlage entstand: Vom 28 m hohen Turm mit dem 117,4 m langen Anlauf sind auf der „Schanze im Kanzlersgrund" Sprünge bis zu 120 m Weite möglich.

Gleichzeitig mit der Schanze wurde ein Sessellift geplant, der die Skispringer vom Aufstieg über die 860 Stufen zwischen Auslauf und Sprungturm entlasten sollte. Am 5. Oktober 1960 kam es zwischen dem Referat für Kör-

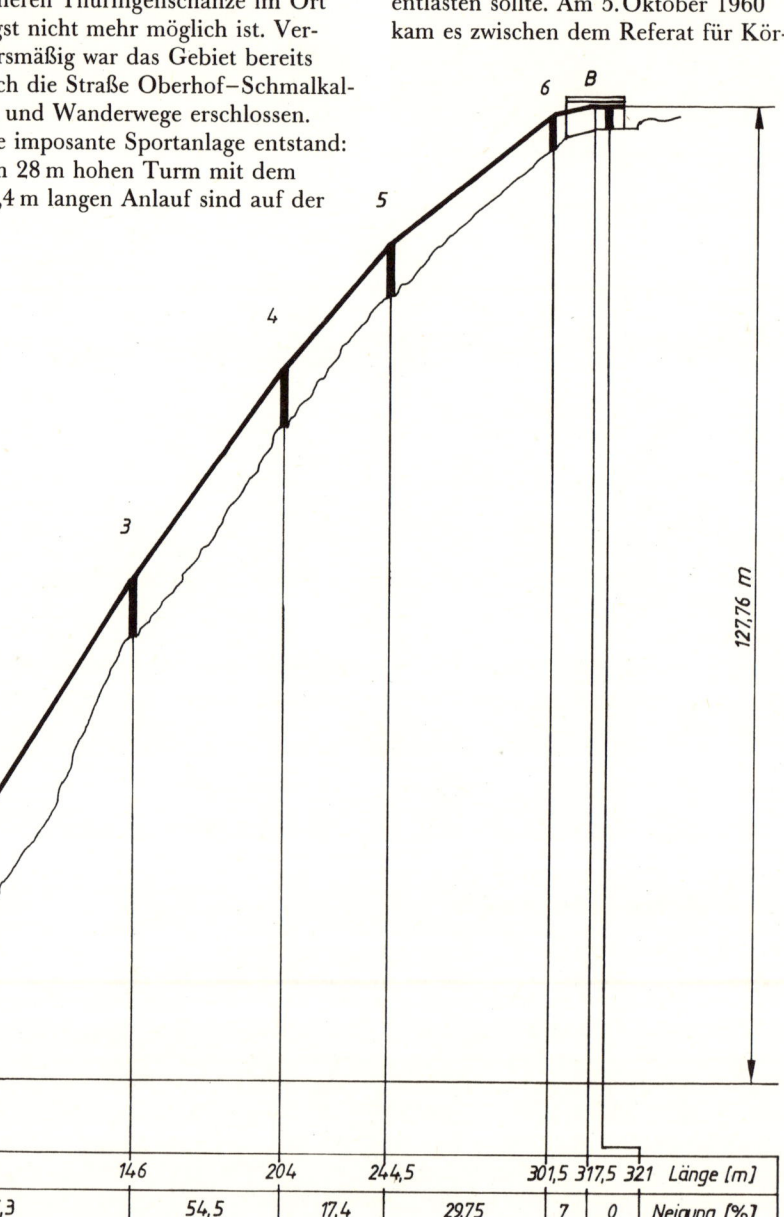

153 Streckenprofil.

Länge [m]	0	9,5	21,5	50,5		146	204	244,5		301,5	317,5	321
Neigung [%]	0	18	40		65,3	54,5	17,4		29,75		7	0

157
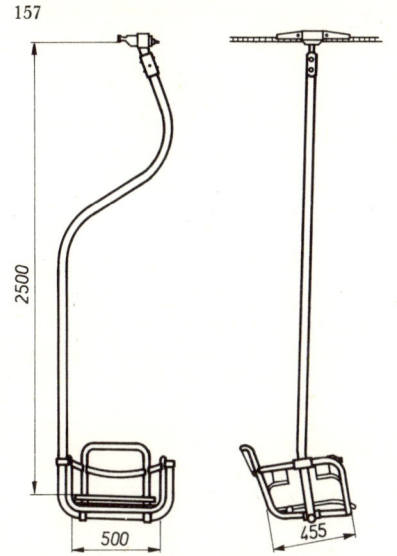

2500

500   455

154   In Oberhof sind Sessellift und Schanze am Rennsteig durch einen Waldstreifen getrennt, wodurch beide besseren Windschutz haben. Links oben der Sprungrichterturm mit dem Turmcafé.

155   Die Talstation des Sessellifts fügt sich gut in die Landschaft des Kanzlersgrunds ein.

156   Die Bergstation neben der Schanze am Rennsteig wurde erst nachträglich mit einer einfachen Halle umbaut.

157   Sessel des Oberhofer Sessellifts, der denen von Klingenthal und Oberwiesenthal sehr ähnlich ist (M 1:25).

perkultur und Sport beim Rat des Bezirks Suhl und VTA in Leipzig zum Vertragsabschluß über Projektierung, Herstellung und Montage einer Einseil-Sesselbahn. Nach einem Beschluß des Politbüros der SED wurden im Sommer 1961 große Anstrengungen unternommen, um den Bau der Schanze zu beschleunigen und bis

zum Jahreswechsel zu beenden. VTA war es jedoch nicht möglich, den erst für 1962 angeordneten Bau der Anlage sofort vorzunehmen. So einigte man sich, daß das Ingenieurkollektiv von VTA die Projektierung außerhalb der Arbeitszeit durchführte und zur Herstellung der Einzelteile Reserven anderer Betriebe – es waren 70 – genutzt wurden. Trotz der Probleme, die eine derartige Bauweise mit sich brachte, konnte die Seilbahn am 4. Februar 1962 abgenommen und der Sportstättenverwaltung des Rates der Gemeinde Oberhof übergeben werden.

Der Sessellift 1962

Die Trasse der Einseil-Sesselbahn mit Umlaufbetrieb liegt westlich der Schanze, nur durch den Sprungrichterturm und einen schmalen Waldstreifen von ihr getrennt. Die Talstation befindet sich in der Nähe des tiefsten Punkts des Auslaufs, die Bergstation unweit des Sprungturms. Anfangs gab es nur ein einziges Gebäude, und zwar in der Talstation, in dem der auf einem Spannwagen montierte Antrieb untergebracht war. Die Umlenkscheibe in der Bergstation stand völlig im Freien.
Die 120 Personen je Stunde und Richtung wurden als ausreichend angesehen, da nur Sportler beim Training und während der Wettkämpfe befördert werden sollten. Ein öffentlicher Liftbetrieb war nicht vorgesehen.

Die weitere Entwicklung des Sessellifts

Mit Beginn des Trainigsbetriebs auf der Schanze wurde auch der Lift von

Technische Daten des Sessellifts Oberhof / Kanzlersgrund

		1962	1966	1968
Inbetriebnahme		4.2.1962		
Zulassung für öffentlichen Verkehr		23.2.1964		
Hersteller		VTA Leipzig		
Bauart		Einseil-Schwebebahn mit fest angeklemmten Sesseln		
Betriebsart		Umlaufbetrieb		
Talstation		Kanzlersgrund (Schanzenauslauf)		
Höhe über NN	m	721		
Bergstation		Schanze am Rennsteig (Sprungturm)		
Höhe über NN	m	849		
Strecke				
Länge	m	320		
Höhenunterschied	m	127,76		
Neigung im Durchschnitt	%	39,9		
Neigung maximal	%	65,3		
Anzahl der Stützen		6		
Höhe Stützen Nr. 4 + 5	m	7,18		
Seile				
Förderseil	mm ⌀	18		
Spannseil	mm ⌀	16		
Fördermaschine				
Bauart		Treibscheibe, liegend		
Hersteller		VTA Leipzig		
Treibscheiben-durchmesser	mm	3 200		
Antrieb				
Bauart		elektrisch, 380 V (Drehstrom)		
Hersteller		ELMO Wernigerode		
Leistung	kW	10,0		
Notantrieb		Hand und Notstromaggregat		
Sessel		*1962*	*1966*	*1968*
Anzahl		13	14	17
Hersteller		VTA	VTA	VTA
Plätze		1	1	1
Eigenmasse	kg	37	37	37
Betriebsdaten				
Fahrgeschwindigkeit	m / s	1,6		
Fahrzeit	min	3,3		
		1962	*1966*	*1968*
Sesselfolge	s	30	28,5	23,5
Leistung	Personen / h und Richtung	120	126	153
Beförderte Personen (1981)		70 000		

den Sportlern genutzt. Doch schon lange vor dem Eröffnungsspringen am 24. Januar 1963 erregte die riesige Sportanlage in breiten Bevölkerungskreisen großes Interesse, und auch im Sommer kamen immer mehr Menschen hierher, um sie zu besichtigen. So lag der Gedanke nahe, den Sessellift auch für die vielen Besucher nutzbar zu machen. Nach einigen kleinen Veränderungen der Stationen wurde am 4. Februar 1964 von der Aufsichtsbehörde der öffentliche Verkehr zugelassen.

Bis heute ist ein öffentlicher Verkehr nur dann möglich, wenn kein Training oder Wettkampf auf der Schanze stattfindet; außerdem wird im Frühjahr und Herbst eine Betriebspause für Reparaturen eingelegt. Trotzdem wurden bald bis 80 000 Fahrgäste im Jahr befördert, zu denen noch die Skispringer hinzukamen. Deshalb erhöhte man die Zahl der Sessel im Jahre 1966 auf 14 und 1968 nochmals auf 17, wodurch sich die Leistungsfähigkeit auf 150 Personen je Stunde und Richtung verbesserte. In diesen Jahren entstanden auch ein Souvenirkiosk an der Talstation, der gleichzeitig dem Fahrscheinverkauf diente, und um die Bergstation eine Schutzhalle.

Seit 1968 wird auch das Café im Sprungrichterturm über den Sessellift versorgt. Dazu dient ein Podest, das nach den Versorgungsfahrten zur Seite geklappt wird.

1978 baute man ein besonderes Kassenhäuschen, in das auch das Steuerpult verlegt wurde. Ein Jahr später wurde der Fahrpreis für eine Berg- und Talfahrt von 1,20 Mark auf 1,- Mark ermäßigt, weil die Besichtigung des Sprungturms nun nicht mehr möglich war.

Ausblick

Die baufällig gewordene alte Thüringenschanze in Oberhof stellte den Sportstättenbetrieb vor die Frage: Erneuerung oder Bau einer neuen mittleren Schanze an anderer Stelle? Man entschloß sich für einen Neubau unmittelbar neben der großen Schanze im Kanzlersgrund. Sprungrichterturm, Teile des Auslaufs, Tribünen, Parkplatz und Sessellift können so für beide Schanzen genutzt werden.

Am 12. Juli 1982 mußte der Sessellift den Betrieb einstellen, weil durch den Bau der neuen Schanze der Zugang zur Talstation völlig versperrt wurde. Ein Jahr später bereits konnte zeitweise wieder gefahren werden. Nach Fertigstellung der neuen Schanze wird die Bedeutung des Sessellifts größer sein als je zuvor.

Oberweißbach

Oberweißbach und das Thüringer Schiefergebirge

Das Thüringer Schiefergebirge schließt sich im Südosten unmittelbar an den Thüringer Wald an. Es besteht aus einer hügeligen Hochfläche, die durch tiefe Flußtäler vielfach zergliedert ist. Das westlichste und zugleich wohl landschaftlich schönste ist das Tal der Schwarza, einem Nebenfluß der Saale.

Auf der Hochfläche östlich des oberen Schwarzatals wurde im Jahr 1370 Oberweißbach gegründet. Seine Bewohner fanden ihren Lebensunterhalt hauptsächlich in den riesigen Wäldern der Umgebung. Dazu kam im 17. Jh. der Handel mit Heilkräutern und daraus gewonnenen Medikamenten, der schließlich um 1900 durch die Glasbläserei verdrängt wurde. Bekannter wurde Oberweißbach durch den Pädagogen Friedrich FRÖBEL, der hier am 21. April 1782 geboren wurde und im nahen Blankenburg den ersten Kindergarten Deutschlands einrichtete.

Staatlich gehörte dieses Gebiet zu dem kleinen Fürstentum Sachsen-Schwarzburg-Rudolstadt, das nicht die Kraft besaß, wirksame Maßnahmen zur verkehrsmäßigen Erschließung der Hochfläche und damit zur wirtschaftlichen Entwicklung dieses abgelegenen Gebiets zu ergreifen, so daß Oberweißbach und seine Nachbarorte zu den ärmsten in Thüringen gehörten und zum Notstandsgebiet erklärt werden mußten.

1932 wurde Oberweißbach zur Stadt erklärt. Es besitzt heute 2 240 Einwohner und hat trotz Glas- und Glühlampenindustrie seinen ländlichen Charakter bewahrt.

Von der Bergbahn erschlossen werden auch die benachbarten Dörfer Deesbach, Cursdorf und Lichtenhain mit zusammen nochmals 2 000 Einwohnern. Gemeinsam mit Oberweißbach betreuen sie jedes Jahr 27 000 Urlauber, die hier im Sommer ideale Wandermöglichkeiten und im Winter ein gutes Skigelände vorfinden. Seit der Verwaltungsreform im Jahre 1950 gehört das gesamte Gebiet zu dem damals neu gebildeten Kreis Neuhaus am Rennweg im Bezirk Suhl.

Die Planung der Oberweißbacher Bergbahn

Das Thüringer Schiefergebirge wurde erst verhältnismäßig spät von Eisenbahnen erschlossen. Die Ursachen hierfür lagen in den hohen Baukosten, in den engen Gebirgstälern und in den geringen Möglichkeiten der Thüringer Kleinstaaten, Zuschüsse zu gewähren. So wurde auch die Zweigbahn durch das Schwarzatal erst in mehreren Etappen im Jahre 1900 eröffnet: am 27. Juni bis Sitzendorf-Unterweißbach, am 18. August bis Katzhütte. Ihre Trassierung war dazu sehr ungünstig, da die Regierung von der Preußischen Staatsbahn die Umgehung des fürstlichen Jagdgebietes im unteren Schwarzatal verlangt hatte. Erst am 1. November 1913 war mit der Verbindung Bock-Wallendorf (heute Lichte Ost) – Lauscha der durchgehende Eisenbahnverkehr von Probstzella nach Sonneberg möglich geworden. Gleichzeitig wurde eine Stichbahn von Ernstthal nach Neuhaus am Rennweg auf den östlichen Teil der Hochfläche hinaufgeführt. Für Oberweißbach und seine Nachbarorte war diese Bahn aber ziemlich bedeutungslos, denn sie waren einseitig auf ihre Hauptstadt Rudolstadt orientiert. Neuhaus dagegen gehörte zum Herzogtum Sachsen-Meiningen und war damit „Ausland". So blieb es trotz aller Erschwernisse das günstigste, alle Güter auf der schlechten, steilen Straße zum 350 m tiefer gelegenen Bahnhof Sitzendorf-Unterweißbach an der Schwarzatalbahn hinabzubringen oder von dort heraufzuholen. Im Winter war die Straße aber oft wochenlang unpassierbar, so daß dann die Lagergebühren für die ankommenden Waren nicht mehr aufgebracht werden konnten und diese zur Versteigerung kamen. Nach dem ersten Weltkrieg wurde diese unhaltbare Situation durch die Verteuerung der Fuhrlöhne weiter verschärft.

Unter diesen Umständen war Oberweißbachs Industrie nicht mehr konkurrenzfähig. Nach dem damaligen Stand der Verkehrstechnik konnte nur ein direkter Bahnanschluß eine wirksame Abhilfe schaffen. Die Gemeinden richteten deshalb Anfang 1919 einen entsprechenden dringlichen Antrag an die Eisenbahndirektion Erfurt, die ihnen jedoch empfahl, sich zunächst privat mit ihrem Regierungsbaumeister Dr.-Ing. Wolfgang BÄSELER in Verbindung zu setzen und sein Urteil über einen möglichen Bahnanschluß einzuholen. Dr. BÄSELER, dessen Vater bereits das Neubaudezernat der Eisenbahndirektion Erfurt geleitet hatte, war nach seinem Studium maßgeblich beim Bau der letzten preußischen Staatsbahnstrekken in den Thüringer Gebirgen tätig, so auch bei der Strecke Bock-Wallendorf—Lauscha / Neuhaus und kannte daher die Gegend und ihre Probleme sehr genau. Es wurden verschiedene Projekte untersucht (s. Tab. S. 125). Die Reibungsbahn von Sitzendorf mußte den Lichtegrund weit hinaufgeführt werden, um dann in Kehren über 2 Seitentäler die Höhe zu erreichen. Die große Länge und zahlreiche Kunstbauten machten sie extrem teuer und damit undiskutabel. Auch die Reibungsbahnen nach Neuhaus und Bock-Wallendorf waren viel zu teuer.

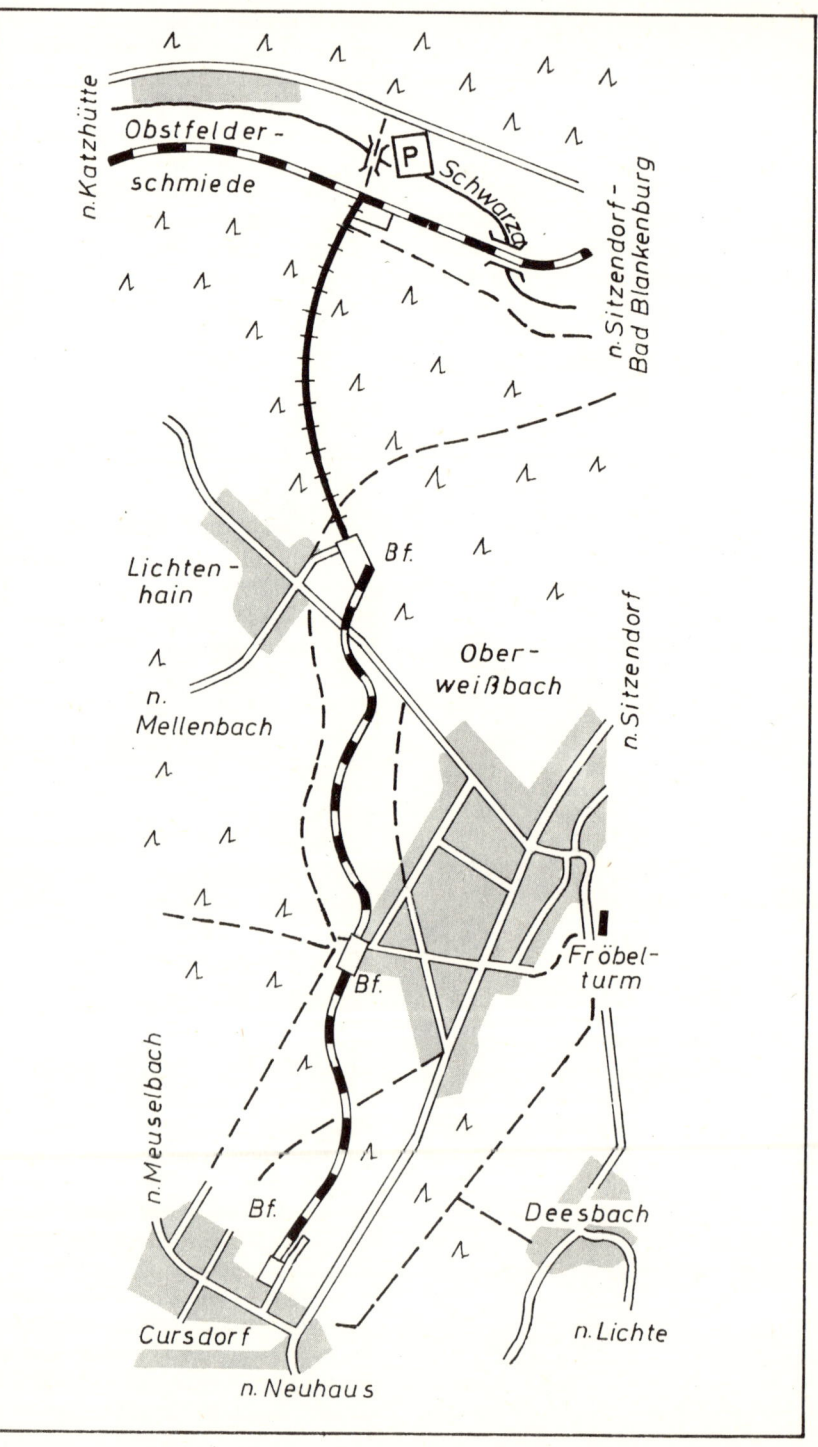

158　Lageplan der Oberweißbacher Bergbahn (M 1 : 25 000).

Sie lagen auch nicht in der natürlichen Verkehrsrichtung, so daß auf ihnen kaum Reiseverkehr zu erwarten war. Aber auch die geringeren Mittel für eine der beiden Zahnradbahnen konnten die armen Gemeinden beim besten Willen nicht aufbringen. Dr. BÄSELER untersuchte daraufhin noch eine wesentlich kürzere Zahnradbahn zum Bahnhof Mellenbach–Glasbach, die jedoch Neigungen über 12,5 % erforderte und damit technisch unlösbar erschien. Auch der Gedanke einer Obuslinie nach Sitzendorf tauchte auf, jedoch hätte diese auf der

außerordentlich niedrigen Kostenaufwand von nur 1,3 Mill. Mark bauen.
Auf der Steilstrecke wollte Dr. BÄSELER zunächst die Güterwagen direkt

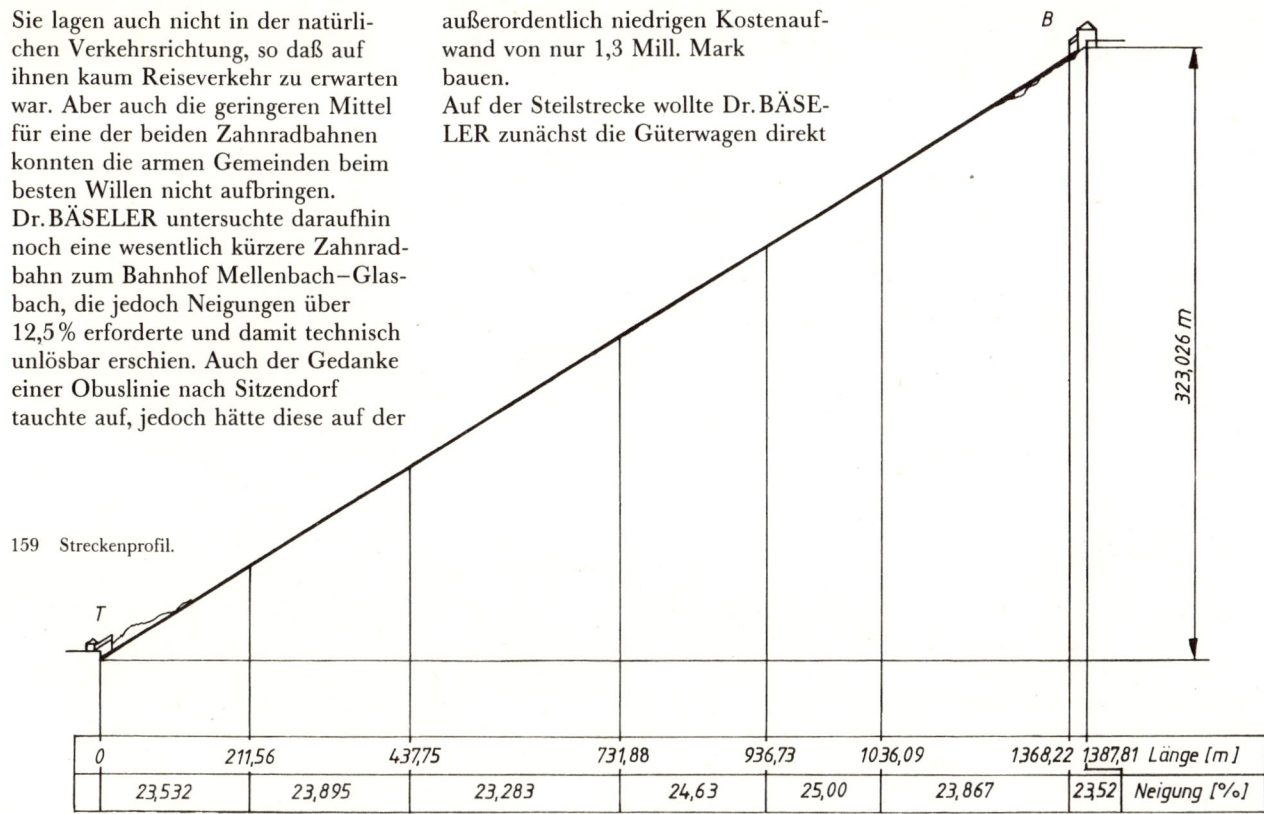

159 Streckenprofil.

0	211,56	437,75	731,88	936,73	1036,09	1368,22	1387,81	Länge [m]
23,532	23,895	23,283	24,63	25,00	23,867		23,52	Neigung [%]

schlechten, steilen Straße die Verkehrsprobleme vor allem im Winter kaum besser lösen können als die Pferde. Bei den zahlreichen Untersuchungen des Geländes erkannte Dr. BÄSELER, daß die natürliche Richtung nach Norden ohne den geringsten Umweg zur Verlängerung der Trasse auch am billigsten zu bauen war. Von Lichtenhain führte nämlich eine „Metzelt" genannte Schlucht mit einem ziemlich gleichmäßigen Gefälle von 25 % zur Obstfelderschmiede im Schwarzatal hinab. Wenn man hier in die von Cursdorf kommende Reibungsbahn eine Strecke mit Seilzug einschaltete, brauchte man kaum Erdmassen bewegen oder Kunstbauten anzulegen und konnte daher die auf 4,4 km verkürzte Strecke mit dem

Betriebsart / Streckenführung	Länge	Baukosten
Reibungsbahn von Sitzendorf	15,5 km	23 Millionen Mark
Zahnradbahn von Sitzendorf	8,0 km	8 Millionen Mark
Zahnradbahn von Katzhütte	9,0 km	7 Millionen Mark
Reibungsbahn von Neuhaus	10,0 km	10 Millionen Mark
Reibungsbahn von Bock-Wallendorf	10,5 km	14 Millionen Mark

an ein Zugseil hängen und den Betrieb ähnlich denen der schiefen Seilebenen durchführen. Da die Strecke aber nur 1gleisig gebaut werden sollte, wäre dabei keinerlei Massenausgleich möglich gewesen, so daß hohe Betriebskosten zu erwarten waren. Daher entschied sich Dr. BÄSELER schließlich für eine Standseilbahn. Es war abzusehen, daß sich der Reiseverkehr stets nur in eine Richtung im An-

schluß von und nach den Zügen der Schwarzatalbahn abwickeln würde, so daß für ihn ein Personenwagen genügte. Daher konnte am anderen Ende des Zugseils eine Rollbühne befestigt werden, mit der gleichzeitig ein Güterwagen in die entgegengesetzte Richtung befördert werden kann. Bei der Standseilbahn konnten außerdem bessere Sicherheitseinrichtungen angebracht werden.

Das Abzweigen von der Staatsbahn auf der freien Strecke erschien Dr. BÄSELER auf Grund des zu erwartenden geringen Verkehrsaufkommens möglich. Die Eisenbahndirektion Erfurt stimmte auch zu, ebenso für die Anlage eines neuen Haltepunkts für den Personenverkehr. Damit ging gleichzeitig ein langersehnter Wunsch der Bewohner der Obstfelderschmiede in Erfüllung. Die Vertreter der Gemeinden waren rasch für das in seiner Ausführung wohl einmalige Projekt zu begeistern. Dr. BÄSELER hatte auf Standseilbahnen in der Schweiz und den damals noch durchgeführten Seilzugbetrieb auf der Hauptbahn Erkrath–Hochdahl bei Düsseldorf hingewiesen, aber den Ausschlag werden wohl vor allem die niedrigen Baukosten gegeben haben.

Der Bahnbau mitten in den Krisenjahren

Noch im Juni 1919 gründeten die Gemeinden Oberweißbach, Cursdorf, Deesbach und Lichtenhain die Oberweißbacher Bergbahn-Aktiengesellschaft. Das Aktienkapital wurde zunächst auf 1,3 Mill. Mark festgesetzt, von denen der Staat Sachsen-Rudolstadt 300 000 Mark übernahm, während die restliche Million von den Gemeinden selbst aufgebracht werden mußte.

Aber schon begann sich eine der katastrophalsten Wirtschaftskrisen abzuzeichnen. Das Geld verlor ständig an Wert, und als Folge stiegen Preise und Löhne ständig und erreichten im Inflationsjahr 1923 schwindelerregende Höhen. Heute beschaffte Gelder waren weniger Tage später schon wieder völlig wertlos, und so ist es heute kaum vorstellbar, wie man unter derartigen Bedingungen überhaupt eine Bahn bauen konnte. Aber einem ge-

nach Katzhütte

Obstfelderschmiede

E

nach Rottenbach

Ausweiche

E
M
Lichtenhain
W
L

E
R
L
G
R
Oberweißbach-Deesbach

L

T L

G
E

Cursdorf

L Ladestraße
R Rampe
E Empfangsgebäude
G Güterschuppen
M Maschinenhaus
W Werkstatt- und Dienstgebäude
═══ Seilbahngleis Spurweite 1800 mm
──── Gleis, Spurweite 1435 mm
- - - - Gleis, bis 1976 abgebaut
═══ Gleis mit Bahnsteig

lang dieses Vorhaben allen Schwierigkeiten zum Trotz: Dr. BÄSELER. Er verlegte seinen Wohnsitz nach Lichtenhain, und er hatte immer wieder einen Einfall, damit weitergearbeitet werden konnte. Bedingt durch diese Schwierigkeiten entstanden allerdings eine ganze Menge Provisorien, die

sich zum Teil als Kuriositäten bis in die Gegenwart erhalten haben. Auch die ursprünglich auf 1½ Jahre eingeschätzte Bauzeit verlängerte sich auf über das Doppelte.

Bereits im Juli 1919 hatten sich die veranschlagten Baukosten auf 1,8 Mill. Mark erhöht. Daher gewährte Sachsen-Rudolstadt nochmals 250 000 Mark als verlorenen Zuschuß, und vom Reich kam die gleiche Summe als Demobilisierungszuschuß. Derartige Zuschüsse durften jedoch nur bis Ende 1919 gezahlt werden, so daß Dr. BÄSELER bereits Anfang September mit den Erdarbeiten in Cursdorf beginnen ließ. Auf diese Weise konnte er die bewilligten Gelder sinnvoll verbauen, ohne bei der Klärung der schwierigen technischen Fragen an der Seilbahn in Zeitdruck zu geraten.

Trotz der ständig fortschreitenden Geldentwertung gelang es Dr. BÄSELER, die Mehrzahl der Aufträge zu festen Preisen vertraglich zu vereinbaren. Dabei wurden nur Spezialarbeiten an Fremdbetriebe vergeben, so an die Gesellschaft für Fördertechnik Ernst Heckel mbH in Saarbrücken für die Fördermaschine, die Rollbühne und das Untergestell des Personenwagens der Standseilbahn, an die Waggonfabrik Gotha für dessen Wagenkasten und für den Triebwagen der Reibungsstrecke und an die Bergmann-Elektrizitätsgesellschaft Berlin für die gesamte elektrische Ausrüstung, wobei Dr. BÄSELER jeweils selbst die Entwürfe lieferte. Alle anderen Arbeiten wurden von den Gemeinden unter Dr. BÄSELERs Leitung selbst ausgeführt, vielfach als „Notstandsarbeiten", wozu bis zu 300 Arbeitslose verpflichtet wurden. Erdarbeiten wurden unter primitivsten Bedingungen nur mit Hacke und Schaufel bewältigt. Der Schotter wurde in einem kleinen Steinbruch bei Lichtenhain selbst gewonnen, und die gefällten Fichten ver-

160 Gleisplan (schematisch).

161 Notgeldscheine der Gemeinden Oberweißbach, Cursdorf, Deesbach und Lichtenhain aus
dem Jahr 1921 stellten die noch nicht eröffnete
Bergbahn dar.

arbeitete man an Ort und Stelle zu
Schwellen und Fahrleitungsmasten
und baute sie ohne Behandlung mit
einem Holzschutzmittel ein. Für die
Reibungsstrecke gelang es, einen Po-
sten gebrauchter Schienen billig zu erwerben; sie wiesen jedoch 13 verschiedene abnormale Profile auf. Befesti-
gungsplatten und Laschen fertigte
man selbst an. Dr. BÄSELER achtete
jedoch streng darauf, daß derartige
kurzlebige Provisorien nur dort ange-

wendet wurden, wo ein nachträgliches
Auswechseln ohne großen Aufwand
möglich war, während Fundamente,
die Fördermaschine und alle sicher-
heitstechnischen Einrichtungen von
vornherein „in friedensmäßiger Ausführung" – so seine eigenen Worte –
hergestellt wurden.
Unter diesen Umständen schritten die
Arbeiten an der Reibungsstrecke rasch
voran und die ersten Fahrzeuge wurden beschafft. Es waren eine kaum
lauffähige Benzollokomotive mit Ein-
zylinder-Glühkopfmotor, die vom
Gaswerk Erfurt übernommen wurde,
und 2 ebenfalls gebraucht gekaufte
Arbeitswagen, die teilweise auch von
Pferden gezogen wurden. Dagegen war

von der Seilbahn kaum etwas zu erkennen.
Die Gemeinden versuchten in vielfäl-
tiger Weise, das Unternehmen zu un-
terstützen und die breite Öffentlichkeit auf den Bahnbau aufmerksam zu
machen. So wurden Notgeldscheine
mit Abbildungen der geplanten Bahn,
einem Zweizeiler und dem sachlich
falschen Hinweis „Oberweißbacher
Bergbahn, steilste Bahn der Welt"
herausgegeben. Richtig hätte es heißen müssen: Steilste Bahn für normalspurige Güterwagen.
Obwohl den Gemeindevertretungen
die wirtschaftlichen Schwierigkeiten
bekannt waren, ging ihnen der Bahnbau zu langsam voran. Dr. BÄSELER

lud sie deshalb im Jahre 1921 – der genaue Tag ist nicht überliefert – zu einer ersten Fahrt auf der Reibungsstrecke ein. Er schrieb darüber selbst:

„... Also wurden die Ratsmitglieder zu einer ersten Probefahrt, frei stehend auf den offenen Plattformwagen, eingeladen. Da ich in die Benzollok kein großes Vertrauen setzte, begann ich die Fahrt in Cursdorf. Bergab gings flott, die Flachstrecke von Oberweißbach nach Lichtenhain schaffte sie auch noch, ebenso zurück. Aber den Wiederanstieg von 1:50 nach Cursdorf schaffte sie nicht. Ein Knall, und die Hauptdichtung war heraus. Für den Rest des Tages bewegte sie sich nicht mehr, aber einmal hatten wir die neue Bahn befahren!"

Im Februar 1922 war dann auch die Steilstrecke so weit hergerichtet, daß mit Hilfe einer in Lichtenhain aufgestellten dampfbetriebenen Seilwinde Baumaterial mit Kipploren transportiert werden konnte. Diese Situation nutzte Dr. BÄSELER auch sofort zur provisorischen Aufnahme des Güterverkehrs aus, denn auf diese Weise konnte ja wieder etwas Geld für die Fortsetzung der Arbeiten beschafft werden!

Im Spätsommer 1922 wurde die Fördermaschine in die Bergstation Lichtenhain eingebaut sowie Einzelteile für die Rollbühne und das Fahrgestell des Personenwagens angeliefert und montiert. Bei der ersten Probefahrt ließ Dr. BÄSELER den Maschinisten ganz langsam anfahren. Er selbst stand auf der Rollbühne in der Talstation, aber es geschah nichts, nur das Seil straffte sich. Schließlich machte die Rollbühne einen Satz von 2 oder 3 m und stand wieder, und das Spiel begann von neuem. So ruckartig konnte man unmöglich fahren – hatte sich Dr. BÄSELER verrechnet? Dann ließ er aber mit der Betriebsgeschwindigkeit von 1 m/s fahren, und siehe da – die

Bahn bewegte sich jetzt ganz normal. Dr. BÄSELER hatte nicht beachtet, daß das lange Zugseil wie eine Feder wirkt und es deshalb bei extrem langsamer Fahrt zu Reibschwingungen kommen muß.

Die Straße von Sitzendorf nach Oberweißbach war durch die schwere Straßenlokomotive, mit der man die schweren Teile der Seilbahn nach oben gebracht hatte, zerfahren und mußte repariert werden. Als 4 km aufgerissen und das Packlager neu gesetzt war, ging das Geld aus, und nun war der Straßenverkehr für längere Zeit unmöglich geworden. Die Oberweißbacher Bergbahn nutzte das sofort aus, und obgleich sie noch gar nicht offiziell in Betrieb war, erhöhte sie ihre Frachttarife um 100 %. Jammern half nicht, alle waren jetzt auf ihren provisorischen Güterverkehr angewiesen. Inzwischen war auch der Personenwagen montiert worden, und sonntags wurden schon Fahrgäste befördert, obwohl viele Sicherheitseinrichtungen noch gar nicht eingebaut waren.

Dieser provisorische Verkehr wurde schon bald durch einen Unfall unterbrochen. Dem Maschinisten war der Betrieb zu langweilig. Als einmal der talwärts fahrende Wagen Überlast hatte, ließ er deshalb die Bahn völlig ungebremst laufen, beachtete dabei nicht, daß während der Fahrt die große Masse des Seiles allmählich von der bergwärtigen Seite auf die talwärtige überwechselt und deshalb die Geschwindigkeit immer höher wird. Die Fliehkräfte im Rotor des Motors wurden so groß, daß er auseinanderflog; danach steckten Teile der Wicklung im Dachstuhl. Dr. BÄSELER weilte gerade in Saarbrücken und wurde sofort zurückgerufen. Er wollte wenigstens die Fahrzeuge in die Stationen bringen, damit an deren Bremsen weitergearbeitet werden konnte. Er ließ das Seil ganz langsam ablaufen, aber

dadurch kam es zu Wärmespannungen an einer Bremsscheibe der Fördermaschine, so daß sie brach und dabei ihre Welle verbog. Es blieb nichts weiter übrig, als um die auf der Strecke stehenden Fahrzeuge Verschläge zu bauen, damit trotz des bevorstehenden Winters die Arbeiten an den Wagenbremsen und Sicherheitseinrichtungen fortgeführt werden konnten.

Im Januar 1923 waren endlich alle Arbeiten soweit beendet, daß die Abnahme der gesamten Bahnanlage durch die Aufsichtsbehörde erfolgen konnte.

Nach eigenen Angaben der Oberweißbacher Bergbahn AG wurde der offizielle Bahnbetrieb am 1. März 1923 aufgenommen. Daneben gibt es in der Literatur mehrere abweichende Angaben. In dieser wirtschaftlich komplizierten Zeit hatte man ganz andere Sorgen, und so wurden zahlreiche Dokumente vernichtet, die diese teilweise unvollständige Entwicklungsgeschichte hätten ergänzen können.

Die Oberweißbacher Bergbahn im Jahre 1923

Verließ der Reisende den Staatsbahnzug im neuen Haltepunkt Obstfelderschmiede, so fand er am Bahnsteigende als Empfangsgebäude einen kleinen Fachwerkbau mit Gaststätte, Warte- und Dienstraum vor, an das sich eine hölzerne Bahnsteighalle für das Personenwagengleis der Standseilbahn anschloß. Dahinter lag das Gleis der Güterbühne. Beide waren 100 m oberhalb durch eine Abtsche Weiche verbunden.

Dr. BÄSLER hatte diese Lösung wegen der Besonderheiten des Güterverkehrs gewählt. Die Güterbühne mußte ja stets in beiden Stationen unmittelbar an die Kopframpe heranfahren. Die Trennung der Fahrtwege in der Talstation ermöglichte das trotz der auftretende Seildehnung. Deshalb wurde das Personengleis auch um 8,39 m länger angelegt.

Das Gütergleis endete an einer Kopframpe, wo die Güterwagen von der Rollbühne der Seilbahn auf eine Drehscheibe und weiter auf eines der 2 Aufstellgleise rangiert wurden. Für diese Arbeiten war eine Spillanlage vorhanden. Die Aufstellgleise hatten je 70 m Nutzlänge und waren 200 m hinter der Haltepunkt mit dem Streckengleis verbunden. Die Anschlußbedienung erfolgte grundsätz-

lich nur durch die in Richtung Katzhütte fahrenden Nahgüterzüge. Abgehende Wagen wurden daher stets bis Mallenbach–Glasbach mitgenommen und fuhren dann mit dem nächsten Güterzug in Richtung Rottenbach-Rudolstadt zurück.

Die extreme Spurweite der Standseilbahn von 1 800 mm war ebenfalls eine Folge des Güterverkehrs. Dr. BÄSELER wollte damit die Standsicherheit der Güterbühne erhöhen. Sie gestattete gleichzeitig, dem Personenwagen die ungewohnte Breite von 4,00 m zu geben.

Auch die niedrige Fahrgeschwindigkeit war wegen der im Güterverkehr zu befördernden großen Massen festgelegt worden. Der Reisende konnte dadurch in aller Muße die sich entwickelnde Aussicht über das Schwarzatal und die gegenüberliegende Hochfläche betrachten. Die Aussicht war umfassender als heute, denn beiderseits der Strecke hatte man einen breiteren Waldstreifen abgeholzt und die Bäume zu Masten und Schwellen verarbeitet; er wurde aber bald wieder aufgeforstet. In der Streckenmitte glitt auf dem zweiten Gleis der Abtschen Ausweiche langsam die Güterbühne vorbei. Dabei konnte sich der aufmerksame Reisende deren Bremseinrichtungen betrachten, denn der Bohlenbelag und die Verkleidung der Stirn- und Seitenwände fehlten noch vollkommen.

Die Bergstation am Ende der Dorfstraße von Lichtenhain verfügte über eine hölzerne Bahnsteighalle, in der das Seilbahngleis an einer Kopframpe endete. Der Bahnsteig war östlich, ein kleines Gebäude mit dem Bedienungsraum für den Maschinisten, weiteren Diensträumen und dem Ausgang westlich des Gleises angeordnet. Die 2 starr gekuppelten Treibscheiben der Fördermaschine im Untergeschoß der Bahnsteighalle hatte Dr. BÄSELER rechtwinklig zur Gleisachse anordnen

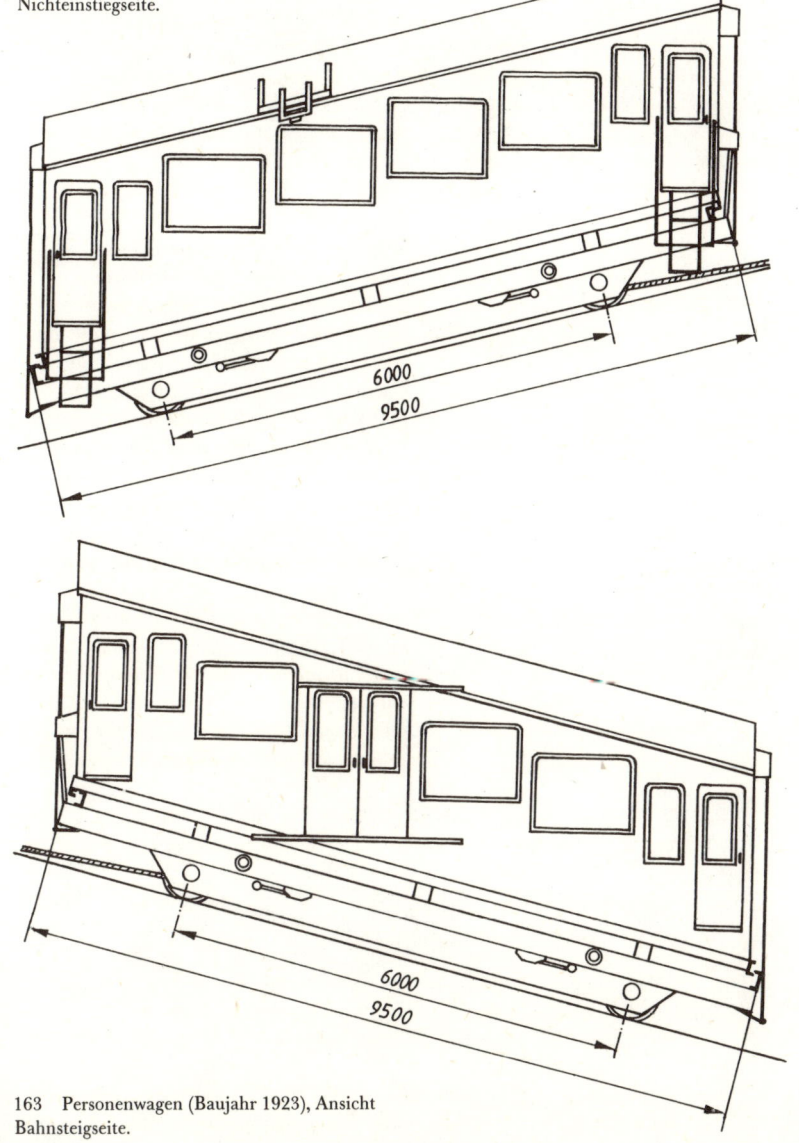

162 Personenwagen (Baujahr 1923), Ansicht Nichteinstiegseite.

163 Personenwagen (Baujahr 1923), Ansicht Bahnsteigseite.

lassen. Durch diese ungewöhnliche Bauart brauchte er nicht so viel von dem ansteigenden felsigen Gelände abschachten zu lassen.

Den Mittelpunkt aller Gleise der Reibungsstrecke bildete wie schon in der Talstation auch hier eine Drehscheibe gleich hinter der Kopframpe des Seilbahngleises. Von dieser Drehscheibe gingen sämtliche Bahnhofsgleise und das Streckengleis ab. Alle Reisezugfahrten mußten daher vom Normalspurbahnsteig im hinteren Teil der Bahnsteighalle über die Drehscheibe hinweg erfolgen – eine Kuriosität, die

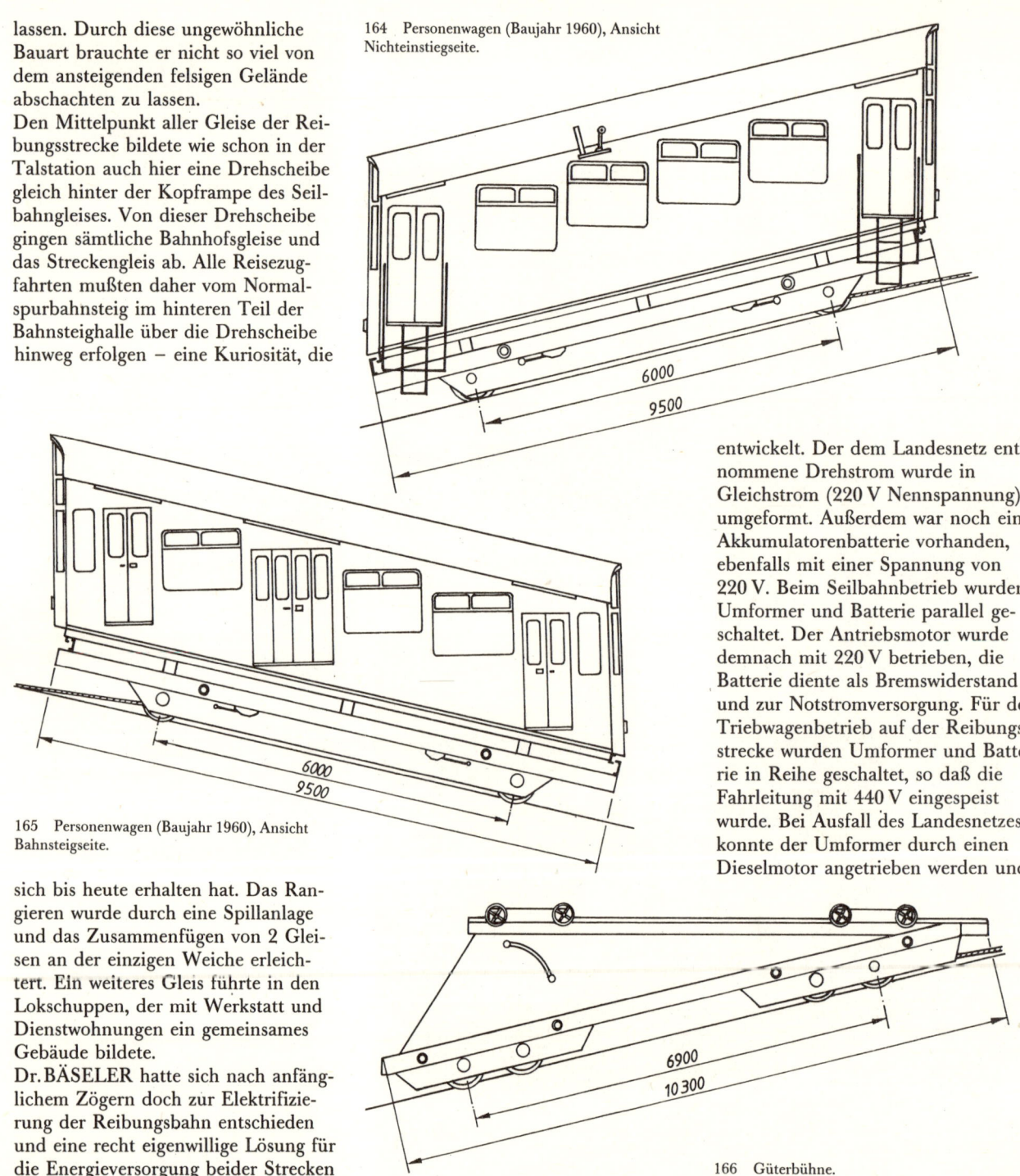

164 Personenwagen (Baujahr 1960), Ansicht Nichteinstiegseite.

165 Personenwagen (Baujahr 1960), Ansicht Bahnsteigseite.

166 Güterbühne.

entwickelt. Der dem Landesnetz entnommene Drehstrom wurde in Gleichstrom (220 V Nennspannung) umgeformt. Außerdem war noch eine Akkumulatorenbatterie vorhanden, ebenfalls mit einer Spannung von 220 V. Beim Seilbahnbetrieb wurden Umformer und Batterie parallel geschaltet. Der Antriebsmotor wurde demnach mit 220 V betrieben, die Batterie diente als Bremswiderstand und zur Notstromversorgung. Für den Triebwagenbetrieb auf der Reibungsstrecke wurden Umformer und Batterie in Reihe geschaltet, so daß die Fahrleitung mit 440 V eingespeist wurde. Bei Ausfall des Landesnetzes konnte der Umformer durch einen Dieselmotor angetrieben werden und

sich bis heute erhalten hat. Das Rangieren wurde durch eine Spillanlage und das Zusammenfügen von 2 Gleisen an der einzigen Weiche erleichtert. Ein weiteres Gleis führte in den Lokschuppen, der mit Werkstatt und Dienstwohnungen ein gemeinsames Gebäude bildete.

Dr. BÄSELER hatte sich nach anfänglichem Zögern doch zur Elektrifizierung der Reibungsbahn entschieden und eine recht eigenwillige Lösung für die Energieversorgung beider Strecken

169

167 Der alte Seilbahnwagen von 1923 auf der Strecke. Die Beschriftung „Bergbahn DR" führte die Deutsche Reichsbahn nach 1950 ein.

168 Etwa 100 m vor der Talstation teilt eine Abtsche Weiche das Seilbahngleis. Der Personenwagen fährt stets rechts in die Bahnsteighalle, die Güterbühne geradeaus an den zweiten Bahnsteig für den Aufsetzwagen und die Kopframpe für den Güterverkehr.

169 Der alte Seilbahnwagen von 1923 begegnet sich mit der Rollbühne, die einen Güterwagen befördert. Beide Fahrzeuge tragen hier noch die alte Beschriftung „Oberweißbacher Bergbahn".

erzeugte dann neben Gleichstrom gleichzeitig Drehstrom für die Aufrechterhaltung der Bahnhofsbeleuchtung.
Diese Art der Energieversorgung hatte fast keine zusätzlichen Kosten für die Einspeisung der Reibungsstrecke erfordert, machte jedoch den gleichzeitigen Betrieb der Seilbahn und des elektrischen Triebwagens unmöglich. Der Fahrplan war darauf abgestimmt,

und normalerweise war der Verkehr
auch so schwach, daß keine Schwierigkeiten entstanden. Dr. BÄSELER
hatte jedoch als Ersatzfahrzeug keinen
zweiten Triebwagen, sondern eine
Dampflok beschafft. Damit konnte er
den Betrieb auch an den Tagen auf
der Reibungsstrecke sichern, an denen
die Seilbahn zusätzliche Fahrten ein-
schieben mußte. Das geschah allerdings äußerst selten. Im Durchschnitt
war die Dampflok nur an 9 bis 10 Tagen im Jahr eingesetzt und wurde deshalb kaum bekannt.
Bei der Weiterfahrt auf der Reibungsstrecke erreichte der Reisende nach
1 600 m den Bahnhof Oberweißbach-
Deesbach und schon nach weiteren
1 000 m die Haltestelle Cursdorf, das
Ende der Strecke. Das Gleis schlän-
gelte sich in Radien bis zu 160 m über
die hügelige Hochfläche, und die
Fahrt bot dabei ihre landschaftlichen
Reize. Daher blieb meist unbemerkt,
daß die Fahrleitungsmaste nur kurze
Ausleger trugen, so daß der Fahrdraht
etwa über der östlichen Schiene lag.
Bis Oberweißbach-Deesbach verlief
die Strecke fast eben, der Rest bis
Cursdorf wies jedoch eine durchgehende Neigung von 1,9 % auf. Hier
machte sich der hohe elektrische Widerstand des eisernen Fahrdrahts von
nur 30 mm² Querschnitt störend bemerkbar. Vor allem dann, wenn noch
ein Güterwagen mitgeführt wurde,
konnte höchstens noch Schrittge-
schwindigkeit gefahren werden! Aber
Cursdorf wurde trotzdem stets erreicht.

Der Betrieb durch die Oberweißbacher Bergbahn AG bis 1949

Im Jahre 1925 – die wirtschaftlichen
Verhältnisse hatten sich kaum einigermaßen normalisiert – mußte auch
schon mit der Beseitigung einiger Pro-

170 Nochmals begegnen sich der alte Seilbahn-wagen von 1923 und die Rollbühne. Im Sommer 1954 trug sie zur Verstärkung den Beiwagen 140 236.

171 Diese Aufnahme aus der Zeit der Betriebseröffnung zeigt, daß damals der Personenverkehr durch einen von der Deutschen Reichsbahn angemieteten Personenwagen verstärkt wurde. Der Hochwald wurde beiderseits der Strecke zur Gewinnung von Masten und Schwellen abgeholzt, nur die kleineren Bäume blieben stehen.

172 So sieht heute die Begegnung des neuen Seilbahnwagens (Baujahr 1960) mit der Rollbühne aus. Sie trägt den aus dem EB 188 513 umgebauten Aufsetzwagen.

visorien begonnen werden. Der eiserne Fahrdraht wurde gegen einen aus Kupfer ausgewechselt, Masten und Schwellen aus ungetränktem Holz gegen imprägnierte ausgetauscht. Die schadhafte Benzollok wurde nicht mehr benötigt und daher verschrottet.

Allmählich lebte auch der Touristenverkehr auf. Daher hatte man die Güterbühne mit einem Holzbohlenbelag versehen und ihre Stirn- und Seitenwände mit Blech verkleidet. In der Talstation baute man am Gütergleis einen kleinen Behelfsbahnsteig. Durch diese Maßnahmen war es möglich geworden, bei starkem Verkehr einen normalspurigen Personenwagen auf die Güterbühne zu setzen und damit Fahrgäste zu befördern. Zunächst mietete man dafür Wagen von der Reichsbahn, später kaufte die Oberweißbacher Bergbahn einen gebrauchten Wagen. Allerdings blieben derartige Fahrten auf die Pfingstfeiertage und einzelne Wochenenden im Juli und August beschränkt. Der normale Fahrplan des Jahres 1925 wies werktags nur 4 und sonntags nur 2 Zugpaare aus und gestattete daher auch ohne Einsatz der Güterbühne hinreichend Verstärkungsmöglichkeiten.

1927 war das Verkehrsbedürfnis so weit angewachsen, daß die Seilbahn täglich 8 Fahrten in jeder Richtung ausführte, die Reibungsbahn noch einige mehr. In dieser Art blieben die Fahrpläne über längere Zeit. Trotzdem war die wirtschaftliche Lage des Unternehmens schlecht. Die Mittel für die Auswechselung von Schwellen, Masten und Fahrdraht hatte man nur durch eine Erhöhung des Aktienkapitals aufbringen können, und die laufenden Einnahmen reichten nicht aus, um weitere Verbesserungen der Fahrzeuge und Bahnanlagen vornehmen zu können.

Während des zweiten Weltkrieges mußte der Verkehr stark eingeschränkt werden, die Bahn erlitt jedoch keine Schäden.

Die schrittweise Rekonstruktion durch die Deutsche Reichsbahn seit 1949

Am 1. April 1949 übernahm die Deutsche Reichsbahn in der damaligen sowjetischen Besatzungszone alle Privat- und Kleinbahnen und mit ihnen auch die Oberweißbacher Bergbahn. Ihre technische Ausrüstung hatte sich seit 1925 nicht verändert.

Die Fahrzeuge der Reibungsstrecke wurden von nun an in die jeweils gültigen Nummernpläne eingereiht, während man Seilbahnwagen und Güterbühne als Geräte betrachtete, so daß sie ohne Fahrzeugnummer blieben. Ab 1950 nahm das Verkehrsaufkommen ständig zu, und besonders der Ansturm der Touristen überstieg bei weitem den der Vorkriegszeit. Daher beschaffte die Reichsbahn einen zweiten Umformer, damit Seilbahn und Triebwagen gleichzeitig fahren konnten. Damit wurde eine wesentliche Verdichtung der Fahrten möglich. Als Aufsetzwagen für die Güterbühne und als Beiwagen für die Reibungsstrecke wurden 2 leichte Fahrzeuge von anderen Strecken umgesetzt.

Die Dampflok leistete nun auch auf anderen Thüringer Nebenstrecken

173 Der neue Seilbahnwagen (Baujahr 1960) fährt in die Halle des Bahnhofs Lichtenhain ein.

174 Heute wird die Rollbühne mehr denn je verstärkt zur Personenbeförderung genutzt; der Güterverkehr wurde eingestellt. Der Aufsetzwagen entstand durch Umbau des früheren Beiwagens EB 188 513 der Strecke Schleiz–Saalburg.

Dienst, vor allem zwischen Rennsteig und Frauenwald, bis sie 1958 an den VEB Energiebau Radebeul verliehen wurde. Dieser Betrieb benutzte sie zum Beheizen der Rohrbahn des Pumpspeicherwerks Hohenwarte II, damit dort die Bauarbeiten auch im Winter fortgeführt werden konnten.

175

176

177

178

175 1923 hatte die Rollbühne noch keine Verkleidung. Der zur Materialgewinnung abgeholzte Wald ist noch nicht vollständig beräumt.

176 In der Talstation Obstfelderschmiede wurden die Güterwagen über diese Drehscheibe und Kopframpe mit Hilfe eines Spills auf die Rollbühne rangiert. Rechts der Bahnsteig für den Aufsetzwagen.

177 Ein seltenes Bild, denn nur wenige Tage im Jahr half die Dampflok (bei der DR die 98 6009) aus. Hier um 1951 mit Wagen Nr. 140 236, eigentlich ein Beiwagen zu einem Dieseltriebwagen, bei Oberweißbach-Deesbach.

178 Der alte Oberweißbacher Triebwagen (bei der DR Nr. 188 531) schiebt den Beiwagen Nr. 99 955 in die Haltestelle Cursdorf. Diese Aufnahme zeigt die außermittige Fahrdrahtlage.

Nach ihrer Rückgabe mußte die Lok am 23. Juni 1960 wegen eines Zylinderdeckelschadens abgestellt werden; 1 Jahr später wurde sie verschrottet. Der Ersatzbetrieb mit der Dampflok auf der Reibungsstrecke war schon immer sehr umständlich und kostenaufwendig. Daher kaufte die Reichsbahn 1955 von den Leipziger Verkehrsbetrieben einen alten Straßenbahnwagen und ließ ihn im Raw Gotha für die Belange in Oberweißbach herrichten.

An den überalterten Bahnanlagen, besonders an der Fördermaschine, mußten zahlreiche Reparaturen ausge-

führt werden, jedoch gestatteten die damaligen Möglichkeiten noch keine Umbauten oder Verbesserungen. Eine erste Neuerung stellte 1958 der Umbau eines alten Triebwagens zu einem Aufsetzwagen dar. Durch den Ausbau aller entbehrlichen Teile, wie Bremsen und Kupplungen, war seine Masse so stark vermindert worden, daß nun 80 Fahrgäste mit der Güterbühne befördert werden konnten. Die Einstellung des Aufsetzwagens in Züge war unmöglich, er erhielt deshalb auch keine Fahrzeugnummer. Als erste wirkliche Rekonstruktionsmaßnahme wurde 1960 der Personenwagen der Seilbahn erneuert. Das MITROPA-Reparaturwerk in Gotha baute einen neuen Wagenkasten, der sich vor allem durch eine gefälligere Gestaltung der Stirnwände mit zusätzlichen Fenstern vom alten unterschied. Die grundsätzliche Raumaufteilung wurde beibehalten, auch die Anordnung von 3 Türen auf der Bahnsteigseite und nur 2 in der gegenüberliegenden Seitenwand. Das alte Fahrgestell wurde nach gründlicher Aufarbeitung weiterverwendet.

1963 begann mit einem völligen Umbau des ehemaligen Leipziger Straßenbahnwagens die Rekonstruktion der Fahrzeuge der Reibungsstrecke. Diese Arbeiten wurden auch in der Folgezeit vom Raw Berlin-Schöneweide durchgeführt.

Anfang der 60er Jahre untersuchte die Deutsche Reichsbahn die Wirtschaftlichkeit ihrer Nebenstrecken und führte daraufhin in vielen Fällen einen Verkehrsträgerwechsel durch. Auch auf der Oberweißbacher Bergbahn wurde der Güterverkehr 1966 eingestellt und vom VEB Kraftverkehr übernommen. Der damals immer noch ansteigende Touristenverkehr und die einmaligen technischen Besonderheiten der Bahn führten jedoch

179

180

181

zu der Entscheidung, den Personenverkehr beizubehalten. Die Güterbühne blieb erhalten, um auch weiterhin die Fahrzeuge der Reibungsstrecke in ein Raw zur Instandsetzung überführen zu können. Nur in Ausnahmefällen verirrt sich hin und wieder ein Güterwagen mit Dienstgut, wie z.B. mit Oberbaustoffen, nach Oberweißbach.

Die Entscheidung über die Erhaltung der Bahn löste gleichzeitig umfassende Erneuerungsarbeiten aus. Noch im Winter 1966/67 wurde das alte offene Zahnradvorgelege der Fördermaschine durch ein gekapseltes Getriebe ersetzt. Gleichzeitig wurde ein Netzersatzgerät aufgestellt, dessen Dieselmotor und Generator bei Ausfall des Landesnetzes die volle Energieversorgung für Seil- und Reibungsbahnen einschließlich Beleuchtung ohne jede Einschränkung ermöglichten. Auch Schienen wurden in größerem Umfang ausgewechselt. 1970 folgte der Umbau des zweiten Triebwagens der Reibungsstrecke.

Im Winter 1970/71 wurde die gesamte Stromversorgungs-, Steuerungs- und Signalanlage sowie der Antriebsmotor der Fördermaschine erneuert. Seitdem erzeugen Siliziumgleichrichter die Gleichspannung. Alle Fahrzeuge der Seil- und Reibungsstrecke erhielten UKW-Sprechfunk, so daß die Telefonleitung entlang der Strecke entfallen konnte. Die Steuerung der

179 Der Triebwagen Nr. 188 701 konnte nicht verleugnen, ein Straßenbahnwagen gewesen zu sein; sogar die Fahrtrichtungsanzeiger blieben erhalten!

180 Alltag im Bahnhof Lichtenhain: Der Triebwagen Nr. 279 201-8 fährt über die Drehscheibe in Richtung Cursdorf aus. Auf den Abstellgleisen links der Triebwagen Nr. 279 203-4, rechts der Aufsetzwagen (Umbau aus EB 188 513) und der Bahnhofswagen Nr. 5.

181 Ausfahrt des Triebwagens Nr. 279 201-8 im Bahnhof Oberweißbach-Deesbach in Richtung Cursdorf.

Technische Daten der Oberweißbacher Bergbahn

		1923	1971
Eröffnung			
provisorischer Güterverkehr		Februar 1922	
Personen- und Güterverkehr		1.3.1923	
Stillegung des Güterverkehrs		1966	
Hersteller		Ernst Heckel, Saarbrücken	
Bauart		Standseilbahn, 1gleisig mit Ausweiche	
Betriebsart		Pendelbetrieb	
Talstation		Obstfelderschmiede	
Höhe über NN	m	340,8	
Bergstation		Lichtenhain an der Bergbahn	
Höhe über NN	m	663,8	
Strecke			
Länge	m	1 387,8	
Höhenunterschied	m	323,026	
Neigung im Durchschnitt	%	23,92	
Neigung maximal	%	25,00	
Spurweite	mm	1 800	
Seile			
Zugseil	mm Ø	41	
Fördermaschine			
Bauart		2 starr gekuppelte Treibscheiben	
Hersteller		Ernst Heckel, Saarbrücken	
Treibscheibe	mm Ø	4 000	
Antrieb		*1923*	*1971*
Bauart		elektrisch 220 V (Gleichstrom)	elektrisch 220 V (Gleichstrom)
Hersteller		Bergmann	Sachsenwerk
Leistung	kW	74	80
Steuerung		Hand	halbautomatisch
Notantrieb		Dieselmotor Batterie	Diesel-Netzersatzgerät
Fahrzeuge		*1923*	*1960*
Personenwagen	Anzahl	1	1
Hersteller		Ernst Heckel Saarbrücken	MITROPA-Reparaturwerk Gotha
Sitzplätze/Stehplätze		52/68	42/108
Eigenmasse	t	22,5	23,0
Güterbühne	Anzahl	1	
Hersteller		Ernst Heckel	
Tragfähigkeit	t	27	
Eigenmasse	t	22,5	
Betriebsdaten			
Fahrgeschwindigkeit	m/s	1,5	
Fahrzeit	min	18	
Leistung	Personen/h und Richtung	340	
Beförderte Personen (1983)		577 950	

Seilbahn erfolgt halbautomatisch und wurde so verändert, daß die Güterbühne nicht mehr bis unmittelbar an die Kopframpe heranfährt, so daß der damit verbundene harte Stoß vermieden wird.

Die Jahre 1973 und 1974 bescherten der Bahn wieder 2 neue Fahrzeuge. Der Aufsetzwagen für die Güterbühne entstand aus einem durch Traktionsumstellung auf der Strecke Schleiz–Saalburg freigewordenen Beiwagen, der Steuerwagen für die Reibungsstrecke aus einem alten Beiwagen, der von der früheren Niederbarnimer Eisenbahn stammte. Bereits bei den früheren Umbauten hatte das Raw Berlin-Schöneweide alle Fahrzeuge der Reibungsstrecke so konzipiert, daß jetzt wahlweise Züge aus 1 oder 2 Triebwagen oder aus Trieb- und Steuerwagen gebildet werden konnten.

In den Jahren 1975 und 1976 erfolgte eine umfassende Oberbauerneuerung. Dabei wurden die Schienen der Reibungsstrecke durchweg gegen solche mit den Profilen S 33 und S 49 ausgewechselt und gleichzeitig alle nicht mehr benötigten Nebengleise abgebaut. In Obstfelderschmiede wurde am Gleis der Güterbühne ein neuer, längerer Bahnsteig aus Beton errichtet.

Mit besonderem Interesse verfolgten Urlauber und Einheimische die Erneuerung der Fahrleitungsanlage im August und September 1970. Die schienengebundenen Mastsetzgeräte waren für eine Fahrt mit der Güterbühne viel zu lang, und in dem bergigen Gelände war auch das Heranfahren mit Baugeräten von der Straße aus vielfach nicht möglich. Daher wurde der größte Teil der neuen Fahrleitungsmaste mit Hubschraubern der INTERFLUG aufgestellt. Der neue Fahrdraht erhielt seine Lage über der Gleismitte.

Auf Grund der Betriebserfahrungen baute das Raw Berlin-Schöneweide 1984 den Steuerwagen der Reibungsstrecke in einen dritten Triebwagen um. Seitdem steht auch dann ein Reservetriebwagen zur Verfügung, wenn sich ein Fahrzeug im Raw zur Ausbesserung befindet. Damit wird der Einsatz der Diesellok 101 715 vom 9. bis 12. Juli 1982 auf der Reibungsstrecke eine Einmaligkeit bleiben.

Die Oberweißbacher Bergbahn heute und ihre Perspektive

Die Oberweißbacher Bergbahn ist ein Beispiel dafür, wie vor 60 Jahren Nahverkehrsprobleme im Gebirge auch mit außergewöhnlichen Mitteln gelöst wurden. Als steilste Bahn für normalspurige Güterwagen wurde sie weltbekannt. Diese Fakten führten zu der Entscheidung, die gesamte Anlage unter Denkmalschutz zu stellen.

Mag auch heute die Bedeutung der Bahn für die Erschließung der Berggemeinden als Folge zahlreicher Omnibuslinien und des individuellen Kraftverkehrs nicht mehr so entscheidend sein wie in früheren Jahrzehnten, so wird das durch den anhaltenden Touristenstrom wieder wettgemacht. Viele Menschen, die ihren Urlaub in den thüringischen Gebirgen verbringen, besuchen das schöne Schwarzatal und nutzen dabei die Möglichkeit, auch dieses interessante technische Denkmal kennenzulernen. Für mit dem Auto anreisende Besucher wurde deshalb am Haltepunkt Obstfelderschmiede ein Parkplatz angelegt. Während der Ferienmonate genügen die 12 planmäßigen Fahrten der Standseilbahn bei weitem nicht, um den Bedarf zu befriedigen. Trotz Einsatz des Aufsetzwagens auf der Güterbühne müssen dann zusätzliche Fahrten eingelegt werden. An manchen Tagen werden über 4 000 Personen befördert.

Den größten Ansturm auf die Seilbahn gibt es in den Ferien, wenn mittags im Haltepunkt Obstfelderschmiede der Schnellzug Dresden–Katzhütte hält. Wehe, wenn die übrigen Fahrgäste nicht schon durch außerplanmäßige Fahrten nach oben gebracht wurden! Die umsteigenden Reisenden haben oft Mühe, in einem Wagen der Seilbahn Platz zu finden.

Bereits 1975 wurde von Mitarbeitern verschiedener Dienststellen der Deutschen Reichsbahn eine „Studie für die Rekonstruktion der Eisenbahnanlagen auf der Strecke Obstfelderschmiede–Lichtenhain–Cursdorf" ausgearbeitet. Sie bildet die Grundlage, wie auch in den kommenden Jahren und Jahrzehnten der Betrieb dieser interessanten Bergbahn weiter durchgeführt und rationalisiert werden kann.

Oberwiesenthal

Die Stadt Oberwiesenthal und der Fichtelberg

Silberfunde auf dem Kamm des Erzgebirges nahe der sächsisch-böhmischen Grenze führten im Jahre 1527 zur Gründung der „Neustadt im Oberen Wiesenthal" durch Bergleute. Neben Silber wurde später auch Arsen abgebaut, aber 1850 kam der Bergbau zum Erliegen.

Zwar fuhr ab 1720 die Postkutsche von Leipzig über Oberwiesenthal nach Karlsbad (Karlovy Vary), aber trotzdem war diese hochgelegene Gebirgsgegend so abgelegen, daß neue Erwerbszweige, wie Spitzenklöppeln, Handschuhmachen und die Arbeit im Wald, ihre Bewohner nur notdürftig ernährten. 1872 wurde der durchgehende Eisenbahnverkehr von Chemnitz (Karl-Marx-Stadt) über Annaberg, Cranzahl und Bärenstein nach Komotau (Chomutov) in Böhmen aufgenommen. Nun kamen auch die ersten Touristen, auch wenn die 7 km Fußweg vom nächsten Bahnhof in Kovářská auf böhmischen Gebiet den Besuch Oberwiesenthals recht beschwerlich machten. Ihr Interesse galt vor allem dem in unmittelbarer Nähe der Stadt gelegenen höchsten Berg Sachsens, dem Fichtelberg (1 214 m), so daß hier schon 1888/89 das „Fichtelberghaus" erbaut wurde; viele besuchten aber auch den jenseits der Grenze gelegenen Klinovec (Keilberg), der mit 1 244 m der höchste Berg des gesamten Erzgebirges ist.

Die am 20. Juli 1897 eröffnete Schmalspurbahn von Cranzahl nach Oberwiesenthal brachte nicht nur eine große Belebung der einheimischen Wirtschaft und vor allem des Fremdenverkehrs, sondern auch die ersten Ski in dieses Gebiet. Der Bauleiter der Bahn, Ingenieur Harry OHLSEN, hatte sie aus seiner Heimat Norwegen mitgebracht, und schnell fanden die Einheimischen Spaß an diesem neuen Vergnügen. Schon 1905 wurde der Ski-Club Ober- und Unterwiesenthal gegründet, und 1911 war die Stadt Austragungsort der 1. Deutschen Skimeisterschaft.

Heute bestimmt der Wintersport mehr denn je das Profil der 2 750 Einwohner zählenden Stadt im Kreis Annaberg, Bezirk Karl-Marx-Stadt. Mit 915 m ist es die höchstgelegenste Stadt am höchsten Berg der DDR, dem Fichtelberg. Seine Hänge tragen durchschnittlich 220 Tage im Jahr eine Schneedecke, so daß zu den 4 000 ständig untergebrachten Touristen und Sportlern täglich noch eine weitaus größere Zahl aus tiefergelegenen Gebieten kommen. Aber auch in den kurzen Sommern zieht das Fichtelberggebiet mit seiner interessanten Pflanzenwelt und den vielfältigen Wandermöglichkeiten zahlreiche Erholungssuchende an.

Die Fichtelberg-Schwebebahn

Planung und Bau

Oberwiesenthal war gerade erst an das Eisenbahnnetz angeschlossen worden, da tauchten auch schon die ersten Gedanken einer Fichtelbergbahn auf. Am 3. August 1899 beantragte die Helios-Elektricitäts-Aktien-Gesellschaft in Köln-Ehrenfeld bei der sächsischen Regierung die Genehmigung für Vorarbeiten zu einer Standseilbahn vom Roten Vorwerk auf den Gipfel. Die Bahn hätte die 235 m Höhenunterschied auf einer vorhandenen 1 250 m langen Schneise, der „Himmelsleiter", überwinden können, ohne daß nennenswerte Eingriffe in Gelände und Baumbestand notwendig gewesen wären. Dieser gute Gedanke wurde 70 Jahre später beim Bau eines Skischlepplifts wieder aufgegriffen. Die Gemeindevertreter von Oberwiesenthal wünschten die Talstation näher an die Stadt und schlugen dafür das Weiße Vorwerk vor, das heute als Jugendtouristenhotel „Karl Liebknecht" ausgebaut ist. Die Ministerien lehnten beide Projekte grundsätzlich ab, ohne eine Begründung dafür zu äußern. Nachdem sich der Fremdenverkehr weiter entwickelt hatte, lebten die Bestrebungen zum Bau einer Fichtelbergbahn wieder auf. Die Rechtsanwälte FISCHER und Dr. WEIGEL aus Annaberg erkannten als erste, daß sich inzwischen mit den Seilschwebebahnen durch deren günstige Trassierung bei geringen Baukosten völlig neue Möglichkeiten anboten. Sie ließen daher im Jahre 1912 von der Firma Adolf Bleichert & Co. in Leipzig ein Projekt ausarbeiten. Die Talstation war hinter dem Sporthotel (heute Erholungsheim „Aktivist") geplant, die Bergstation unterhalb des Fichtelberghauses, damit sie die Aussicht nicht beeinträchtigte. Die Trasse entsprach damit bereits der später ausgeführten. Gleichzeitig sollte eine Rodelbahn gebaut werden, um einen Anreiz zur Benutzung der neuen Seilschwebebahn zu geben. Beide Vorhaben wurden vom Verkehrsverein für das Fichtel- und Keilberggebiet unterstützt.

Die sächsische Regierung erfuhr erst durch die Presse von den Projekten und war deshalb sehr ungehalten. Sie lehnte die Seilschwebebahn grundsätzlich ab, verwies jedoch gleichzeitig darauf, daß sie einer sich dem Gelände anschmiegenden Anlage gegenüber aufgeschlossener zeigen werde und nannte als Vorbild eine Schleppseilbahn für Rodelschlitten, die damals schon in Oberhof bestand. Viele ungeklärte Fragen ließen die Zeit verrinnen, bis der erste Weltkrieg und die nachfolgenden Krisenjahre jede weitere Bearbeitung des Vorhabens verhinderten.

Aber kaum ließ das Ende der Inflation eine Konjunktur erhoffen, wurden die alten Gedanken schon wieder ernsthaft verfolgt. Dieses Mal waren es Oberwiesenthaler Hotelbesitzer, die die Initiative ergriffen; erhofften sie sich doch durch die Seilschwebebahn auch eine Steigerung ihres eigenen Umsatzes.

Aber es gab zahlreiche Gegner. Am 7. Mai 1924 führte der „Landesverein Sächsischer Heimatschutz" gemeinsam mit anderen Natur- und Sportvereinen eine Beratung durch und arbeitete ein Gutachten aus. In diesem hieß es unter anderem:

„... Die Erschließung des Gipfels durch Bahnen, durch Autolinien u. a. heißt nichts anderes, als die Großstadt mit ihrem Luxus in die Abgeschiedenheit zu verlegen, den Mittelstand aus den schönsten Punkten der Natur zu vertreiben und diese zu einem Herrschgebiet des Reichtums zu machen ... die Natur aber soll nach aller Möglichkeit dem Volke, der Allge-

182 Lageplan der Seilbahnen in Oberwiesenthal (M 1:10 000).

meinheit verbleiben … Demgemäß fordern wir die Regierung auf, die Erlaubnis zur Herstellung eines Personenaufzuges von Oberwiesenthal nach dem Fichtelberge zu versagen …" Zur damaligen Zeit gab es jedoch noch keine Gesetze über Natur- und Umweltschutz, und so ließen sich

diese Forderungen nicht durchsetzen, obwohl sie nicht nur dem Wunsch des erwähnten „Mittelstandes", sondern auch der Arbeiterklasse und damit breiten Bevölkerungskreisen entsprachen.
Am 6. August 1924 gründeten die 3 Hotelbesitzer PAGEL, SCHWARZ

und KREISEL, Stadtrat GÖBEL und PAGELs Ehefrau die Sport- und Schwebebahn-Verkehrs-Aktiengesellschaft (SUSVAG). Offenbar hatten sie bereits vorher das alte Bleichert-Projekt überarbeiten lassen und ein weiteres von der ATG Allgemeine Transport-Anlagen-Gesellschaft mbH Ma-

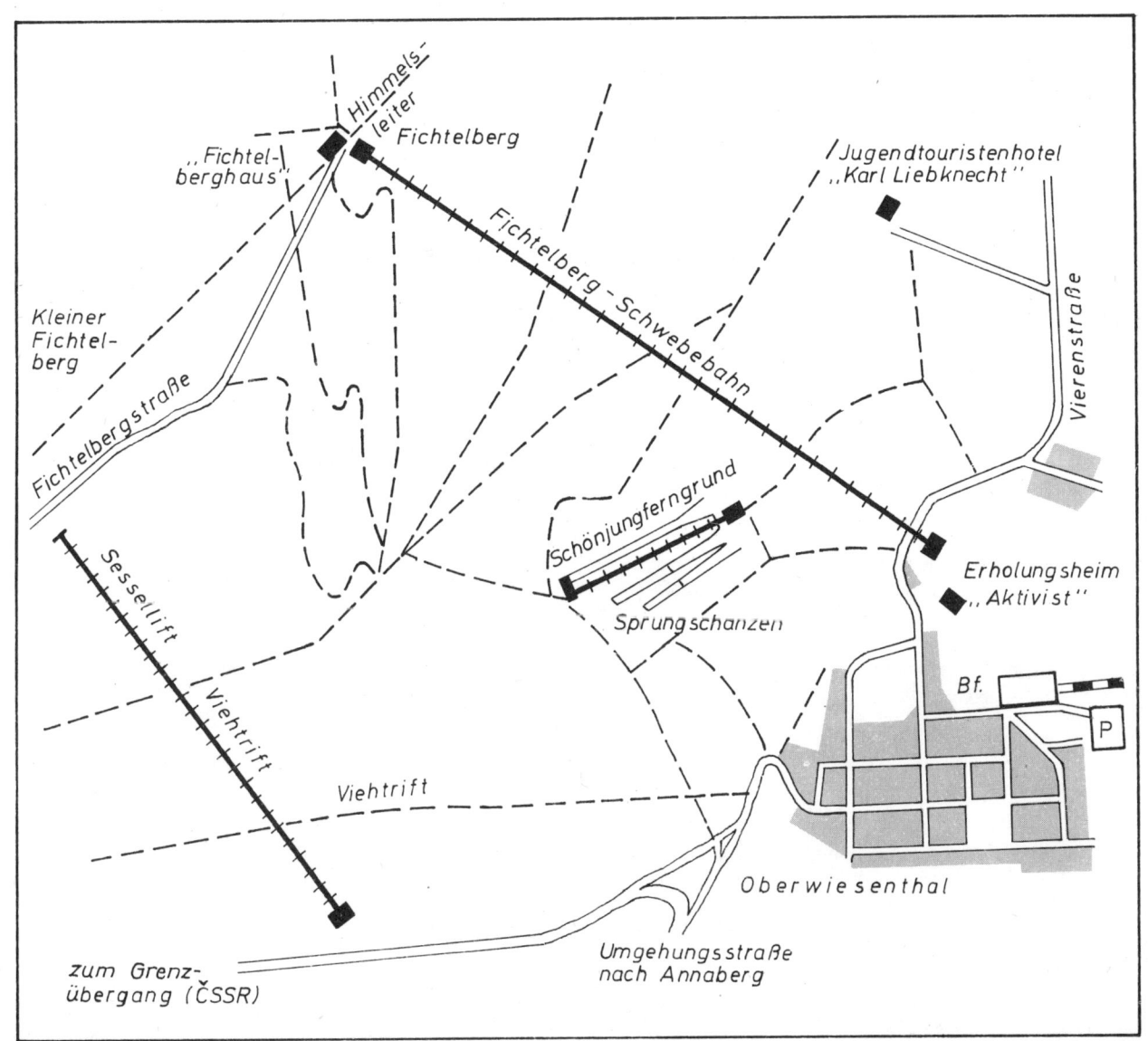

141

schinenfabrik in Leipzig-Großzscho-
cher eingeholt. Ihr Ziel war es, mit
der ersten Seilschwebebahn moderner
Bauart in Deutschland eine Attraktion
zu haben, die ihnen doppelten Gewinn bringen sollte, nämlich durch
die Verzinsung des Aktienkapitals und
durch eine Umsatzsteigerung in ihren
Hotels. Deshalb sollte die Bahn mit
dem geringsten Aufwand gebaut und
noch zu Beginn der Wintersaison am
15. Dezember 1924 eröffnet werden.
Als Folge dieser kurzen Terminstel-
lung überstürzten sich die Ereignisse.
Das Bleichertsche Projekt sah eine
günstige Trassierung mit 6 Stützen
vor und war in allen Punkten solide

daß der Auftrag an die Konkurrenz
gegangen war! Dann lehnte er seine
Wahl noch nachträglich ab. Den Auftrag zur Herstellung der Mastfunda-
mente und der beiden Stationsge-

0	55		601	785		993	1107	114,2	Länge [m]
22,5		29,1		37,9	27,4		15,4	6,2	Neigung [%]

183 Streckenprofil (1924).

ausgearbeitet. Demgegenüber unter-
breitet die ATG ein billigeres Angebot, weil vieles primitiver gelöst war.
Die Trassierung mit nur 5 Stützen
brachte zwar geringere Baukosten, dafür aber ungünstigere Betriebsverhält-
nisse, und die elektrische Ausrüstung
fehlte im Angebot vollkommen. Die
Gründer waren selbst keine Fachleute,
die diese Problematik hätten erkennen
können. Sie sahen nur den niedrige-
ren Preis und entschieden sich daher
spontan für das ATG-Projekt – ein
grundsätzlicher Fehler, der sich später
noch bitter rächen sollte. Trotzdem
hatte sich Direktor SIEDE von der
Firma Bleichert & Co. in den Auf-
sichtsrat wählen lassen. In der Hektik
hatte er zunächst gar nicht bemerkt,

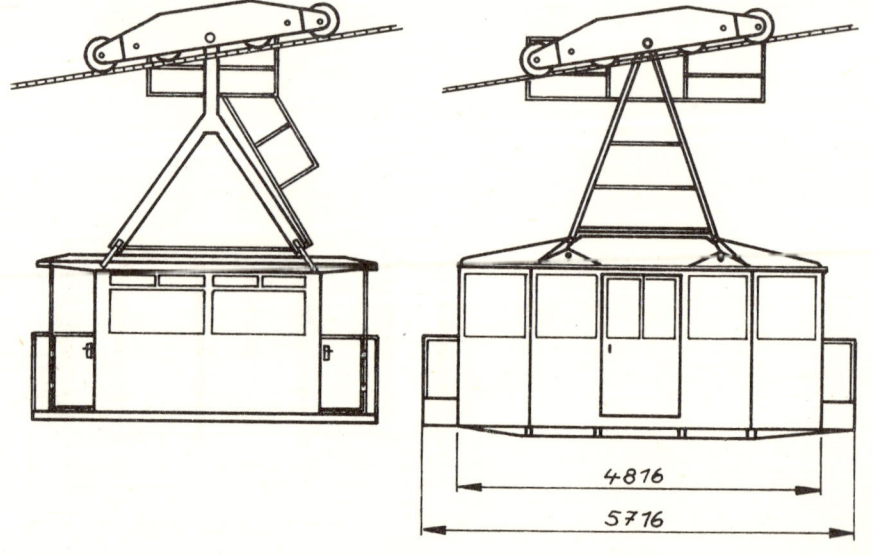

bäude erhielt die Firma Gustav Richter AG in Plauen (Vogtland), den für die elektrische Ausrüstung die Siemens-Schuckert-Werke in Berlin. Am 1. September erfolgte der erste Spatenstich, obwohl noch keinerlei Baugenehmigung vorlag. Diese wurde erst am 8. September von der Amtshauptmannschaft Annaberg erteilt, und sofort begann man zielstrebig mit 250 Arbeitern und 8 Ingenieuren das Werk. Vom sächsischen Innenministerium wurde diese Verfahrensweise scharf kritisiert, denn die Genehmigung für Vor- und Bauarbeiten sowie zur Verleihung des Rechts zum Betrieb von Bahnen lag ausschließlich in seiner Kompetenz. Auch war die SUSVAG noch gar nicht im Handelsregister eingetragen, sie holte dieses Versäumnis erst am 22. Oktober nach. Die sächsischen Ministerien veranlaß-

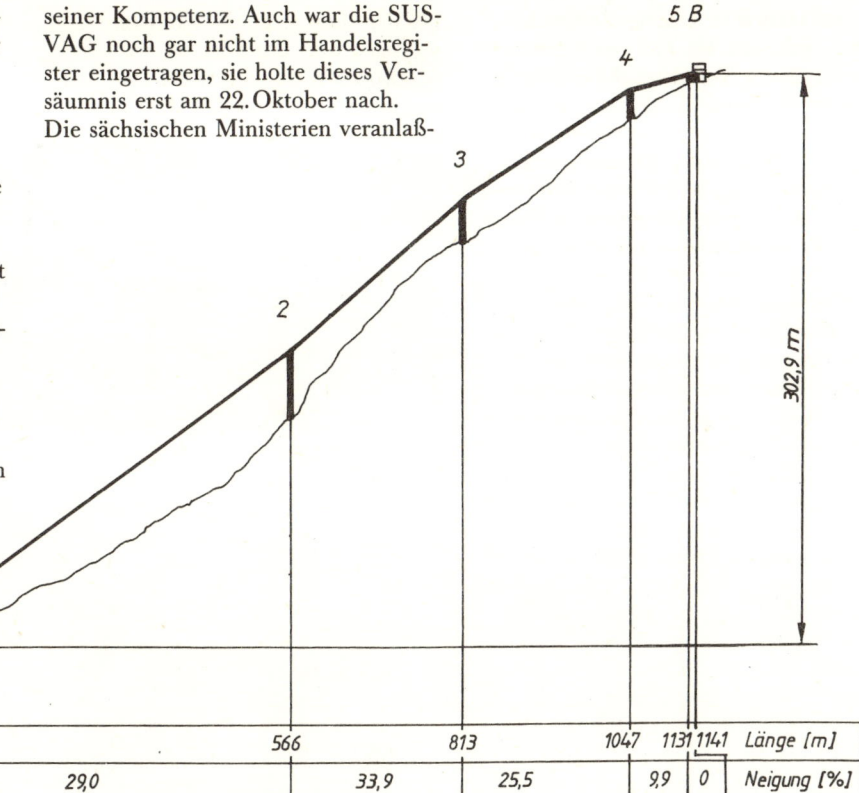

184 Streckenprofil nach dem Umbau 1985 (Projekt).

Länge [m]	0	45		566	813		1047	1131	1141
Neigung [%]		29,0			33,9	25,5		9,9	0

185 Kabine der Fichtelberg-Schwebebahn (Baujahr 1925).

186 Kabine (Baujahr 1940).

187 Kabine (Baujahr 1962) nach Umbau der Türen (1985).

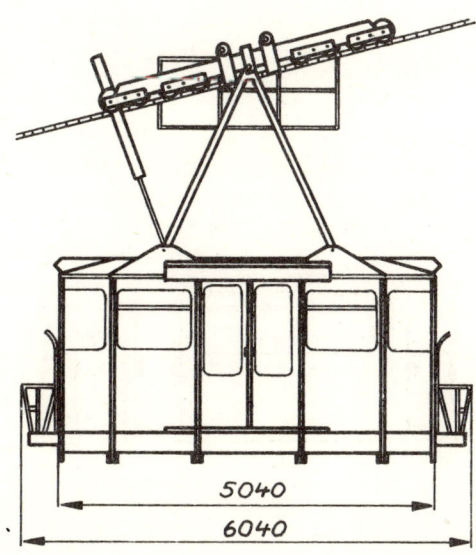

ten daher eine Revision, bei der jedoch keine finanziellen Unregelmäßigkeiten festgestellt werden konnten. Inzwischen hatte die SUSVAG das Genehmigungsverfahren noch nachträglich in der vorgeschriebenen Art und Weise eingeleitet, und nach Prüfung der Projektunterlagen fertigte das sächsische Innenministerium am 16. Dezember 1924 die Verleihungsurkunde aus, in der der SUSVAG das Recht zum Bau und Betrieb der Seilschwebebahn für einen Zeitraum von 50 Jahren zugesprochen wurde. Die SUSVAG war aber bereits in erste Schwierigkeiten geraten, mußte ihr Aktienkapital von 70000 RM auf 300000 RM erhöhen und dazu noch ein Darlehen aufnehmen. Darüber hinaus wurden Verträge so abgeschlossen, daß sie einen Teil der Baukosten erst mit den Einnahmen der Wintersaison bezahlen zu brauchte.

Am 19. Dezember besichtigte Regierungskommissar WEIDNER die Bahn, konnte sie aber nicht abnehmen, weil sie noch nicht betriebsfähig war. Was nun? Die Eröffnungsfeier war für den 21. Dezember ganz groß vorbereitet worden, und namhafte Gäste wurden erwartet. Die Verantwortlichen entschlossen sich, diese Feier nicht abzusagen und wenigstens die zusammen mit der Bahn erbaute Rodelbahn einzuweihen. Über diese Eröffnungsfeier berichtete die „Deutsche Zeitung" am 22. Dezember 1924: „Während man es längst allgemein hinnimmt, daß Ausstellungen am Eröffnungstag nicht fertig sind, hat man es wohl noch nicht erlebt, daß eine eingeweihte Bahn nicht fuhr! Man stellte auch gleich den Schuldigen fest ... Der Nebel! Der arme! In Wirklichkeit war er so unschuldig wie die Leser dieser Zeilen ... ... Man ließ einen Wagen etwa 20 m aus der Talstation fahren, bemannt mit mutigen Einheimischen, die ein erzgebirgisches Heimatlied sangen und dann an einem Seil aus dem Wagen, 25 m tief auf die Erde herunterkletterten ... Die Ehrengäste wurden mit Pferd, Wagen und Autos auf den Gipfel gebracht. Dort erfolgte die Einweihung der neuen Rodelbahn, und die Gäste wurden zu Tal gerodelt."

Bei dieser Feier wurden die beiden Kabinen „Maria" und „Ellinor" getauft – die Vornamen der Ehefrauen der Hauptaktionäre. Nachdem auch an den Weihnachtstagen pausenlos gearbeitet worden war, wurde die Bahn am 27. Dezember zum zweiten Mal geprüft, konnte aber wiederum nicht abgenommen werden. Signalanlage und Notbremse waren noch nicht fertig, und in der Fördermaschine fehlte noch ein Lager und ein Zahnrad.

188

189

Auch ergaben sich gegenüber den Berechnungen veränderte Lastverhältnisse, da die Kabinen gegenüber dem Projekt um 1 t schwerer ausgefallen waren. Der Regierungskommissar war jedoch großzügig. Er erteilte 2 Tage später die Genehmigung zur Betriebsaufnahme unter der Bedingung, daß alle Mängel beseitigt sind. Dabei mußte er feststellen, daß die SUSVAG trotz der noch fehlenden Genehmigung den Verkehr bereits am Sonntag, dem 28. Dezember 1924, aufgenommen hatte.

Die Fichtelberg-Schwebebahn im Jahre 1924

Verließ der Tourist im Jahre 1924 Oberwiesenthal über die Vierenstraße, so war das elegante Sporthotel (heute Erholungsheim „Aktivist") das letzte Haus. Sein Besitzer Bruno PAGEL war einer der Gründer, Hauptaktionär und Direktor der SUSVAG, weshalb auch die Hotelverwaltung gleichzeitig die Geschäfte der Schwebebahn führte. Etwa 100 m hinter dem Hotel stand das bescheidene Gebäude der

zurückgreifen und mußte deshalb je 2 Trag- und Zugseile vorsehen. Die voll verschlossenen Tragseile konnten nicht in den erforderlichen Längen hergestellt werden. Deshalb mußten jeweils 5 kurze Seile durch Muffen miteinander verbunden werden. Eine komplizierte Spannvorrichtung in der Talstation sollte die unterschiedlichen Kräfte zwischen den doppelten Zug- und Leitseilen ausgleichen. Auch in der Bergstation waren solche Ausgleichvorrichtungen vorhanden, die sich jedoch im praktischen Betrieb als fast unwirksam erwiesen.

Die Fahrt über die Seilmuffen und die kurzen Auflageschuhe an den Stützen war mit Stößen verbunden. Alle diese Unzugänglichkeiten hatten einen hohen Verschleiß und damit große Reparaturkosten als Folge. Der Fahrgast aber ahnte von diesen Problemen nichts. Für ihn entwickelte sich eine herrliche Aussicht über Oberwiesenthal, den Klinovec und andere Berge, bis der zweite Teil der Fahrt zwischen wetterzersausten Fichten entlangführte.

In der Bergstation etwas unterhalb des Fichtelberghauses war die Fördermaschine untergebracht. Die 2 Zugseile waren über eine gemeinsame Treibscheibe mit 2 Rillen geführt; pendelnd aufgehangene Führungsrollen sollten die unterschiedlichen Seilkräfte ausgleichen. Insgesamt war die Seilführung durch das Maschinenhaus sehr ungünstig gestaltet; durch kleine Führungsrollen mit nur 500 mm Durchmesser und kurze Biegewechsel wurden die Zugseile sehr stark beansprucht. Auch die Befestigung der Tragseile wies Mängel auf; sie konnten nur ein kleines Stück nachgelassen werden und deshalb nach längerer Betriebszeit niemals in eine Lage gebracht werden, um die stärker verschleißenden Teile an den Stützen völlig von den Tragseilschuhen herunterzubringen.

188 Kabine während der Probefahrten im Dezember 1924 an der Bergstation. Das Vorbild der Kohlernbahn ist nicht zu übersehen!

189 Die Bergstation in den ersten Betriebsjahren und das alte Fichtelberghaus. Die doppelten Trag- und Zugseile sind deutlich zu erkennen.

190 Die Kabine von 1924 erhielt unten einen Tragkorb für Sportgeräte. Links die Talstation und die Stütze 1. Das große, auffällige Gebäude vor der Kirche ist das Sport-Hotel, wo anfangs die Schwebebahn verwaltet wurde.

191 Die Bergstation mit einer 1940 erbauten Kabine, dahinter der Turm des alten Fichtelberghauses.

Talstation. Nur der Bahnsteig war in der heutigen Art überdacht; der anschließende Raum für die Spannmassen war nur ein niedriger Flachbau. Der Fahrgast bestieg eine der beiden Kabinen über die völlig offenen Endplattformen. Sie besaßen ein Stahlgerippe, das mit Holz verkleidet war. Der elegant ausgestattete Fahrgastraum hatte 12 Sitzplätze. Diese Bauart der Kabinen bedingte eine unnötig hohe Eigenmasse.

Die ATG konnte nicht auf die Patente von BLEICHERT und ZUEGG

Der Antriebsmotor trieb die Fördermaschine über ein offenes Stirnradgetriebe an. Die Energie lieferte das Elektrizitätswerk Oberwiesenthal als Drehstrom mit einer Spannung von 3×10 kV, die in der Bergstation herabtransformiert wurde. Der Maschinist stand in einem Raum zwischen Bahnsteig und Maschinenhaus und bediente Fahrschalter und Bremse von Hand.

Als Hilfsantrieb diente ein Benzinmotor, der direkt in das Zahnradvorgelege eingekuppelt wurde. Seine Bauart entsprach jedoch nicht den gesetzlichen Vorschriften, so daß er bald wieder entfernt werden mußte. Außerdem war ein Handkurbelantrieb vorhanden, mit dem das Bergen der Kabinen bis zu 3,75 Stunden dauerte.

Ein Vergleich mit der im gleichen Jahr erbauten Bahn Meran-Hafling zeigt, wie weit die Technik im Seilbahnbau damals wirklich war und welche Möglichkeiten am Fichtelberg verschenkt wurden, nur weil sich die Aktionäre von dem billigen ATG-Projekt hatten blenden lassen. Daher gingen von dieser ersten Seilschwebebahn mit Tragseil in Deutschland auch keine Impulse für die weitere Entwicklung aus.

Die schweren Betriebsjahre bis 1948

Die SUSVAG mußte für den Bau der Seilschwebebahn mit allen Nebenarbeiten 354 000 RM bezahlen, zu denen noch weitere 26 000 RM für die Rodelbahn kamen. Der Reiz des Neuen war groß, und obgleich eine Fahrt 1 RM kostete, benutzten im ersten Betriebsjahr 90 000 Fahrgäste die Bahn. Trotzdem konnte die SUSVAG nur gerade die alten Forderungen begleichen; an eine Dividende für die Aktionäre war nicht zu denken. Sie hofften auf das Jahr 1926, aber das

sollte schließlich zu einer Katastrophe für das Unternehmen werden.

Die Stationen hatte man nur als ganz leichte Holzbauten errichtet. Deshalb deckte ein Sturm das Dach der Bergstation am 25. April teilweise ab. Im September mußten die Zugseile erneuert werden. Schließlich kam es am 27. Dezember zu einer Havarie. Ein Spannseil riß, und als Folge brach auch eine Spannscheibe. Glücklicherweise kamen keine Menschen zu Schaden, da die Wagen gerade in die Stationen eingefahren waren. Darüber hinaus hatten wegen der ungünstigen Witterung nur 49 000 Fahrgäste die Bahn benutzt.

Im August 1927 mußten die Zugseile schon wieder ausgewechselt werden. Die SUSVAG entsann sich nun reuemütig des erfahrenen Seilbahnherstellers BLEICHERT und holte von dessen Gutachter Prof. Dr. RUBIN eine Beurteilung ein. Auf seinen Rat hin wurden nun Zug- und Leitseile gleichen Durchmessers verwendet. Dadurch konnten die abgelegten Zugseile nochmals als Leitseile eingebaut werden. Außerdem wurde die Seilführung in der Bergstation verbessert. Die Führungsrollen wurden auf 1 750 mm vergrößert; einige entfielen ganz. Die Deckung der hohen Kosten konnte nur durch die Hilfe des Hauptaktionärs KÜTTNER erfolgen; außerdem wurden die Aktien im Verhältnis 5:1 zusammengelegt. Bei einer so schlechten wirtschaftlichen Lage mußte die SUSVAG sparen, wo sie nur konnte. Daher beschwerten sich die 2 Schaffner beim Regierungskommissar, daß sie täglich 13 Stunden arbeiten mußten und dazu ihr Wochenlohn von 41,– RM auf 33,73 RM herabgesetzt wurde. Da sie jedoch nicht gewerkschaftlich organisiert waren und demzufolge auch keinen Tarifvertrag besaßen, blieb ihre Beschwerde erfolglos.

Von 1929 an legte die SUSVAG die

192

192 Begegnung der beiden Kabinen des Baujahrs 1940 an der Stütze 2. Unten ist die Landschaft fast unberührt; heute ist dort das Neubaugebiet der Stadt Oberwiesenthal.

193 Kabine Nr. 1, erbaut 1962 im VEB Flugzeugwerft Dresden, in Leichtbauweise. Die pneumatische Dämpfung vermindert das Pendeln beim Überfahren der Stützen.

194 Eine Kabine des Baujahrs 1962 zwischen Talstation und Stütze 1.

Bahn im Frühjahr und Herbst still, um in den verkehrsschwachen Monaten die Kosten für Löhne und Elektroenergie zu sparen. Außerdem hatte sie Werkzeug angeschafft, um in diesen Zeiten mit eigenen Kräften Seilwechsel und andere Reparaturen durchführen zu können, während sie bisher auf die freien Termine fremder Firmen angewiesen war. Aber trotz aller Sparmaßnahmen war die finanzielle Lage des Unternehmens kata-

strophal, denn die Zahl der Fahrgäste sank immer weiter ab und erreichte 1930 mit 11 000 ein Minimum. Auch der zusätzliche Anreiz zur Benutzung der Bahn, den man mit der Einführung von Ermäßigungen für Kinder und Gruppenfahrten geschaffen hatte, konnte diesen Rückgang nicht aufhalten. Daher konnten auch die Kosten in keinem Jahr aus den Einnahmen gedeckt werden, es mußten immer neue Hypotheken oder Darlehen aufgenommen oder andere finanzielle Sanierungsmaßnahmen durchgeführt werden. Dabei gab sich der Hauptaktionär KÜTTNER oft hilfreich, sicherte sich aber gleichzeitig in Form von Hypotheken einen großen Anteil an dem Unternehmen.

Auch mit dem Elektrizitätswerk Oberwiesenthal wurde immer wieder wegen einer Herabsetzung der Energiepreise verhandelt. Trotz erzielter Erfolge beschaffte die SUSVAG 1932 eine eigene Stromversorgungsanlage, mit der sie hoffte, die benötigte Energie billiger erzeugen zu können. Sie bestand aus einem Junkers-Dieselmotor und einem Generator. Geldmangel verzögerte ihre Montage in der Bergstation, so daß sie erst am 2. Februar 1934 abgenommen werden konnte. Die bisherige Stromversorgungsanlage verblieb als Reserve. Ende 1932 hatte man außerdem durch Überbauen des Spannraums in der Talstation eine Wartehalle geschaffen.

Die SUSVAG hatte sich nun derart in Schulden gestürzt, daß am 22. August 1934 Konkurs eröffnet werden mußte. Der Wert der abgebrochenen Anlage hätte auch nicht annähernd die Forderungen decken können. Deshalb versuchte der vom Amtsgericht Annaberg als Konkursverwalter eingesetzte Rechtsanwalt und Notar Kurt SCHERL aus Oberwiesenthal, den Betrieb aufrecht zu erhalten, was ihm, abgesehen von kleinen Unterbrechungen, auch gelang. Da die neue Stromversorgungsanlage unter Eigentumsvorbehalt geliefert worden war und bisher kaum Zahlungen dafür erfolgten, ging sie an die Hersteller zurück. Hauptgläubiger war danach der Aktionär KÜTTNER geworden, der so oft geholfen hatte, jetzt aber nicht mehr konnte – oder wollte? KÜTTNER hatte auch zahlreiche Forderungen an seine Ehefrau abgetreten, so daß auch sie als Hauptgläubiger auftrat. Diesen beiden schuldete die SUSVAG über 70 000 RM. Frau KÜTTNER beantragte daher 1935 das Zwangsverwaltungsverfahren, weshalb der Name des Unternehmens in „Fichtelberg-Schwebebahn" geändert wurde.

Anfang Mai 1936 kam es schließlich zur Zwangsversteigerung des Unternehmens. KÜTTNER erwarb es auf diese Weise zu einem Spottpreis von 10 000 RM und gliederte es der Spindel- und Spinnflügelfabrik AG Neudorf, Erzgebirge, an, von der er praktisch alleiniger Aktionär war. Am 10. Dezember 1936 übertrug die sächsische Regierung alle Rechte und Pflichten, die sich aus der Verleihungsurkunde ergaben, der Spindel- und Spinnflügelfabrik.

KÜTTNER erwartete durch die Verwaltung der Schwebebahn von dem nur 12 km entfernten Neudorf aus eine weitere Rationalisierung. 1938 übergab er Fabrik und Schwebebahn seiner Tochter KÜTTNER-TREITSCHKE als Hochzeitsgeschenk.

KÜTTNER hatte das Unternehmen zu einem Zeitpunkt ersteigert, als es gerade rentabel zu werden begann. Die Fahrgastzahlen stiegen ständig und erreichten 1940 erstmals die 100 000. Die Bahn war diesem Verkehrsaufkommen nicht mehr gewachsen. Daher wurden Ende 1940 2 neue Kabinen mit einem größeren Platzangebot in Dienst gestellt. Außerdem wurde um diese Zeit wieder ein Notantrieb eingebaut. Er bestand wiederum aus einem Benzinmotor, der direkt an die Fördermaschine gekuppelt werden konnte.

Der zweite Weltkrieg schien an Oberwiesenthal fast vorbeizugehen. Die Hotels dienten zwar als Lazarette oder Erholungsheime für Offiziere, die Fahrgastzahlen der Schwebebahn gingen dadurch nur wenig zurück; sie blieb in Betrieb.

Am 30. Juni 1946 wurden in der sowjetischen Besatzungszone alle Nazi- und Kriegsverbrecher enteignet und ihre Betriebe in Volkseigentum überführt. Auch KÜTTNER und seine Unternehmen gehörten zu den enteigneten. Die Fichtelberg-Schwebebahn wurde nun von der Stadt Oberwiesenthal verwaltet, und bei der Lösung technischer Probleme leistete die neue SDAG „Wismut" wertvolle Hilfe. Aber während des Krieges hatten nur die allernotwendigsten Reparaturen durchgeführt werden können, und so

war der Gesamtzustand der Anlage denkbar schlecht. Dazu hatten sich im Herbst 1948 die Tragseile an den Muffen verworfen. Nach dem Krieg gab es aber weitaus wichtigere Probleme als die Reparatur der Fichtelberg-Schwebebahn, und so blieb weiter nichts übrig, als den Betrieb einzustellen.

Die Wiederinbetriebnahme und die Modernisierung bis 1984

Nachdem ein großer Teil der Hotels von der Gewerkschaft als Ferienheime übernommen worden war, begann in Oberwiesenthal wieder der Fremdenverkehr und erreichte Ausmaße wie nie zuvor. Auch der Sportbetrieb wurde wieder aufgebaut. 1954 übernahm die neu gegründete Betriebssportgemeinschaft Traktor alle Sportanlagen. Der Wunsch, schnell auf den Fichtelberg gelangen zu können, wurde immer größer und kam nicht nur von den Feriengästen, vielmehr bemühten sich vor allem die Leistungssportler um effektive Trainingsmöglichkeiten. Daher stellte der Staat für die Wiederinstandsetzung der Fichtelberg-Schwebebahn 600 000 Mark zur Verfügung.

Am 1. August 1955 begann die Generalreparatur durch den VEB Verlade- und Transportanlagen (VTA) Leipzig, und am 17. Februar 1956 konnte der Betrieb wieder aufgenommen werden. Die Beförderungszahlen lagen sofort weit über denen der Vorkriegszeit und erreichten 1958 500 000 – die Bahn war in ihrer Leistungsfähigkeit weit überfordert!

Aus diesem Grund wurde vom August 1961 bis November 1962 ein größerer Umbau der Anlage vorgenommen, deren Ziel es war, die Förderleistung zu erhöhen. VTA baute eine neue Fördermaschine mit halbautomatischer Steuerung. Der Maschinist setzte die

Bahn nur noch durch Druck auf einen Taster in Bewegung, alles weitere bis zum Stillstand der Kabinen in den Gegenstationen geschah ohne sein Zutun. Ein Ward-Leonard-Umformer gewährleistete eine verlustarme Geschwindigkeitsregelung. Die Auflageschuhe für die Tragseile an den Stützen wurden wesentlich verlängert, damit die Fahrgeschwindigkeit auf 3,5 m/s erhöht werden konnte. Die bisherige Anordnung von 2 Tragseilen für jede Fahrbahn wurde beibehalten, dagegen nur noch je 1 Zug- und Gegenseil verwendet. Dadurch vereinfachte sich auch die Seilführung im Maschinenhaus. Die Flugzeugwerft Dresden stellte 2 neue Kabinen in Leichtbauweise her.

Schon bald mußte die umgebaute

195 An der Stütze 2 begegnen sich die beiden Kabinen des Baujahrs 1962. Im Hintergrund die Talstation und die Stadt Oberwiesenthal.

196 Die Bergstation mit der Stütze 5 und dem Turm des neuen Fichtelberghauses 1983/84.

Bahn ihre größte Bewährungsprobe bestehen. Am 25. Februar 1963 brach gegen 19 Uhr im Fichtelberghaus Feuer aus. Die einzige Zufahrtsstraße zum Gipfel war durch Schneemassen unpassierbar. Aber mit den Feuerwehrleuten eilten auch die Werktätigen der Schwebebahn unaufgefordert an ihre Arbeitsplätze zurück. Bereits 19.15 Uhr fuhr die Freiwillige Feuerwehr Oberwiesenthal mit ihren Geräten auf den Fichtelberg, und ihr folgten zahlreiche Löschgruppen aus den Nachbarorten. Die talwärts fahrenden Kabinen brachten Hotelgäste und Personal in Sicherheit. Bis zum nächsten Morgen wurden 48 Fahrten ausgeführt, aber alle Einsatzbereitschaft war umsonst gewesen. Der strenge Frost hatte zu Wassermangel

geführt, und so brannte das Fichtelberghaus vollständig ab.
Im Februar und März 1965 gab es die nächsten großen Einsätze für die Bahn und ihre Belegschaft. Ungewöhnlich starke Schneefälle hatten fast alle Straßen unpassierbar gemacht, und Oberwiesenthal wurde zum Katastrophengebiet erklärt. Die Schwebebahn beförderte daher täglich bis zu 200 Frachtstücke mit Lebensmitteln zur Bergstation. Von dort aus erfolgte ihr Weitertransport mit Schlitten. Für das Ferienheim „Bergheim" wurden die Versorgungsgüter von der Kabine aus abgeseilt. Für die dabei erbrachten hohen Leistungen wurde das Kollektiv der Fichtelberg-Schwebebahn mit der „Medaille für selbstlosen Einsatz bei der Bekämpfung von Katastrophen" ausgezeichnet.
1965/66 wurde die Talstation umgebaut. Die Spannvorrichtungen wurden verändert, neue Ein- und Ausgänge geschaffen sowie Verwaltungs- und Sozialräume angebaut.

Im August 1967 konnte das völlig neu erbaute Fichtelberghaus mit seinem 42 m hohen Turm eröffnet werden. Diese neue Attraktion ließ die Fahrgastzahlen der Schwebebahn sprunghaft ansteigen. Sie erreichten 1971 mit 855 000 ein neues Maximum. Die Fahrgäste konnten nun an einem Schild lesen, daß die Bahn im Jahre 1969 von dem Betrieb Tramontaž in Chrudim (ČSSR) erbaut worden sei. Tatsächlich waren aber nur größere Reparaturen ausgeführt worden, von einem Neubau konnte keine Rede sein. 1971 wurde die bis dahin dem Rat der Stadt Oberwiesenthal unterstellte Bahn ein selbständiges Unternehmen mit dem Namen VEB Fichtelberg-Schwebebahn.

Der Umbau im Jahre 1985 und die Perspektive der Bahn

Die Fichtelberg-Schwebebahn wird im Sommer und vor allem im Winter von zahlreichen Touristen und Sportlern benutzt, weil vielfältige Wanderwege, Loipen und Pisten unterschiedlichster Länge und Schwierigkeitsgrade nach Oberwiesenthal zurückführen. Daher bilden sich in der Hauptsaison erhebliche Warteschlangen, so daß zeitweise sogar ein Parallelverkehr mit Omnibussen eingeführt wurde. Es besteht daher die dringende Notwendigkeit, die Beförderungsleistung der Bahn weiter zu erhöhen.
Aus diesem Grunde ließ man in den Jahren 1982/83 durch den polnischen Betrieb Krakowskie Biuro Projektow Budownictwa Prezenysłowego ein Projekt für einen erneuten Umbau ausarbeiten. Es sah die Reduzierung von 5 auf 3 Stützen vor und das Versetzen der als Binder bezeichneten Stützen aus den Stationen heraus. Außerdem sollte die Fördermaschine erneuert werden. Ziel dieser Maßnahmen war die Erhöhung der Fahrgeschwindig-

Technische Daten der Fichtelberg-Schwebebahn

Eröffnung		28.12.1924	
Hersteller		ATG Leipzig	
Bauart		Großkabinen-Seilschwebebahn	
Betriebsart		Pendelbetrieb	
Talstation		Oberwiesenthal (Vierenstraße)	
Höhe über NN	m	905,5	
Bergstation		Fichtelberg	
Höhe über NN	m	1 208,4	
Strecke			
Länge	m	1 175	
Höhenunterschied	m	302,9	
Neigung im Durchschnitt	%	27,7	
Neigung maximal	%	50	

		1924	1986
Stützen	Anzahl	5	5
höchste Stütze	m	26,5 (Nr. 2)	35 (Nr. 2)
größte Spannweite	m	546	562

Seile		1924	1927	1962	1986
Tragseil jede Fahrbahn	mm Ø	2×44	2×44	2×44	2×42
Zugseil	mm Ø	2×25	2×25	1×24	1×24
Gegenseil	mm Ø	2×19	2×25	1×22	1×22
Spannseil	mm Ø			8×39	2×44

Fördermaschine		1924	1962	1986
Bauart		Treibscheibe	Treibscheibe	Treibscheibe
Hersteller		ATG Leipzig	VTA Leipzig	POLMAG
Treibscheibe	mm Ø	2 500	3 200	

Antrieb		1924	1962	1986
Bauart		elektrisch	elektrisch	elektrisch
		220 V (Drehstrom)	440 V (Gleichstrom)	440 V (Gleichstrom)
Hersteller		SSW	Elbtalwerk	Sachsenwerk
Leistung	kW	58,9	63	190
Steuerung		Hand	Ward-Leonard-Umformer, halbautomat.	Thyristor halbautomat.
Notantrieb		Benzinmotor	Notstromaggregat 17 kW	Notstromaggr. 17 kW

Fahrzeuge		1924	1940	1962
Kabinen	Anzahl	2	2	2
Hersteller		ATG Leipzig	Bleichert Leipzig	Flugzeugwerft Dresden
Sitzplätze/Stehplätze		12/4	–/40	–/44
Eigenmasse	t	4,6	1,94	2,97

Betriebsdaten		1924	1940	1962	1985
Fahrgeschwindigkeit	m/s	1,8	1,8	3,5	7,0
Fahrzeit	min	10,5	10,5	6	3
Leistung Personen/h u. Richtung		80	200	320	640
Beförderte Personen (1983)		1 Mill.			

keit. 1984 erfolgten die Fundamentarbeiten für die neuen Stützen und das Verlegen der Kabel für die neue Steuerung. Zur Fortführung der Arbeiten mußte der Betrieb am 31. März 1985 stillgelegt werden.

Das Aufstellen der neuen Stützen übernahm VTA Leipzig, die Fördermaschine lieferte und montierte der polnische Betrieb Polimex – Cekop, die Installation der elektrischen Anlage der Handwerksbetrieb LUDWIG aus Oberwiesenthal. Die noch gut erhaltenen Kabinen werden weiterverwendet, jedoch in der Flugzeugwerft Dresden aufgearbeitet.

Fast unbemerkt für die Fahrgäste ist die Verlängerung der Bergstation an deren Rückseite. Dadurch wurde es möglich, die Befestigung der Tragseile so zu verändern, daß nun ein mehrmaliges Nachlassen möglich ist. Ihre Lebensdauer wird sich durch diese Veränderung wesentlich erhöhen und mit 25 Jahren eingeschätzt.

Bis zum Erscheinen dieses Buchs wird die neue Fichtelberg-Schwebebahn wieder in Betrieb sein. Bei dieser leistungsfähigen Anlage sind dann auch die letzten Mängel des alten ATG-Projektes endgültig beseitigt. Sie bietet die Gewähr, daß in den nächsten Jahren Sportler und Touristen wesentlich schneller und zugleich sicherer auf den höchsten Berg der DDR gelangen können.

Die Sessellifte Schönjungferngrund und Viehtrift

Vorgeschichte, Bau und Eröffnung

Am Ende des ersten Fünfjahrplans hatte sich die Wirtschaft der DDR so weit stabilisiert, daß eine großzügigere Förderung des Sports möglich wurde. In Orten mit besonders günstigen Voraussetzungen bildete man Trainingszentren für den Leistungssport. In diesem Zusammenhang kam es 1955 zur Gründung des Sportclub Traktor Oberwiesenthal. Er übernahm die Fichtelbergschanze aus dem Jahre 1938 und die gerade erst 1 Jahr alte Pionierschanze und widmete sich neben dem Sprunglauf, der Nordischen Kombination, dem Langstreckenlauf und dem Rennrodeln anfangs auch besonders den alpinen Skidisziplinen.

In der Folgezeit wurden um Oberwiesenthal eine größere Anzahl Sportanlagen gebaut und Trainingsstrecken geschaffen. Die wichtigsten Pisten für die alpinen Sportler entstanden dabei im Schönjungferngrund zwischen den Sprungschanzen und vom Kleinen Fichtelberg über die Viehtrift zur Karlsbader Straße. Nach jeder schnellen Abfahrt mußten dann die Sportler zur Fichtelberg-Schwebebahn, um wieder nach oben zu fahren. Dabei wirkten sich die langen Wege zwischen den Pisten und Stationen hinderlich auf den Trainingsbetrieb aus, und häufig gab es auch Ärger bei den wartenden Fahrgästen, denn die Leistungssportler wurden bevorzugt befördert.

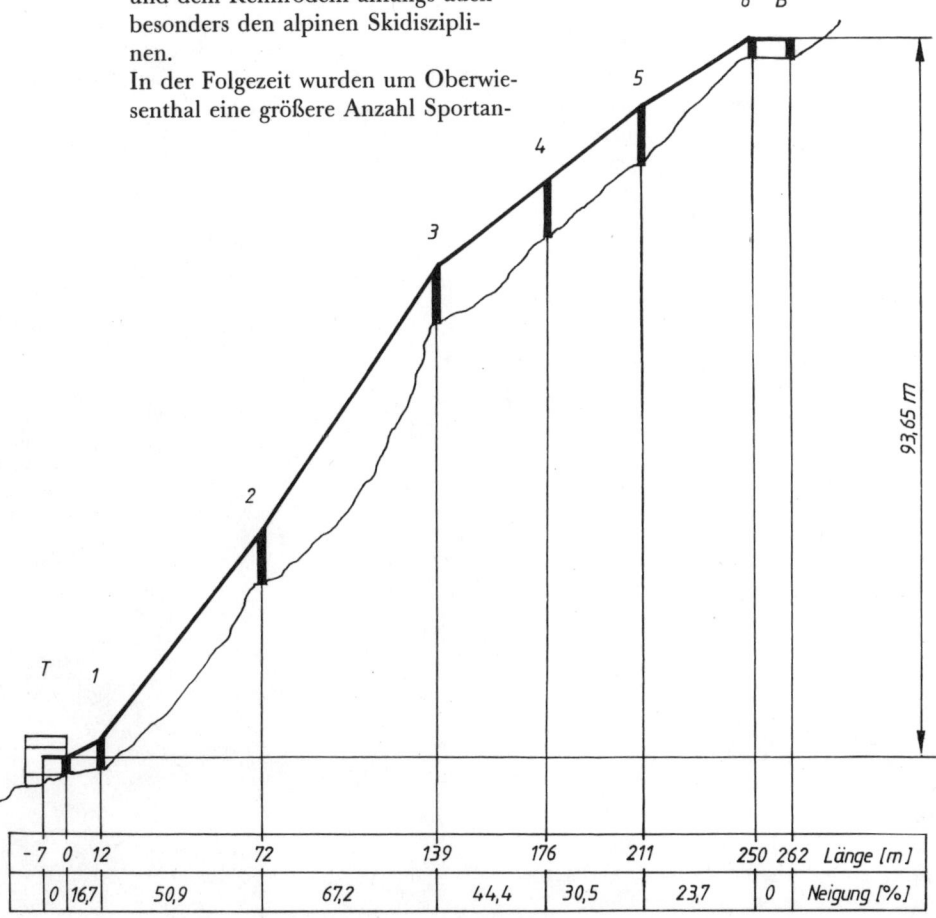

197 Streckenprofil des Sessellifts Schönjungferngrund.

Länge [m]	-7	0	12	72	139	176	211	250	262
Neigung [%]		0	16,7	50,9	67,2	44,4	30,5	23,7	0

93,65 m

Unter diesen Umständen war der Wunsch des Sportclub Traktor Oberwiesenthal nur allzu verständlich, seinen Trainingsbetrieb von der Fichtelberg-Schwebebahn unabhängig zu machen. Sollte man nun Schlepplifte oder lieber Sesselbahnen bauen? Trotz der höheren Baukosten fiel die Entscheidung zu Gunsten der Sesselbahnen aus, denn sie können auch während des Sommertrainings auf Matten von den Sportlern benutzt werden. Ein entsprechendes Vorbild gab es auch schon seit 1959 an der Aschbergschanze in Klingenthal.

Die Verantwortlichen des Sportclub Traktor Oberwiesenthal trugen diese Gedanken ihrer Dachorganisation, dem Deutschen Turn- und Sportbund in Berlin vor und fanden dort offene Ohren. Er bewilligte für das Jahr 1962 die erforderlichen Mittel zum Bau von 2 Sesselliften und erteilte gleichzeitig dem VEB Verlade- und Transportanlagen (VTA) Leipzig den Auftrag zu deren Bau und Projektierung.

Bei der Ausführung hielt sich VTA so weit als möglich an die zuvor in Klingenthal und Oberhof errichteten Anlagen, so daß die Bauart vieler Teile übereinstimmt. Am deutlichsten ist das beim Vergleich der Fördermaschinen und der Sessel zu erkennen. Zwischen den 2 Oberwiesenthaler Anlagen wurde die Standardisierung noch weiter getrieben: Sie besitzen die gleichen Gebäude in den Talstationen.

Noch im Sommer 1962 begannen die Arbeiten an beiden Sesselliften und schritten rasch voran. Den seilbahntechnischen Teil montierte VTA selbst, während die gesamte elektrische Ausrüstung nach den Plänen von VTA durch die Oberwiesenthaler Firma Ludwig ausgeführt wurde. Die Aufsichtsbehörde konnte die kleinere Anlage im Schönjungferngrund im Januar 1963 und die an der Viehtrift am 4. Februar 1963 abnehmen. Danach wurden sofort beide Sessellifte

vom Sportclub Traktor Oberwiesenthal betrieben, der zunächst allerdings nur seine Mitglieder im Rahmen ihres Trainingsprogramms beförderte.

Der Sessellift Schönjungferngrund

Die Talstation des kleinen Sessellifts Schönjungferngrund befindet sich am Auslauf der Skisprungschanzen. In dem Gebäude befindet sich der Antrieb in einem Spannwagen. Die Fahrstrecke führt in ihrem gesamten Verlauf zwischen der großen und der mittleren Schanze entlang.

Die Umlenkscheibe der Bergstation stand ursprünglich völlig im Freien neben dem Anlaufturm der alten Fichtelbergschanze. 1968 erhielt sie ein Gebäude. Man verwendete dazu das Typenprojekt eines Einfamilienhauses, das entsprechend seinem Zweck verändert wurde.

Doch diesem hübschen Gebäude war nur ein kurzes Leben beschieden. In den Jahren 1973 bis 1975 erfolgte nach Abbruch der alten hölzernen Schanze ein völliger Neubau der großen Fichtelbergschanze. An die formschöne Betonkonstruktion ihres Anlaufturmes wurde seitlich ein Flachbau angesetzt, der neben Bergrettungsdienst und Sozialräumen auch die Bergstation des Sesselliftes aufnimmt.

Für die Skiläufer gibt es hier außer

198 Die Talstation des Sessellifts Schönjungferngrund steht zwischen den Ausläufern der Sprungschanzen.

199 Nach dem Bau des Sessellifts Schönjungferngrund stand die Umlenkrolle der Bergstation völlig im Freien.

200 1975 erhielt beim Bau der neuen Fichtelbergschanze die Bergstation des Sessellifts Schönjungferngrund ein modernes Gebäude, das gleichzeitig vom Bergrettungsdienst genutzt wird.

198

der steilen Piste direkt neben dem Lift noch eine weniger schwierige, die um das Wäldchen und die kleinen Schanzen herum zur Talstation führt. Die Urlauber finden bequeme Wege nach Oberwiesenthal vor, während sich die Bergstation wegen ihrer geringen Höhe weniger für größere Wanderungen als Ausgangspunkt eignet. Daher wird der Sessellift im Schönjungferngrund im Sommer weniger benutzt als sein großer Bruder an der Viehtrift. Die Fahrgäste der Fichtelberg-Schwebebahn können übrigens kurz nach der Talstation die gesamte Anlage mit den 4 Sprungschanzen und dem Sessellift übersehen.

Der Sessellift Viehtrift

Der große Sessellift Viehtrift wird auch Sessellift zum kleinen Fichtelberg genannt. Seine Talstation befindet sich an der Karlsbader Straße zwischen Oberwiesenthal und dem Grenzübergang zur ČSSR. Als die Bahn im Februar 1963 in Betrieb genommen wurde, stand hier der Antrieb mit dem Spannwagen völlig im Freien, denn das Stationsgebäude wurde erst im darauffolgenden Sommer fertiggestellt.

Die Fahrt geht zuerst über eine große Wiese, die Viehtrift, und bietet besonders in diesem Bereich eine gute Fernsicht über die Stadt und zum Klinovec. Der obere Streckenteil verläuft zwischen windzerzausten Fichten bis fast zum Gipfel des kleinen oder hinteren Fichtelbergs, der mit seinen 1 206 m fast die Höhe des Hauptbergs erreicht. Die Umlenkscheibe steht im Freien.

Die steilste Piste zur Talstation neben der Lifttrasse war viele Jahre lang für das Sommertraining auf 600 m Länge mit Matten belegt. Die Bergstation ist außerdem ein fast ebenso idealer Ausgangspunkt für Langläufer und Wanderer wie die nur knapp 10 min entfernte Bergstation der Fichtelberg-Schwebebahn. Da die Talstation des Sessellifts günstig zum neu erbauten

großen Ferienheim „Am Fichtelberg" liegt, bietet sich für viele Urlauber und Sportler eine echte Alternative zu der stark belasteten Fichtelberg-Schwebebahn an, so daß der Sessellift das ganze Jahr über gut benutzt wird.

Der Betrieb gestern, heute und morgen

Wie schon erwähnt, betrieb der Sportclub Traktor Oberwiesenthal seine beiden Sessellifte anfangs nur für den Trainingsbetrieb seiner eigenen Mitglieder. Dadurch waren die Anlagen keineswegs ausgelastet, während sie von zahlreichen anderen Skifahrern und Touristen gern benutzt worden wären. Deshalb wurden beide Lifte ab Ende 1964 für den öffentlichen Ver-

kehr freigegeben. Dabei werden die Sportler im Wettkampf- und Trainingsbetrieb bevorzugt befördert, was sich jedoch bei der großen Beförde-

201 Die Talstation des Sessellifts Viehtrift.

203 Der Sessellift zum Kleinen Fichtelberg führt im unteren Teil über die Viehtrift.

204 Der Sessellift Viehtrift führt auf den Kleinen Fichtelberg – im Winter ein ideales Skigebiet!

205 Die Bergstation des Sessellifts Viehtrift auf dem Kleinen Fichtelberg. Die Umlenkrolle ist unter den Schneemassen kaum noch zu erkennen.

201 Streckenprofil des Sessellifts Viehtrift.

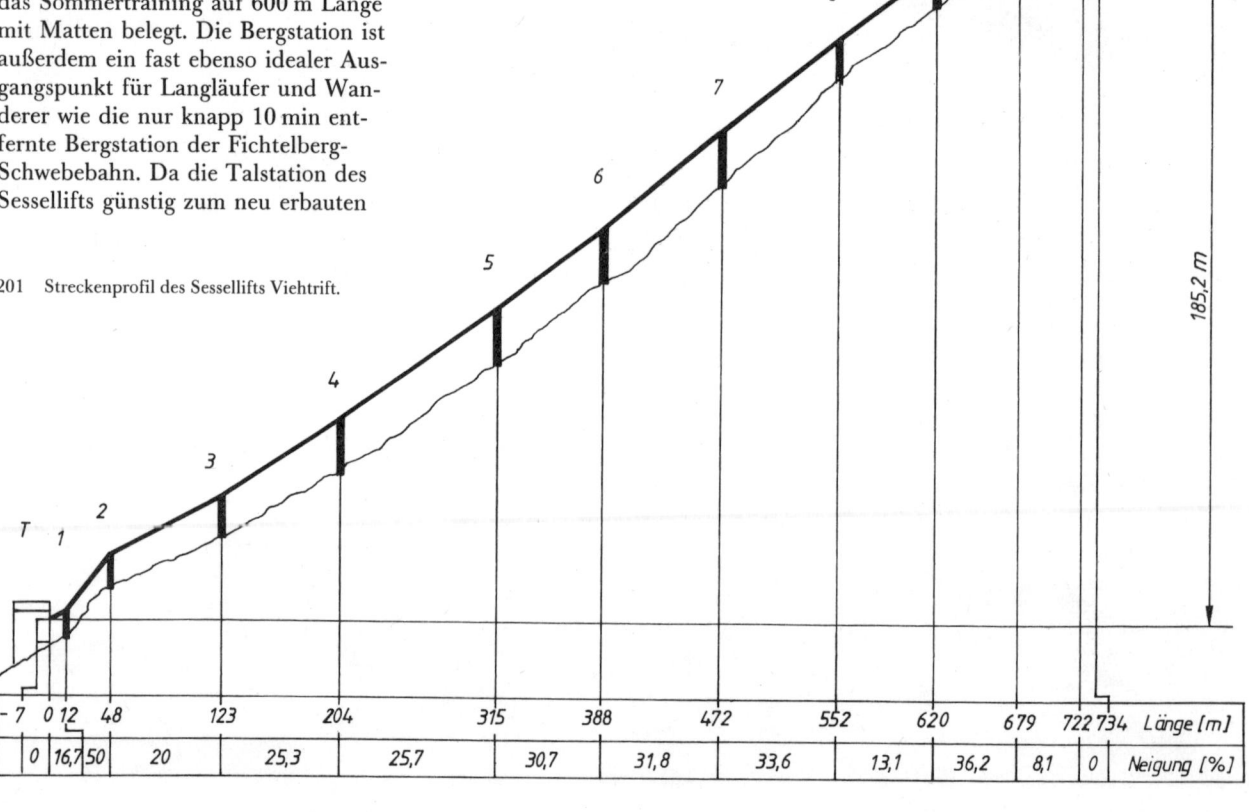

Länge [m]	-7	0	12	48	123	204	315	388	472	552	620	679	722	734
Neigung [%]		0	16,7	50	20	25,3	25,7	30,7	31,8	33,6	13,1	36,2	8,1	0

202

203

204

205

Technische Daten der Oberwiesenthaler Sessellifte			
Sessellift		Schönjungferngrund	Viehtrift
Inbetriebnahme		1963	1963
Zulassung für öffentlichen Verkehr		1.12.1964	Dezember 1964
Hersteller		VTA Leipzig	VTA Leipzig
Bauart		Einseil-Schwebebahn mit fest angeklemmten Sesseln	Einseil-Schwebebahn mit fest angeklemmten Sesseln
Betriebsart		Umlaufbetrieb	Umlaufbetrieb
Talstation		Schönjungferngrund	Viehtrift
Höhe über NN	m	952	1 019
Bergstation		Große Fichtelberg-schanze	Kleiner Fichtelberg
Höhe über NN	m	1 045	1 204
Strecke			
Länge	m	262,7	734
Höhenunterschied	m	93,65	185,2
Neigung im Durchschnitt	%	38	26
Neigung maximal	%	59	50
Stützen	Anzahl	6	11
höchste Stütze	m	6	10
größte Spannweite	m	67	11
Seile			
Förderseil	mm Ø	22	22
Spannseil	mm Ø	16	16
Fördermaschine			
Bauart		Treibscheibe, liegend	Treibscheibe, liegend
Hersteller		VTA Leipzig	VTA Leipzig
Treibscheibe	mm Ø	3 200	3 200
Antrieb			
Bauart		elektrisch 380 V (Drehstrom)	elektrisch 380 V (Drehstrom)
Hersteller		ELMO Wernigerode	ELMO Wernigerode
Leistung	kW	22	28
Notantrieb		Hand und Notstrom-aggregat	Hand und Notstrom-aggregat
Sessel			
Anzahl		34	95
Hersteller		VTA Leipzig	VTA Leipzig
Sitzplätze		1	1
Eigenmasse	kg	45	45
Betriebsdaten			
Fahrgeschwindigkeit	ms / s	1,6	1,6
Fahrzeit	min	2,8	7,7
Leistung	Personen / h und Richtung	346	360
Beförderte Personen (1983)		250 000	300 000

rungsleistung kaum störend bemerkbar macht.

Wenn auch die alpinen Skidisziplinen wegen der geringen Trainingsmöglichkeiten in der DDR nach 1970 an Bedeutung verloren, so bleibt doch der Sportclub Traktor Oberwiesenthal auch künftig eines der größten Leistungszentren für den Wintersport und besitzt mit seinen 2 Sesselliften wertvolle Hilfsmittel für den Trainingsbetrieb, der inzwischen durch mehrere große Schleppliftanlagen weiter erleichtert wird. Darüber hinaus gibt es Planungen zum Bau eines weiteren Sessellifts. Seine Trasse soll so gewählt werden, daß er vor allem dann in Betrieb bleiben kann, wenn die Fichtelberg-Schwebebahn wegen starken Seitenwinds stillgelegt werden muß, so daß das Fichtelberghaus auch im Winter praktisch bei jedem Wetter erreichbar bleibt.

Riems

Die Insel Riems
und das Friedrich-Löffler-Institut

Professor Dr. Friedrich LÖFFLER, Schüler und langjähriger Mitarbeiter Robert KOCHs, übernahm im Jahre 1896 vom preußischen Staat den Auftrag, Forschungen über die Maul- und Klauenseuche durchzuführen. Diese gefürchtete Tierkrankheit wurde jedoch aus seinem Greifswalder Versuchsstall in mehrere Rinderbestände verschleppt, so daß zunächst weitere Forschungen verboten wurden. LÖFFLER suchte daraufhin nach einem geeigneten Gelände, wo er seine Forschungen in völliger Isolation von der Umwelt fortführen konnte und stieß dabei auf die Insel Riems. Sie liegt 10 km Luftlinie von Greifswald entfernt in der Ostsee, hat eine Fläche von 25 ha und ist auch bei Niedrigwasser mit kleinen Schiffen erreichbar. Bewohnt war die Insel nur von einem Bauer nebst Familie und Gesinde.

Nach ersten bescheidenen Umbauten des Gehöfts begann Prof. LÖFFLER am 10. Oktober 1910 mit seinen Forschungen auf der Insel. Er konnte damals noch nicht ahnen, daß er damit den Grundstein für ein weltbekanntes Institut gelegt hatte, das sich mit der Erforschung von Tierseuchen und Viruskrankheiten sowie mit der Produktion von Impfstoffen beschäftigt. Heute ist die Insel für diese Aufgaben zu klein geworden. Zum Friedrich-Löffler-Institut für Tierseuchenforschung Insel Riems gehört daher auch die zur Insel weisende Landzunge auf dem Festland, Riemserort genannt, und die benachbarte Insel Koos. Das Institut hat 800 Beschäftigte, die sich mit der Forschung und mit der Produktion von Impfstoffen befassen. In Riems und Riemserort, die verwaltungsmäßig zur Stadt Greifswald gehören, wohnen 1 300 Menschen. Da auch unter den heutigen Bedingungen

die Gefahr der Seuchenverschleppung gegeben ist, bestehen für das gesamte Gebiet strenge veterinärhygienische Schutzmaßnahmen. Deshalb ist das Betreten für Außenstehende nur in begründeten Fällen mit ausdrücklicher Genehmigung der Institutsleitung gestattet.

Die Vorgeschichte der ersten Seilbahn

Als Prof. LÖFFLER das Institut aufzubauen begann, dauerte die Überfahrt mit einem Segelboot 45 min und verlängerte sich wesentlich, wenn bei Flaute gerudert werden mußte. Deshalb genehmigte die Regierung die Mittel für ein Motorboot.
Als nach dem ersten Weltkrieg die Forschungen unter Leitung von Prof. WALDMANN in größerem Umfang wieder aufgenommen wurden, standen die Verkehrsprobleme erneut an. Für die Impfstoffproduktion mußten ständig Rinder auf die Insel gebracht werden und auch der Rücktransport des Fleisches der geschlachteten gesunden Versuchstiere mußte abgesichert werden; dazu kam der ständige Nachschub an Lebens- und Futtermitteln. Bei Eisgang und Sturm konnten aber Schiffe die Insel oft wochenlang nicht erreichen.
1923 wurde ein Damm zwischen Festland und Insel projektiert. Die Isolierung sollte durch eine Drehbrücke aufrecht erhalten bleiben. Die Inflation verhinderte jedoch die Verwirklichung dieses kostenaufwendigen Projektes.
1925 wurde das Institut an die Tierseuchen-Forschungs-Stiftung verpachtet, die sofort umfangreiche Erweiterungen vornehmen ließ. Nun bestand die Forderung nach einer stabilen Verbindung zum Festland mehr denn je. Da die Mittel für den Damm auch jetzt nicht aufgebracht werden konn-

ten, entschloß man sich zu einer weit billigeren Lösung, die gleichzeitig die Isolierung der Insel besser wahrte: Der Bau einer Seilschwebebahn. Diese interssante Anlage wurde im Jahre 1926 von der Firma Adolf Bleichert & Co. in Leipzig projektiert und errichtet.

Die Seilschwebebahn „Riems 26"

Bei der später nach ihrem Baujahr „Riems 26" genannten Seilschwebebahn erforderte das Be- und Entladen und vor allem das Desinfizieren der Seilbahnwagen wesentlich längere Aufenthaltszeiten in den Stationen als bei anderen Lastenseilbahnen und wurde damit bestimmend für die Leistungsfähigkeit der Anlage. Außerdem mußte auch die Beförderung von Per-

sonen möglich sein. Diese Bedingungen führten zu einer recht eigenwilligen Konstruktion durch den Hersteller.
Zwischen den Stationen war nur 1 Tragseil gespannt, so daß die Bahn immer nur in einer Richtung betrieben werden konnte. Es war jedoch möglich, die Seilbahnwagen in einem Abstand von 2,5 min auf die Strecke zu schicken, so daß bis zu 3 Seilbahnwagen gleichzeitig unterwegs waren. In den Stationen kuppelten sich die Seilbahnwagen automatisch vom Zugseil ab und konnten dann von Hand über Führungsschienen und Weichen an 3 verschiedene Ladestellen geschoben werden. Dadurch konnten stets mehrere Wagen gleichzeitig be- oder entladen werden. Das stoßweise auftretende Transportbedürfnis bei der Ankunft oder Abfahrt von Landfahr-

zeugen konnte mit dieser Betriebsart gut bewältigt werden.
Für den Personenverkehr war ein kleiner Seilbahnwagen vorhanden, der vom Personal wegen seiner runden Form „Tonne" genannt wurde. Obwohl mit 2 Sitzplätzen ausgestattet, war er doch so winzig, daß sie der recht beliebte Institutsdirektor Prof. WALDMANN nur allein benutzen konnte. Nahm der Personenverkehr bei Ausfall der nach wie vor betriebenen Schiffsverbindung einmal

206 Lageplan der Seilschwebebahnen in Riems (M 1:50 000).

207 Eine Viehgondel der Seilschwebebahn „Riems 26" ist auf dem Weg über das winterliche Eis der Ostsee in Richtung Festland. Rechts die Stützen der Seilbahn „Riems 42", im Dunst die Kirche von Gristow.

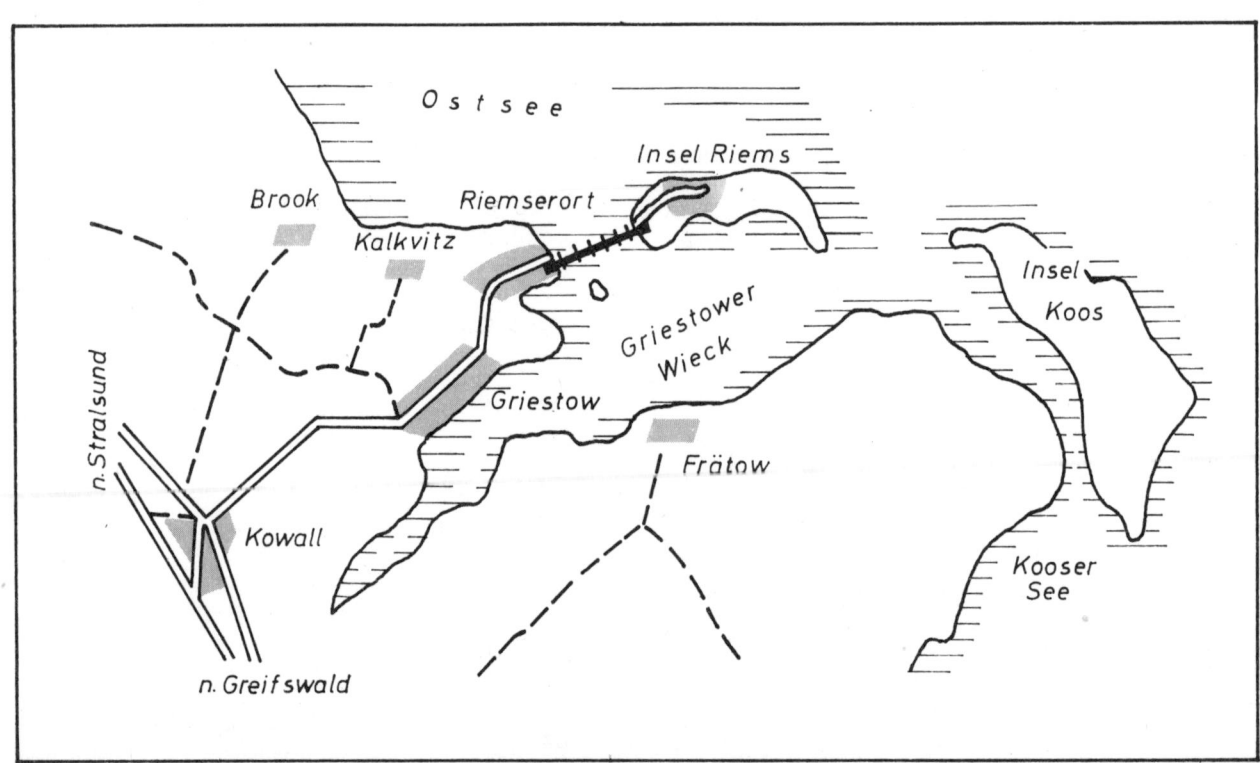

größeren Umfang an, so mußten die Viehgondeln mit benutzt werden.

Die Stationsgebäude waren nur ganz einfach aus Holz errichtet worden. Neben den Verladeanlagen befand sich in der Inselstation die Antriebsanlage, während in der Landstation die Nachspannvorrichtungen und ein Desinfektionsraum für die Seilbahnwagen untergebracht waren. Die 3 Stützen hatte BLEICHERT aus Stahl gefertigt, damit sie der aggressiven Meeresluft gut widerstehen konnten. Das Streckenprofil mußte die Durchfahrt für kleine Schiffe nahe dem Festland berücksichtigen, während zur Insel zu flacher Schlick jeglicher Verkehr auf dem Wasser unmöglich machte.

Die Seilschwebebahn „Riems 42"

Nach Beginn des zweiten Weltkriegs hatte die rasche Anexion der überfallenen Länder bei fehlenden veterinärhygienischen Maßnahmen ein verstärktes Auftreten der Maul- und Klauenseuche zur Folge. Die faschistischen Machthaber sahen sich daher zu einer sofortigen Erweiterung des Forschungsinstituts auf der Insel Riems gezwungen und erhoben es zur Reichsforschungsanstalt.

Mit der Steigerung der Impfstoffproduktion machte sich abermals die Erweiterung der Transportkapazität zwischen Festland und Insel erforderlich. Auch der Personenverkehr nahm sprunghaft zu, da es nicht mehr möglich war, das gesamte Personal auf der Insel selbst unterzubringen und deshalb auch Arbeitskräfte aus Greifswald täglich den Weg in das Institut machen mußten. Daher erhielt noch im Jahre 1940 die Bleichert Transportanlagen GmbH in Leipzig den Auftrag zum Bau einer zweiten Seilbahn. Sie wurde allerdings erst 1942 fertiggestellt.

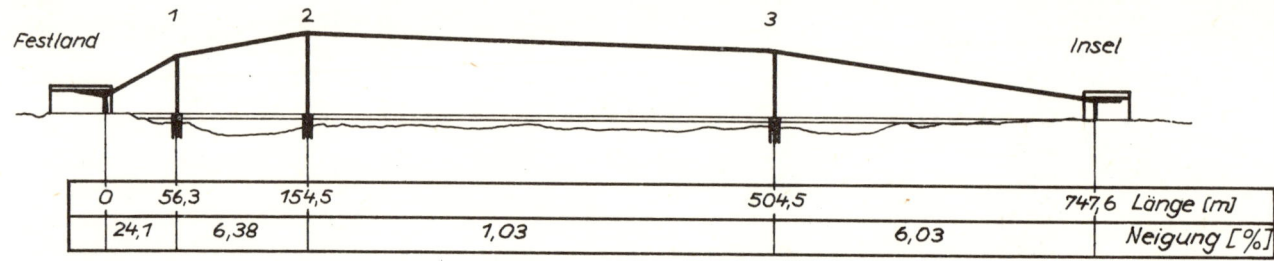

1	2		3		
Festland				Insel	

0	56,3	154,5		504,5		747,6	Länge [m]
24,1	6,38		1,03		6,03		Neigung [%]

Diese neue Anlage wurde als Seilschwebebahn mit Pendelantrieb gebaut. Die eine Gondel für 15 Personen wies einen 8eckigen Grundriß auf, damit ihre Angriffsfläche für den Wind gering blieb. Die zweite Gondel war auch bei dieser Bahn für den Viehtransport eingerichtet.

Der Abstand der beiden Seilbahntrassen betrug nur etwa 10 m. Damit wurde es möglich, gemeinsame massive Stationsgegenstände aus Beton zu errichten, in denen auch die Verlade- und Desinfektionsanlagen für beide Bahnen gemeinsam eingerichtet waren. Bei der neuen Seilbahn trennte deshalb eine Mauer den Bahnsteig der Personenkabine von dem der Viehgondel. Die Inselstation mit den Antrieben beider Bahnen erhielt außerdem eine Wohnung für einen Maschinisten, damit in Notfällen der Betrieb jederzeit sofort aufgenommen werden konnte.

Das Streckenprofil der neuen Bahn glich unter diesen Umständen vollständig dem der alten Anlage.

Da der Personenverkehr mit der neuen Seilbahn weitaus schneller und bequemer als mit der alten abgewickelt werden konnte, wurde die „Tonne" verschrottet.

Die weitere Entwicklung der Seilbahnen

Nach dem zweiten Weltkrieg konnten Forschung und Impfstoffproduktion nur ganz allmählich unter größten An-

209

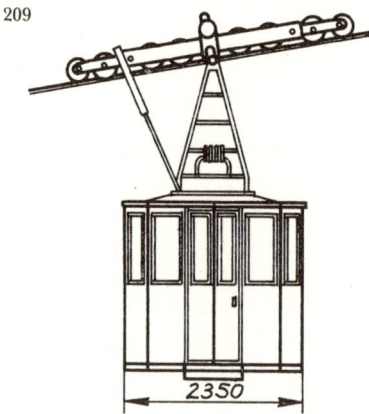

2350

210

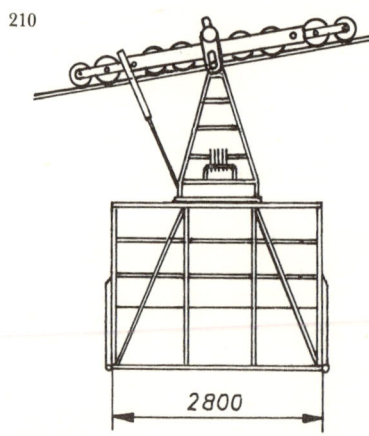

2800

strengungen wieder in Gang gebracht werden. Das Motorboot war zum Kriegsende verlorengegangen, so daß zunächst alle Transporte mit den Seilbahnen abgewickelt werden mußten. 1949 bis 1951 erfolgten dann erhebli-

208 Streckenprofil der Seilschwebebahn „Riems 42".

209 Personengondel der Seilschwebebahn „Riems 42".

210 Viehgondel der Seilschwebebahn „Riems 42".

211 Die 1961 nachgebaute zweite Kabine der Seilschwebebahn „Riems 42" auf dem Weg zur Inselstation.

212 Im Spätherbst suchen Schwäne den Schutz der Inselstation, die gerade von der 1961 nachgebauten Kabine der Seilschwebebahn „Riems 42" verlassen wird.

213 Eine Viehgondel der Seilschwebebahn „Riems 26". Sie wurde über abklappbare Stirnwände beladen, die Haken dienten zum Anhängen von Fleischstücken.

214 Die Viehgondel der Seilschwebebahn „Riems 42" mit der für den Personenverkehr nachträglich eingebauten Schiebetür.

215 Die 1942 von der Firma Bleichert erbaute Personenkabine der Seilschwebebahn „Riems 42".

che Erweiterungen auf dem Riems. Sie ermöglichten eine so rasche Steigerung der Impfstoffproduktion, daß die zu dieser Zeit von Westeuropa ausgehende Maul- und Klauenseucheepidemie vom Gebiet der DDR ferngehalten werden konnte. Damals wurde auch das gesamte 8 ha große auf dem Festland genutzte Gelände umzäunt, so daß die Gewähr gegeben war, daß der gesamte Schiffs- und Seilbahnverkehr über die Seuchenschleuse gehen mußte.

211

212

213

214

215

Alle Erweiterungen brachten immer
wieder eine Zunahme des Verkehrs
zwischen Insel und Festland mit sich,
zumal erneut auf Arbeitskräfte aus
Greifswald zurückgegriffen werden
mußte. 1955 wurde das Gelände auf
dem Festland auf 44 ha vergrößert
und in diesem Gebiet eine Anlage zur
Herstellung von Serum gegen die
Schweinepest sowie die Wohnsiedlung
Riemserort angelegt.
1960 war die Belegschaftsstärke auf
640 Wissenschaftler und Mitarbeiter
angewachsen, von denen der größere
Teil auf der Insel arbeitete. Das Übersetzen geschah normalerweise mit Mo-
torbooten, jedoch konnte bei Sturm
und Eisgang weiterhin nur die Seilbahn benutzt werden. Deren Leistungsfähigkeit war aber inzwischen
weit überfordert, so daß häufig auch
die Viehgondel zur Personenbeförderung mit genutzt wurde. Sie erhielt
deshalb eine seitliche Schiebetür. Ein
Witzbold hatte ein Schild angebracht:
„Zugelassen für 3 Ochsen oder
15 Wissenschaftler". Im Winter war
die Überfahrt in der offenen Viehgondel alles andere als angenehm. Deshalb ließ das Institut 1961 von Schlos-
sermeister Heinz SCHOSCHIES in
Stralsund eine zweite Personengondel
nachbauen. Die Viehgondel blieb
trotzdem erhalten. Damit bestand die
Möglichkeit, sie bei Ausfall der alten
Seilbahn gegen die Personengondel
auszutauschen und auf diese Weise
die Viehtransporte aufrecht zu erhalten.
Beide Seilbahnen war täglich 16 Stunden in Betrieb, aber oft mußte zusätzlich auch nachts gefahren werden, um
alle Transporte bewältigen zu können.
Das Verschieben der Seilbahnwagen
der alten Anlage in den Stationen von
Hand erforderte einen hohen Kraftaufwand, und weitere Erschwernisse
brachte 1956 die Reduzierung der
Gleise auf der Festlandstation auf 2
mit sich, die eine Folge anderer wich-

216 Eine Personenkabine steht heute noch als Laube in einem Garten auf der Insel Riems.

tiger Baumaßnahmen war. Wegen dieser beengten Raumverhältnisse mußten auch 2 Gondeln verschrottet
werden. Um die Arbeiten des Seil-
bahnpersonals wieder etwas zu erleichtern, versuchte man, die Seilbahnwagen mit einem Hilfsantrieb auszurü-
sten, damit sie in den Stationen wie
eine Elektrohängebahn mit eigener
Kraft fahren konnten. Wegen der bevorstehenden Stillegung wurde diese
Entwicklung jedoch abgebrochen.

Die Stillegung

Obwohl die Leistungsfähigkeit der
Seilschwebebahn „Riems 42" durch
die zweite Personenkabine wesentlich
vergrößert worden war, dauerte das

Übersetzen der gesamten Belegschaft
1 Stunde. Durch die ständige Vergrößerung der Institute wuchs auch der
Personenverkehr, und gleichzeitig
mehrten sich die Ausfälle an den allmählich reparaturanfällig werdenden
Seilbahnen. Daher entschloß sich die
Institutsleitung, die Insel doch noch
durch einen Damm mit dem Festland
zu verbinden.
Die Schüttungen waren am 7. Oktober
1970 beendet. Da jedoch der Untergrund größtenteils aus Schlick bestand, mußte sich der Damm vor seiner Benutzung erst setzen. Deshalb
beförderte die Seilschwebebahn

Technische Daten der Seilschwebebahnen „Riems 26" und „Riems 42"		„Riems 26"	„Riems 42"
Eröffnung		1926	1942
Stillegung		16.6.1972	16.6.1972
Hersteller		Bleichert, Leipzig	Bleichert, Leipzig
Bauart		Seilschwebebahn	Seilschwebebahn
Betriebsart		Pendelbetrieb mit lösbaren Gondeln	Pendelbetrieb
Festlandstation		Kalkvitz	Kalkvitz
Höhe über NN	m	9,3	9,3
Inselstation	m	Riems	Riems
Höhe über NN		9,7	9,7
Strecke			
Länge	m	747	747,6
maximale Neigung	%	...	28,9
höchste Stütze (Nr. 2)	m	23,26	23,26
größte Spannweite	m	350	350
Seile			
Tragseil	mm Ø	40	36
Zugseil	mm Ø	17	18
Gegenseil	mm Ø	–	18
Hilfsseil	mm Ø	–	16
Spannseil	mm Ø		2×54, 1×32
Fördermaschine			
Bauart		Treibscheibe, liegend	Treibscheibe, stehend
Hersteller		Bleichert	Bleichert
Treibscheibe	mm Ø	2 800	2 800
Antrieb			
Bauart		elektrisch 380 V	elektrisch 380 V
Hersteller		SSW	BBC
Leistung	kW	18	30
Steuerung		Hand	Hand
Hilfsantrieb		–	elektrisch, 10 kW
Fahrzeuge			
Personenkabinen	Anzahl	1	1 (1961: 2)
Hersteller		Bleichert	Bleichert, 1961 Schoschies
Sitzplätze/Stehplätze		2/–	–/15
Eigenmasse	kg	...	1 060
Viehgondeln	Anzahl	6 (1956: 4)	1 + 1 Hilfskabine
Hersteller		Bleichert	Bleichert
Nutzlast	t	1	1
Betriebsdaten			
Fahrgeschwindigkeit	m/s	1,3	5,4
Fahrzeit	min	9,5	3
Leistung	Personen/h und Richtung		1942 1961
			110 220

„Riems 42" im Winter 1970/71 nochmals Personen. Im Frühjahr 1971 wurde der Damm mit Betonplatten befestigt und anschließend der Busverkehr von Greifswald bis auf die Insel geführt.

Für den Güterverkehr fehlte noch die neue Materialschleuse. Deshalb mußten die Seilbahnen vor allem die Viehtransporte noch bis zu deren Fertigstellung im Juni 1972 übernehmen.

46 Jahre lang hatten sie und vor allem ihr Bedienungs- und Instandhaltungspersonal einen wichtigen Beitrag für die Erfüllung der Aufgaben des Instituts geleistet, aber nun hatten die alten Anlagen ausgedient.

Der im Winter 1972/73 vorgesehene Abbruch der Seilbahnanlagen war nicht restlos möglich, die Stützen 2 und 3 mußten stehenbleiben. Ihr Standort im Flachwasser mit Schlick als Untergrund läßt nur dann eine Demontage zu, wenn die Ostsee einmal so fest zugefroren ist, daß vom Eis aus gefahrlos gearbeitet werden kann. Deshalb erinnern sie heute noch an den Seilbahnbetrieb vergangener Zeiten.

Die Stationsgebäude wurden für andere Zwecke umgebaut. So dient die Landstation als Bootsschuppen für die Segelsportler, die Inselstation enthält Wohnungen und die Sozialräume der Gärtnerei. Eine der Personengondeln steht noch als Laube in einem Kleingarten auf der Insel. Jeder Verkehrsfreund wird jedoch das Verständnis aufbringen, daß die Besichtigung dieser Reste eines früher recht umfangreichen Seilbahnbetriebs aus veterinärhygienischen Gründen nicht möglich ist.

Thale

Im Jahr 825 ließ KARL der Große zur Bekehrung der heidnischen Sachsen das Kloster Wendhusen gründen. Im Kessel zwischen Kloster und Austritt der Bode aus dem Harz siedelten später deutsche Bauern und nannten ihr Dorf „To dem Dale", aus dem später „Thale" wurde.

Leicht abbaubare Erze und der Holzreichtum des Gebirges führten schon vom 12. Jh. an zur Eisengewinnung. 1686 wurde die Eisenhütte gegründet, aus der sich der heutige VEB Eisen- und Hüttenwerk Thale entwickelte. Die landschaftliche Schönheit und die günstige Lage als Ausgangspunkt für weite Teile des Harzes führten bereits Anfang des 17. Jh. die ersten Reisenden nach Thale. Das wildromantische Bodetal ist zwischen den sagenumwobenen Felsen des Hexentanzplatz und der Roßtrappe etwa 250 m tief eingeschnitten und war damals kaum begehbar. 1818 begann man bescheidene Wege anzulegen, aber erst nach dem Bau des Hubertusbades im Jahre 1836 an einer Mineralquelle und mit Eröffnung der Eisenbahn nach Halberstadt am 2. Juli 1862 entwickelte sich ein richtiger Fremdenverkehr. 1922 erhielt Thale Stadtrecht.

Heute gehört Thale mit seinen 18 000 Einwohnern zum Landkreis Quedlinburg im Bezirk Halle. Das Gepräge der Stadt wird durch den im Zentrum gelegenen VEB Eisen- und Hüttenwerk mit 7 500 Beschäftigten bestimmt. In diesem Betrieb sind Stahl- und Walzwerk, Emaillierwerk, Pulvermetallurgie, Behälter- und Apparatebau vereinigt. Bemerkenswert ist, daß sich Thale trotzdem eine so gesunde Umwelt erhalten hat, so daß es als Heilbad und Luftkurort anerkannt ist. Zu den 15 000 Urlaubern und Kurgästen kommen jedes Jahr noch etwa 2 Mill. Tagestouristen, die vor allem auf dem Hexentanzplatz, auf der Roßtrappe und im Bodetal Erholung und Entspannung suchen.

Die Personenschwebebahn zum Hexentanzplatz

Die Vorgeschichte und der Bau

Zu allen Zeiten waren Hexentanzplatz und Roßtrappe die Hauptziele der Touristen. Beides sind Hochplateaus, 451 m bzw. 403 m über NN, die mit fast senkrechten Felswänden zu dem in 206 m über NN liegenden Bodetal abfallen. Sie bieten eine gute Aussicht auf Harz und Harzvorland und sind durch zahlreiche Sagen weit bekannt. Der Aufstieg von Thale war jedoch schon immer sehr beschwerlich, so daß sich viele Leute lieber einen Wagen mieteten. Bei den üblichen Rundfahrten von Thale über den Hexentanzplatz und die Roßtrappe zurück zur Stadt gab es jedoch ein Problem: Zwischen den beiden nur 200 m entfernten Felsen floß tief unten im Tal die Bode und bildete ein unüberwindliches Hindernis. Die Rundfahrt mußte daher zwangsläufig 12 km Umweg über Treseburg machen, so daß sie einen ganzen Tag voll ausfüllte und für damalige Zeit mit 15 Mark sehr teuer bezahlt werden mußte. Deshalb tauchte bereits 1886 der Gedanke auf, das Bodetal zwischen Hexentanzplatz und Roßtrappe mit Hilfe einer Seilschwebebahn zu überqueren. Doch die technische Entwicklung war noch nicht weit genug, um ein derartiges Projekt realisieren zu können. Obwohl der Gedanke auch in den nächsten Jahren mehrmals wieder auftauchte, wurde er niemals verwirklicht.

Im Jahre 1907 eröffnete die Halberstadt-Blankenburger Eisenbahngesellschaft (HBE) ihre 2 Strecken von Thale nach Blankenburg und Quedlinburg. Sie endeten in dem neu erbauten Bahnhof Thale-Bodetal etwa 5 min vom Staatsbahnhof entfernt. Wie auch an anderen Stellen ihres Netzes trat hier die HBE in einen erbitterten Konkurrenzkampf zur Preußischen Staatsbahn bzw. später zur Deutschen Reichsbahn. Durch eine geschickte Tarifgestaltung gelang es ihr, daß das Eisen- und Hüttenwerk einen großen Teil seines Güterverkehrs über ihre Strecken abwickelte. Die HBE versuchte aber auch, den Personenverkehr von der Staatsbahn abzuziehen. In Thale wollte sie das durch eine Verlängerung ihrer Strecken vom Bahnhof Bodetal zum Hexentanzplatz über die Roßtrappe erreichen. Natürlich konnte diese Verlängerung nur als Seilschwebebahn gebaut werden. Das 1903 gegründete Harzer Bergtheater auf dem Hexentanzplatz hatte sich inzwischen so gut eingeführt, daß seine Besucher zusammen mit den Touristen eine gute Benutzung und damit einen rentablen Betrieb der Seilbahn erwarten ließen.

Die HBE ließ ein Projekt ausarbeiten und stellte am 15. November 1926 den Antrag an das Reichsverkehrsministerium zu dessen Genehmigung. Von hier kam auch eine Zustimmung, aber das Preußische Ministerium für Handel und Gewerbe lehnte das Vorhaben ab, weil der im Bereich des Staatsforstes Thale gelegene Teil des Bodetales gerade erst zum Naturschutzgebiet erklärt worden war. Am 11. Juli 1932 stellte die HBE nochmals einen Antrag an das Reichsverkehrsministerium. Diesmal hatte sie ihr Vorhaben besser vorbereitet und ein Modell der künftigen Seilschwebebahn bauen lassen, das sie dem Oberpräsidenten der Provinz Sachsen, Mitgliedern des Landrates, dem Bürgermeister und den Stadträten von Thale, der Leitung des Harzclubs und anderen maßgeblichen Personen mit dem Ziel vorführte, diese zur Unterstützung des Projekts zu gewinnen. Trotz dieser vielfältigen Bemühungen wurde der Antrag wiederum abgelehnt, und die HBE verfolgte daraufhin das Seilbahnprojekt nicht weiter.

Die neuen gesellschaftlichen Verhältnisse nach dem zweiten Weltkrieg veränderten auch in Thale und seiner Umgebung vieles. Die Anzahl der Tagestouristen und der Besucher des Bergtheaters wuchs in nie dagewesene Höhen. Besonders das Bergtheater hatte seine Probleme, waren doch mit dem Reisebüro Verträge abgeschlossen worden, so daß täglich bis zu 4 Sonderzüge aus Erfurt, Leipzig, Berlin und anderen Städten mit 800 Besuchern ankamen, die bis zum Vorstellungsbeginn auf den Hexentanzplatz zu bringen und später wieder abzuholen waren. Diese Massentransporte mit Bussen standen in ihrem Niveau im krassen Gegensatz zu den gebotenen künstlerischen Leistungen. Die Leitung des Bergtheaters bemühte sich deshalb intensiv um eine Verbesserung der Verkehrsverhältnisse und entsann sich dabei auch wieder der alten Seilbahnpläne.

Doch vom klugen Gedanken bis zu seiner Verwirklichung verging noch viel Zeit. So dauerte es fast 8 Jahre, bis die zuständigen staatlichen Stellen ernsthaft für den Bau einer Seilschwebebahn interessiert werden konnten. Dafür erkannten aber gerade diese Stellen einen weiteren Vorteil: Seit Ende der 50er Jahre hatte man nämlich im Bezirk Halle die chemische Industrie wesentlich erweitert, aber der damit verbundenen Umweltbelastung standen nur wenige, oft unzureichend erschlossene Naherholungsgebiete gegenüber. Mit dem Bau der Seilschwebebahn konnten aber nicht nur die Belange des Bergtheaters befriedigt werden, sondern gleichzeitig wurde auch das Naherholungsgebiet Bodetal-Hexentanzplatz besser erschlossen, und das war mindestens ebenso wichtig.

1964 fanden erste Verhandlungen mit Transporta in Chrudim (ČSSR) statt. Dieser Betrieb zeigte sich sehr aufgeschlossen, denn zur gleichen Zeit liefen auch die Diskussionen über eine Spezialisierung im Bau von Förderanlagen innerhalb der RGW-Staaten, und die ČSSR bewarb sich um die Herstellung von Seilschwebebahnen.

1966 erfolgte der Vertragsabschluß mit Transporta, doch war die Finanzierung noch ungeklärt. Die DDR hatte wichtigere Importe zu tätigen als eine Seilbahn für den Ausflugsverkehr. Daraufhin wurden in den Großbetrieben des Bezirkes Halle Initiativen mit dem Ziel ausgelöst, zusätzlich zu den Vorgaben des Volkswirtschaftsplans Waren für den Export herzustellen und auf diese Weise die notwendigen Devisen zu beschaffen. Dieses Vorhaben traf bei allen Werktätigen auf große Bereitschaft, und so war bald die notwendige materielle Basis geschaffen, so daß die betreffenden Außenhandelsunternehmen beider Staaten 1968 auf der Technischen Messe in Brno die endgültigen Verträge abschließen konnten. In ihnen war die Verpflichtung verankert, daß

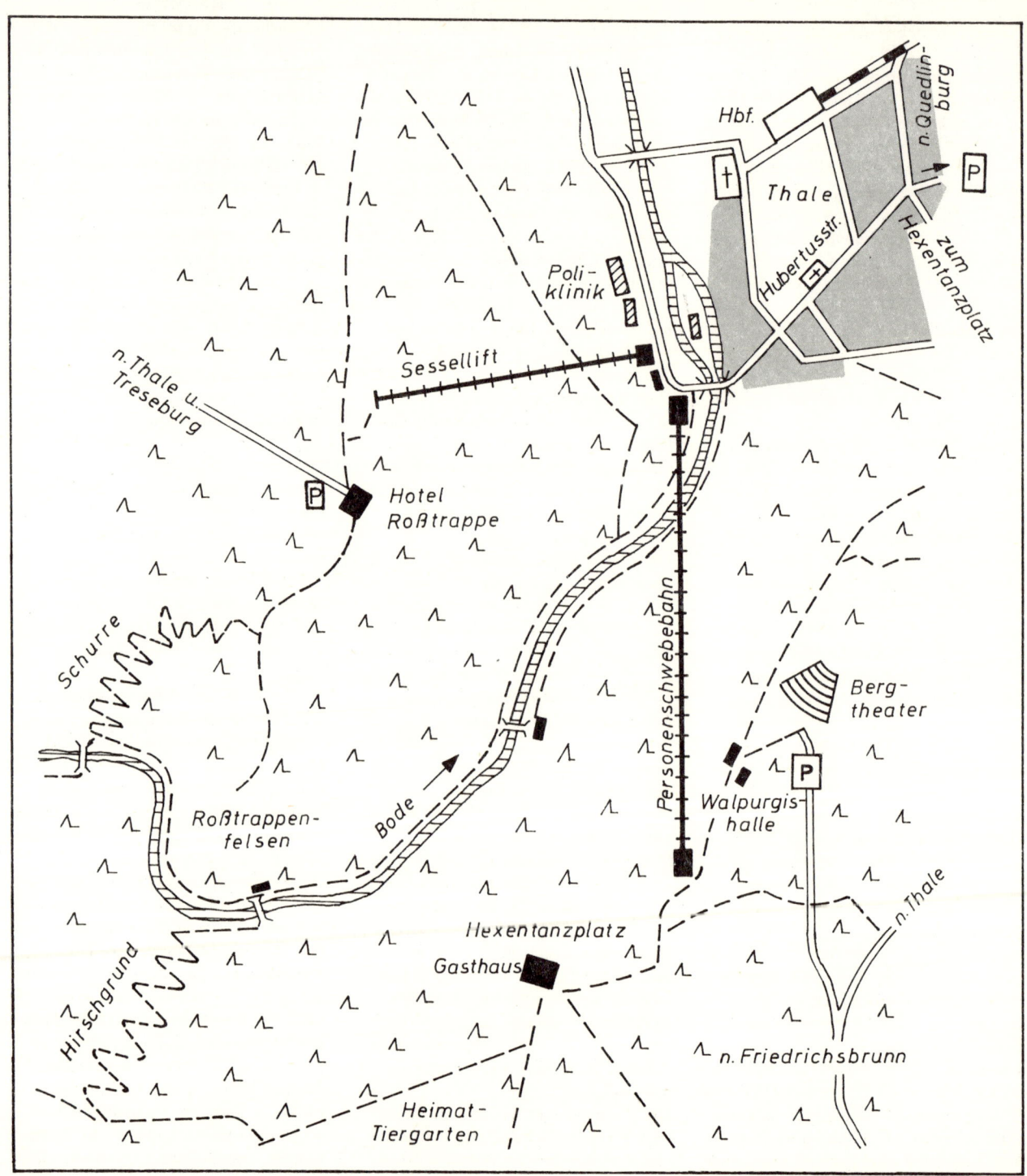

Transporta die gesamte Anlage bis zum 7. Oktober 1970 schlüsselfertig herzustellen hatte.

Streit gab es um die Trassierung der Bahn: Die Räte des Bezirks Halle und der Stadt Thale bestanden darauf, daß die Bergstation am Theater und die Talstation in der Nähe der Bahnhöfe liegen müsse. An Parkplätze für Fahrgäste, die mit Kraftfahrzeugen anreisen, dachte damals noch niemand. Transporta versuchte dagegen Varianten durchzusetzen, die in dem schwierigen Gelände leichter zu realisieren waren. Schließlich einigte man sich auf die später ausgeführte Trasse, die die Forderungen der DDR weitgehend erfüllte.

Am 26. Februar 1969 begannen die Bauarbeiten. Transporta hatte mit den Hoch- und Tiefbauarbeiten den Baubetrieb in Gottwaldov beauftragt, während die Montage des seilbahntechnischen Teils durch eigene Kräfte erfolgte. Obwohl niemals mehr als 40 Arbeiter und Ingenieure gleichzeitig tätig waren, schritt der Bau zügig voran, denn der gesamte Ablauf war präzise organisiert. Transporta kam aber trotzdem in Schwierigkeiten, weil die tschechoslowakische Elektroindustrie die Motoren und andere Ausrüstungsteile nicht rechtzeitig zuliefern konnte. Von Seiten der DDR bestand man jedoch auf die Einhaltung des Eröffnungstermins und erklärte sich bereit, den elektrotechnischen Teil selbst auszuführen. Diese Arbeiten übernahm die PGH Elektrotherm in Quedlinburg nach den Projekten von Transporta.

217 Lageplan der Seilbahnen in Thale (M 1:10 000).

218 Personenkabine.

219 Streckenprofil der Personenschwebebahn.

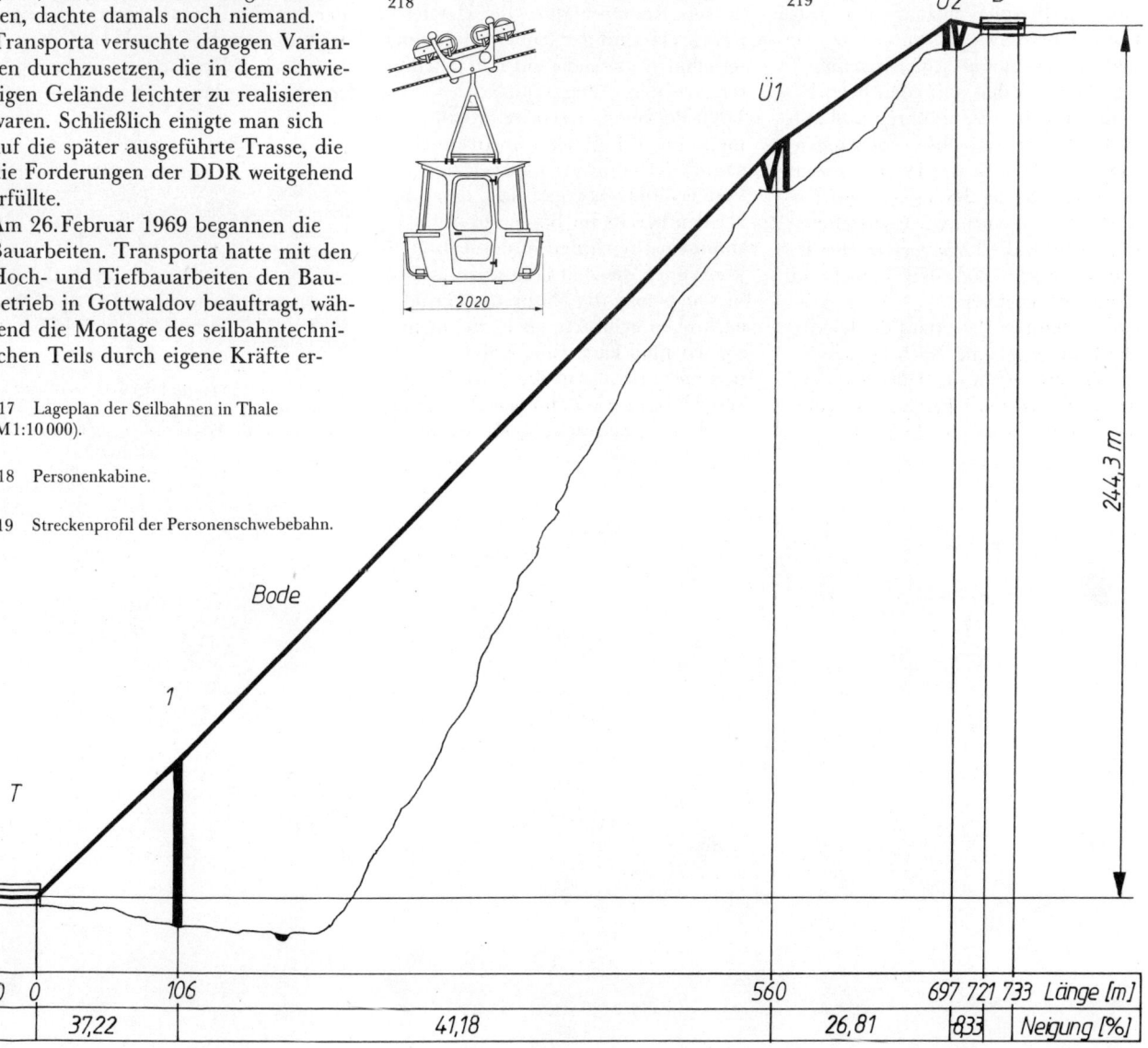

Die Eröffnung der Personenschwebebahn

Nachdem die gesamte Anlage von der Aufsichtsbehörde abgenommen worden war, erfolgte ihre Übergabe an den neu gebildeten VEB Personenschwebebahn Thale. Nur noch wenige Tage standen bis zur Eröffnung zu Verfügung. Sie wurden genutzt, um das neue Personal einzuarbeiten. Dazu ließ der Betriebsleiter, unterstützt von den tschechoslowakischen Ingenieuren, zunächst den normalen Betrieb ohne Fahrgäste durchführen und anschließend alle möglichen Störungen simulieren. Damit war jeder Einzelne des neuen Kollektivs auf den zu erwartenden Ansturm gut vorbereitet und auch in die Lage versetzt, bei Betriebsunregelmäßigkeiten schnell und richtig zu reagieren.

Am 7. Oktober 1970 fand die feierliche Eröffnung statt. Nach einer kurzen Ansprache an der Talstation und der symbolischen Übergabe des goldenen Schlüssels wurde die Bahn in Betrieb gesetzt, und die Ehrengäste fuhren nach oben. Dort fanden im Hotel Hexentanzplatz die eigentlichen Feierlichkeiten statt.

Die Eröffnung gestaltete sich zu einem Ereignis von überregionaler Bedeutung. Unter den Ehrengästen befanden sich die Vorsitzenden und Mitglieder der Räte des Bezirks, das Kreises und der Stadt, der Parteileitungen, Repräsentanten der Herstellerbetriebe und der Außenhandelsunternehmen sowie die am Bau beteiligten Arbeiter – insgesamt fast 1 000 Personen, deren Beförderung immerhin 1½ Stunden in Anspruch nahm. Deshalb waren auch kleine Veranstaltungen organisiert, damit weder den bereits im Berghotel Angekommenen noch den in der Talstation Wartenden die Zeit lang wurde.

Es war bereits die Hälfte der Gäste nach oben gefahren, als es zu einem Zwischenfall kam. Eine Kabine hatte sich nicht richtig an das Zugseil angekuppelt, und die Bahn war daraufhin durch die Überwachungseinrichtung stillgesetzt worden. Die Kabine hing jedoch etwa 10 m hinter der Station – für jeden Zugriff unerreichbar. Während der Einarbeitungszeit hatte man alle möglichen Havarien simuliert, aber dabei nicht an diese harmlose, aber wie sich später zeigte doch häufigste aller Störungen gedacht. Was tun? Als erster hatte sich der neue Leiter, Kollege STÖCKEL, gefaßt, der von der Bergstation aus den Betrieb überwachte. Rasch fand er in der technischen Dokumentation die entsprechenden Hinweise und gab dann

220 Blick vom Hexentanzplatz auf den Wachlerfelsen mit dem Überläufer 1 der Personenschwebebahn und die Stadt Thale.

221 Der untere Streckenteil der Personenschwebebahn mit der Talstation und der Stütze 1. Im Hintergrund rechts die Stadt Thale mit ihrem Eisenhüttenwerk.

222 Die einzige Stütze 1 der Personenschwebebahn besteht aus Beton und ist 45 Meter hoch. Im Hintergrund der Wachlerfelsen mit Überläufer 1.

220

221

die nötigen Weisungen zum Zurückfahren der Bahn. Beim nächsten Start kuppelte die Gondel wieder ordnungsgemäß an das Zugseil an und die Bahn fuhr dann wochenlang, ohne daß der Zwischenfall wieder auftrat. Die Defekthexe hatte die Eröffnungsfeier nicht stören können, die Belegschaft hatte ihre erste Bewährungsprobe bestanden.

Nachdem der letzte Ehrengast in einer Kabine Platz genommen hatte, begann der öffentliche Verkehr. Tausende Menschen aus Thale selbst und von weit her waren gekommen, um die neue Seilschwebebahn kennenzulernen, und sofort bildeten sich lange Warteschlangen, die auch in den nächsten Tagen nicht abreißen wollten.

Die Personenschwebebahn zum Hexentanzplatz

Vom Hauptbahnhof Thale erreicht man in 5 min durch den Friedenspark und die Hubertusstraße die kleine Brücke über die Bode, hinter der die Talstation steht. Hier verengt sich bereits das Tal, ließ aber noch genügend Raum zur Anlage des Gebäudes. Der Autotourist hat allerdings erhebliche Schwierigkeiten, sein Fahrzeug in diesem Teil Thales abzustellen; der große Parkplatz befindet sich 1,5 km von der Talstation entfernt an der Stecklenberger Allee. Deshalb empfiehlt es sich für Motorisierte, eine Besichtigung der Seilbahnanlage von der Bergstation aus zu planen.

Obwohl die Warteräume in der Talstation weitaus großzügiger gestaltet sind als bei allen anderen Seilbahnen der DDR, bilden sich hier in den Sommermonaten immer wieder lange Warteschlangen bis weit vor das Gebäude.

Auf dem Bahnsteig angelangt, können wir bis zum Einsteigen die Technolo-

223

224

225

226

gie des Ab- und Ankuppelns der Kabinen vom Zugseil beobachten. Besonders deutlich wird das Arbeiten der Startsperre, die für den gleichmäßigen Abstand auf der Strecke sorgt, denn sie ist mit einem Lichtsignal gekuppelt. An 2 Schienen hängen Reservekabinen. Sie können bei Bedarf über Weichen auf den Hauptstrang gebracht werden.

Von den 32 vorhandenen Kabinen sind 26, neuerdings 27 im Einsatz, wobei auf jeder Seite immer 10 unterwegs sind und sich der Rest in den Stationen zum Aus- und Einsteigen befindet. Unterschiedliche Farbgebungen verleihen der Bahn ein buntes Bild. Die Kabinen Nr. 1 bis 10 sind blau, Nr. 11 bis 20 und Nr. 31 gelb, Nr. 21 bis 30 und Nr. 32 rot lackiert. Ihre Vollverglasung gewährt während der Fahrt einen umfassenden Rundblick. Außerdem gibt es noch eine offene Revisionsgondel für Wartungs- und Reparaturarbeiten.

Von der Talstation aus führt die Strecke steil hinauf zur einzigen Stütze. Diese schlanke Betonkonstruktion fügt sich gut in das Landschaftsbild ein. Im weiteren Verlauf der Fahrt entwickelt sich ein großartiger Ausblick über Thale in das Harzvorland, aber auch in das Bodetal und

223 So präsentiert sich die Bergstation den Fahrgästen, die von der Gaststätte Hexentanzplatz oder vom Bergtheater kommen.

224 In der Bergstation befindet sich eine kleine Werkstatt mit diesem Arbeitsstand für Wartungs- und Reparaturarbeiten an den Laufwerken und Kuppelapparaturen der Kleinkabinen.

225 Für Arbeiten auf der Strecke besitzt die Personenschwebebahn Thale eine Revisionsgondel, die bei normalem Betrieb in der Bergstation abgestellt wird.

226 Der Überläufer 2 vor der Bergstation auf dem Hexentanzplatz ist der höchste Punkt der Personenschwebebahn Thale. Er lenkt die Kabinen allmählich von der Steigung in das Gefälle.

Technische Daten der Personenschwebebahn zum Hexentanzplatz

Eröffnung		7.10.1970
Hersteller		Transporta Chrudim (ČSSR)
Bauart		Kleinkabinen-Seilschwebebahn
Betriebsart		Umlaufbetrieb
Talstation		Thale
Höhe über NN	m	183,3
Bergstation		Hexentanzplatz
Höhe über NN	m	427,6
Strecke		
Länge	m	720,9
Höhenunterschied	m	244,3
Neigung im Durchschnitt	%	35
Neigung maximal	%	75
Anzahl der Stützen		1
Anzahl der Überläufer		2
Höhe der Stütze Nr. 1	m	45,0
größte Spannweite	m	455
Seile		
Tragseil	mm Ø	40
Zugseil	mm Ø	25
Spannseile	mm Ø	4×28, 4×50
Fördermaschine		
Bauart		Treibscheibe
Hersteller		Transporta Chrudim (ČSSR)
Treibscheibendurchmesser	mm	3 000
Antrieb		
Bauart		elektrisch (Gleichstrom)
Hersteller		PGH Elektrotherm, Quedlinburg
Leistung	kW	75
Steuerung		Ward-Leonard Umformer
Hilfsantrieb		Diesel-Notstrom-Aggregat
Leistung	kW	17
Fahrzeuge		
Kabinen	Anzahl	32
Hersteller		Transporta Chrudim (ČSSR)
Sitzplätze		4
Stehplätze		–
Eigenmasse	kg	480
Betriebsdaten		
Fahrgeschwindigkeit	m / s	3,0
Fahrzeit	min	4
Leistung	Personen / h und Richtung	600
Kabinenfolge	s	24
beförderte Personen (1982)		1 076 078

zur Roßtrappe. Am Wachlerfelsen lenkt der Überläufer Nr. 1 die Kabinen in eine flachere Neigung. Den höchsten Punkt der Strecke bildet der zweite Überläufer. Von dort geht es mit leichtem Gefälle in die Bergstation.

Zwischen den Bahnsteigen der Bergstation befindet sich der Bedienungsraum. Er ist normalerweise unbesetzt; der Maschinist hilft auf den Bahnsteigen mit und kann durch die großen Fenster trotzdem die Überwachungseinrichtungen beobachten. Nur wenn besondere Fahrmanöver nötig sind, übernimmt er die Steuerung vom Bedienungsraum aus.

Auch in der Bergstation finden wir Schienen für die Reservekabinen. Eine weitere Schiene verschwindet in einem abgeschlossenen Raum mit einer Werkstatt. Warte- und Diensträume vervollständigen die obere Etage des Stationsgebäudes. Im Untergeschoß befindet sich der Maschinenraum. Sofern der aufmerksame Fahrgast Seilschwebebahnen in der ČSSR kennt, wird er bemerken, daß es sich bei den Stationsgebäuden, Kabinen und Überläufern um Wiederverwendungsprojekte handelt.

Unweit der Bergstation befindet sich die Walpurgishalle, ein 1901 errichtetes kleines Blockhaus mit Gemälden von Hermann HEDRICH zu GOETHEs Walpurgisdichtung. 200 m nach links liegt das Bergtheater, 200 m nach rechts das Hotel und hinter diesem die eigentliche Hexentanzplatzaussicht. Die Stadt Thale hat sehr viel getan, damit die Touristen auch einen Tagesaufenthalt auf dem Hexentanzplatz gestalten können. So befinden sich unweit des Berghotels ein großer Kinderspielplatz, der Sportplatz „Teufelsschweiß" und ein Heimattiergarten. Darüber hinaus bietet die Bergstation einen günstigen Ausgangspunkt für Wanderungen in den Harz oder zurück nach Thale.

Der Sessellift zur Roßtrappe

Planung und Bau des Sessellifts

Die Personenschwebebahn, das Bergtheater und die anderen Attraktionen lenkten den Touristenstrom von Thale aus einseitig auf den Hexentanzplatz. An schönen Sommertagen befanden sich oft 10 000 Personen auf dem Plateau. Derartigen Massen waren die gastronomischen Einrichtungen trotz Erweiterungen ebenso wenig gewachsen wie die Schwebebahn. Wartezeiten von 1 Stunde waren alltäglich, und oftmals wuchsen sie bis auf 2½ Stunden! Die Betriebsleitung und die Stadtverwaltung von Thale versuchten zunächst, den hauptsächlich in eine Richtung verlaufenden Verkehr teilweise umzukehren. Waren die meisten Menschen bisher vormittags von Thale zum Hexentanzplatz und nachmittags wieder zurück gefahren, so sollte ein großer Parkplatz am Bergtheater die Motorisierten anregen, direkt auf das Plateau zu fahren und von dort aus mit der Personenschwebebahn Thale besuchen. Einen direkten Einfluß konnte man jedoch nur auf Gruppen nehmen, die mit Bussen anreisten, indem die Verträge entsprechend abgeschlossen wurden. Dadurch brachten diese Bemühungen nur einen Teilerfolg, und auch die Gaststätte auf der Roßtrappe konnte nicht mit in die Betreuung der Touristen einbezogen werden.

Die Räte des Bezirks und des Kreises beschlossen deshalb, im Rahmen des weiteren Ausbaus des Kreises Quedlinburg zum Erholungsgebiet die Roßtrappe besser zu erschließen und dadurch einen Teil des Touristenstroms vom Hexentanzplatz abzulenken. Diese Aufgabe sollte mit Hilfe eines Sessellifts gelöst werden.

Am 30. März 1977 wurde die Investvorentscheidung bestätigt und damit die Finanzierung abgesichert, danach begann sofort die Projektierung. Der VEB Personenschwebebahn Thale als künftiger Betreiber forderte, daß die Talstationen beider Seilbahnen in unmittelbarer Nachbarschaft liegen müßten, weil nur dann eine gleichmäßige Aufteilung des Touristenstroms zu erwarten war. Damit kam als einzig möglicher Standort für die Talstation des neuen Sessellifts der Garten des Krankenhauses in Frage. Obwohl damals schon die Umgestaltung des Krankenhauses in eine Poliklinik beschlossen war, erhoben die Mediziner Einspruch wegen des Lärms, den sie durch den Sessellift befürchteten. Da es jedoch keine Alternative gab, mußte der Einspruch zurückgewiesen werden. Inzwischen hat sich in der Praxis gezeigt, daß Betrieb des Sessellifts die Arbeit in der Poliklinik in keiner Weise stört.

Im Sommer 1977 wurde zunächst mit dem Bau eines Funktionsgebäudes begonnen. Zwischen den Talstationen gelegen, beherbergt es die zwangsweise größer gewordene Verwaltung sowie Sozialräume beider Seilbahnen.

Mit dem Sessellift selbst ergaben sich aber noch einige Schwierigkeiten. Ursprünglich war die gleiche Verfahrensweise wie seinerzeit bei der Personen-

schwebebahn vorgesehen, nach der der tschechoslowakische Betrieb Transporta in Chrudim die Projektierung, Lieferung und Montage komplett durchzuführen hatte. Aber Transporta war durch den Bau anderer Fördereinrichtungen sehr stark in Anspruch genommen und wandte sich daher von der Fertigung von Seilbahnen ab, so daß kein Interesse an dem

Auftrag bestand. Nach zunächst völliger Ablehnung kam es schließlich zu einem Kompromiß: Transporta projektierte die gesamte Anlage, lieferte jedoch nur bestimmte Teile und stellte einen Fachmann als Bauleiter zur Verfügung.

Aber schon im Projekt war Transporta nicht in der Lage, die in der DDR

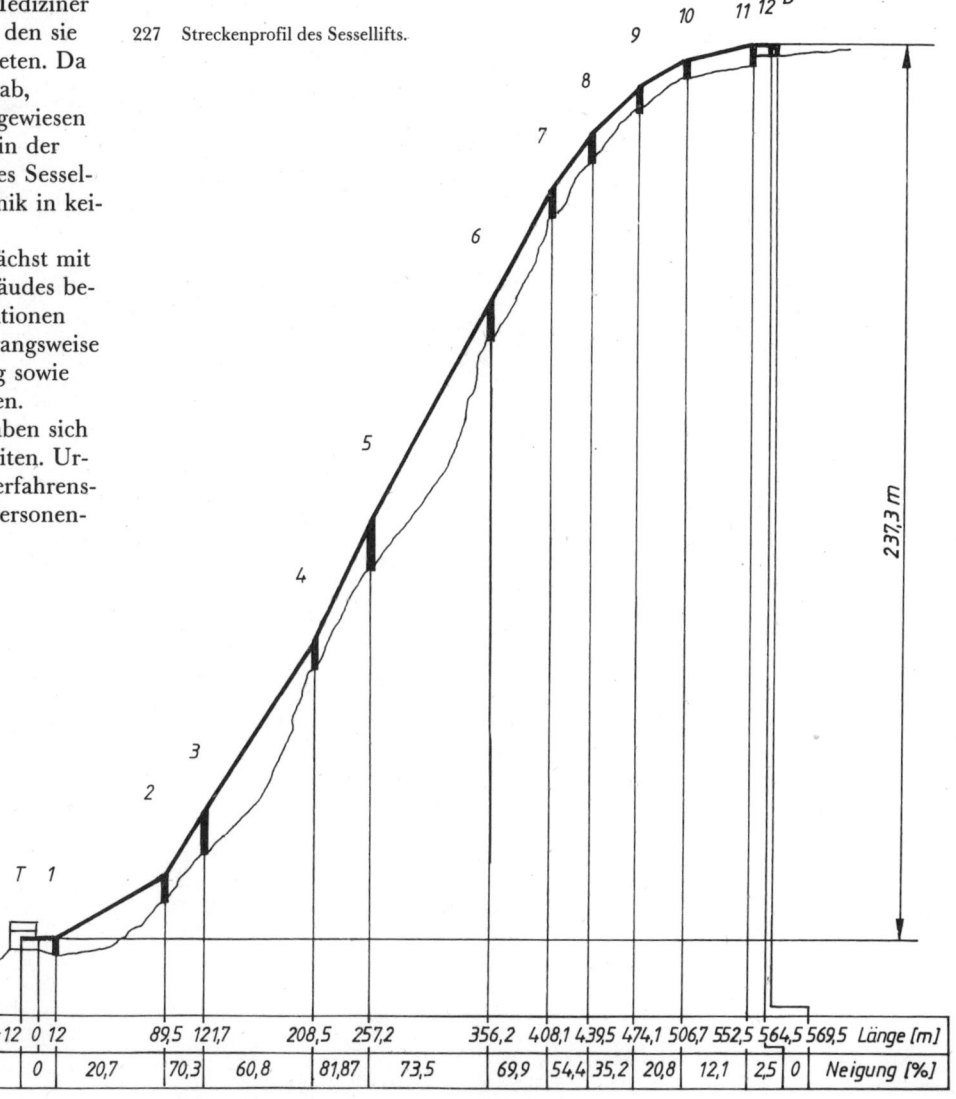

227 Streckenprofil des Sessellifts.

Länge [m]	-12	0	12	89,5	121,7	208,5	257,2	356,2	408,1	439,5	474,1	506,7	552,5	564,5	569,5
Neigung [%]		0		20,7	70,3	60,8	81,87	73,5	69,9	54,4	35,2	20,8	12,1	2,5	0

geltenden Vorschriften in allen Punkten einzuhalten. Die Stützen, offenbar schon vor längerer Zeit für eine andere Bahn gebaut, hatten im Freien gelagert, so daß sie entrostet, neu gestrichen und teilweise sogar nachgeschweißt werden mußten. Einige vereinbarte Lieferungen, wie Seil und Antriebsmotor, wurden wieder abgesagt. Zahlreiche Differenzen führten schließlich zur Stornierung des Vertrags. Damit war der VEB Personenschwebebahn gezwungen, die Bauleitung selbst zu übernehmen und sich für die Montage der Anlage und die Herstellung der noch fehlenden Teile Partner zu suchen.

Die Hoch- und Tiefbauarbeiten an den Stationen übernahm der Kreisbaubetrieb, die Montage der elektrischen Ausrüstung wie schon bei der Personenschwebebahn die PGH Elektrotherm in Quedlinburg, aber niemand war bereit, an dem steilen Hang die Stützen aufzustellen. Schließlich gelang es, für diese Arbeit die Interflug als Helfer zu gewinnen. So wurden zunächst der Beton für die Fundamente und später die Stützen selbst mit einem Hubschrauber eingeflogen. Trotz aller Bemühungen gingen aber die Arbeiten langsamer als geplant voran. Der VEB Personenschwebebahn war ja bisher nur Betreiber gewesen, er konnte daher über keinerlei Erfahrungen im Seilbahnbau verfügen und sah sich immer wieder mit neuen unvorhergesehenen Problemen konfrontiert. Um so größer ist unsere Hochachtung vor dem Kollektiv die-

228

229

228 Die Bergstation des Sessellifts auf der Roßtrappe. Auch hier steht die Umlenkrolle im Freien.

229 Der untere Teil des Sessellifts zur Roßtrappe mit der Talstation Thale.

ses Betriebes, das allen Schwierigkeiten zum Trotz den Bau bis zum Ende fortführte, den Sessellift in einer hohen Qualität fertigstellte und ihn am 15. Mai 1980 eröffnen konnte.

Die technischen Einrichtungen und die Strecke des Sessellifts

Die Talstation des Sessellifts befindet sich nur 100 m von der Personenschwebebahn entfernt. Ihr Gebäude beherbergt den Antrieb mit waagerechter Treibscheibe auf einem Spannwagen sowie Dienst-, Warte- und Werkstatträume.
Die Strecke führt am Westhang des Bodetales steil hinauf, so daß sich bald ein prächtiger Blick auf Thale entwickelt. Die Fahrgäste können jedoch diese Aussicht nur bei Talfahrt voll genießen, da sie auf den Sesseln in Fahrtrichtung sitzen. Die Umlenkrolle der Bergstation steht im Freien. Es gibt dort nur ein kleines hölzernes Schutzhäuschen für das Bedienungspersonal und die Kasse. Zur Berggaststätte sind es noch 200 m, zum eigentlichen Roßtrappenfelsen weitere 300 m Wanderweg.

Gegenwart und Perspektive der Seilbahnen in Tahle

Unmittelbar nach der Eröffnung des Sessellifts wurde die Erwartung bestätigt, daß sich der Touristenstrom entsprechend der Leistungsfähigkeit der beiden Seilbahnen zwischen Hexentanzplatz und Roßtrappe aufteilt. Gleichzeitig entstanden auch neue Verkehrsbedürfnisse, denn nun ist der Besuch beider Plateaus an einem Tage auch für Leute möglich, die nicht so gut zu Fuß sind.
Auch die früher übliche Rundtour Thale – Hexentanzplatz – Roßtrappe – Thale wird wesentlich erleichtert. Sie ist jedoch nach wie vor mit dem steilen Abstieg ins Bodetal und dem ebenso steilen Aufstieg verbunden, so daß der Wanderer trotz der kurzen Entfernung von Bergstation zu Bergstation 2 Stunden Wanderzeit einplanen sollte. Für seine Mühen wird er durch die landschaftliche Schönheit mehr als entschädigt.

Im Industriebezirk Halle werden auf Grund der topographischen Gegebenheiten die Möglichkeiten der Naherholung auch in Zukunft begrenzt bleiben, so daß Thale seine Bedeutung als Ausflugsgebiet auch künftig beibehalten wird. Damit ist auch der Fortbestand der beiden beliebten Seilbahnen garantiert.

Technische Daten des Sessellifts zur Roßtrappe		
Eröffnung		15.5.1980
Hersteller		VEB Personenschwebebahn Thale
Bauart		Einseil-Schwebebahn mit fest angeklemmten Sesseln
Betriebsart		Umlaufbetrieb
Talstation		Thale
Höhe über NN	m	105
Bergstation		Roßtrappe
Höhe über NN	m	342
Strecke		
Länge	m	559
Höhenunterschied	m	237,3
Neigung im Durchschnitt	%	50
Neigung maximal	%	82
Anzahl der Stützen		12
höchste Stütze (Nr. 3)	m	10,5
größte Spannweite	m	99
Seile		
Förderseil	mm ∅	28
Spannseil	mm ∅	…
Fördermaschine		
Bauart		Treibscheibe, liegend
Hersteller		Transporta Chrudim (ČSSR)
Treibscheibendurchmesser	mm	3 000
Antrieb		
Bauart		elektrisch, 380 V Drehstrom
Hersteller		PGH Elektrotherm Quedlinburg
Leistung	kW	31
Hilfsantrieb		Diesel-Notstromaggregat
Sessel		
Anzahl		44
Hersteller		Transporta Chrudim (ČSSR)
Sitzplätze		1
Eigenmasse	kg	52
Betriebsdaten		
Fahrgeschwindigkeit	m / s	2,0
Fahrzeit	min	5
Sesselfolge	s	13
Leistung	Personen / h und Richtung	275
Beförderte Personen (1983)		450 000

Wendefurth

Die Ostharztalsperren und Wendefurth

Das kleine Dörfchen Wendefurth im Harz erhielt seinen Namen durch die häufigen Hochwasser der Bode, denn wenn die Kaufleute mit ihren Wagen den Weg von Quedlinburg nach Nordhausen über das Gebirge abkürzen wollten, hieß es oftmals „Wenden an der Furt".

Schon 1891 entstanden erste Pläne zum Bau einer Talsperre bei Thale. Sie hätte jedoch nur das Harzvorland, aber nicht die Gebirgstäler vor Hochwasser geschützt. Daher entstand kurz darauf der Gedanke eines Talsperrensystems im Ostharz. Obwohl immer wieder an der Präzisierung der Projekte gearbeitet wurde, ließen die wirtschaftlichen Verhältnisse ihre Verwirklichung nicht zu.

Nach der Gründung der DDR wurden die alten Pläne nochmals überarbeitet, und mit der Grundsteinlegung für die Rappbodesperre am 1. September 1952 begann ihre Realisierung. Diese größte des insgesamt 6 Talsperren umfassenden Systems konnte am 7. Oktober 1959 eingeweiht werden, ihr Hochwasserschutz wurde jedoch schon im März 1956 erstmalig wirksam.

Die Wahl der Lage der größten Talsperre an der Rappbode ergab sich aus ihrer Aufgabe, gleichzeitig Nutz- und Trinkwasser für die Städte des Harzvorlandes und bis nach Halle und Merseburg zu gewinnen. Die am Zusammenfluß der Warmen und Kalten Bode gelegene Überleitungssperre Königshütte leitet deren überschüssiges Wasser in die Rappbodesperre um, aber für die Wassermassen der Bode und ihrer Zuflüsse unterhalb von Königshütte mußte noch ein Hochwasserschutz geschaffen werden. Deshalb begannen noch während des Baus der Rappbodesperre die Arbeiten an der

230   Lageplan der Standseilbahn im Pumpspeicherwerk Wendefurth (M 1:30 000).

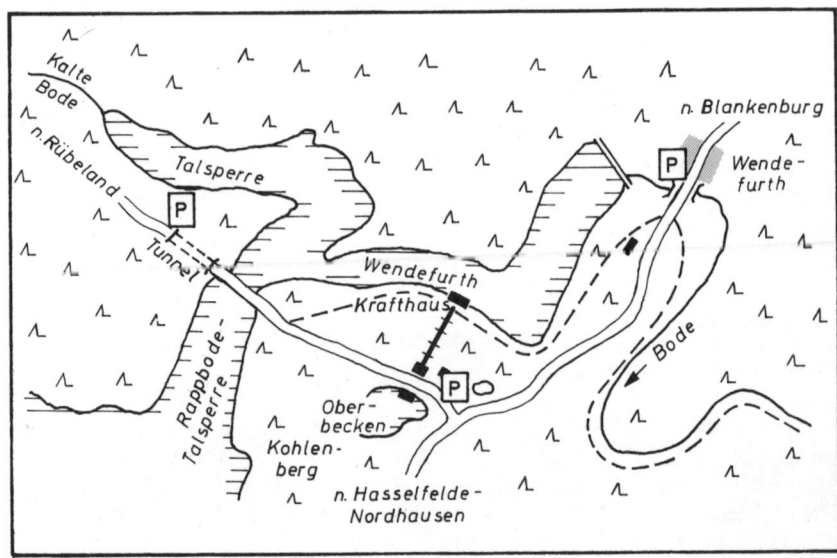

Talsperre Wendefurth. Da diese in die Wasserversorgung nicht mit einbezogen wurde, konnte hier auch ein Pumpspeicherwerk entstehen.
Der Ort Wendefurth mit seinen knapp 100 Einwohnern ist mit seiner geschützten Tallage in 338 m über NN ein beliebter Erholungsort, der durch die nahen Stauseen noch an Bedeutung gewonnen hat.

Vorgeschichte und Bau der Standseilbahn

Der Bau des Pumpspeicherwerks Wendefurth wurde dem tschechoslowakischen Betrieb ČKD Praha übertragen, der sich die erst wenige Jahre zuvor beim Bau des Pumpspeicherwerkes Hohenwarte II von den Škodawerken aus dem gleichen Land gewonnenen Erfahrungen zu Nutze machte. Deshalb ähneln sich viele Teile der beiden Werke, wobei in Wendefurth gleichzeitig zahlreiche Verbesserungen spürbar sind. So wurde auch hier eine Standseilbahn entlang der Rohrbahn vorgesehen.
Die Möglichkeit zur Anlage eines Oberbeckens bot sich nur auf dem Plateau zwischen dem Kohlenberg und der neuen Verbindungsstraße von Rübeland über die Mauer der Rappbodetalsperre zur Fernverkehrsstraße Blankenburg–Nordhausen an. Dort ließen sich 1,97 Mill. m³ Wasser unterbringen, die die Größe des neuen Werkes bestimmten. Als Unterbecken dient die Talsperre Wendefurth. Beide

Becken wurden durch 2 Rohrleitungen von 383 m Länge und 128 m Höhenunterschied verbunden. Die im Krafthaus installierte elektrische Leistung betrug mit 80 MW nur ein Viertel von Hohenwarte II.
1966 begann der Bau der Rohrbahn mit dem Verlegen der Gleise für die Standseilbahn. Mit dieser wurden dann die einzelnen Rohrsegmente an ihren Bestimmungsort transportiert. Damit die Rohre vom Seilbahnwagen aus nicht zu weit seitlich verschoben werden mußten, legte man die Gleise zwischen die beiden Rohrleitungen. Nachdem die Arbeiten an den Rohren abgeschlossen waren, wurde die Standseilbahn für die Bedürfnisse des späteren Kraftwerksbetriebs umgebaut und dem VEB Pumpspeicherwerk Wendefurth übergeben. Sie wurde am

16. April 1968 durch die Aufsichtsbehörde abgenommen und für die Beförderung von Personen und Gütern freigegeben. Wie schon in Hohenwarte wurde diese Anlage vom Hersteller in allen Unterlagen als „Schrägaufzug" bezeichnet, der richtige Begriff „Standseilbahn" setzte sich auch hier erst nach dem Erscheinen der „ASAO 917 – Seilbahnen" im Jahre 1971 allmählich durch.

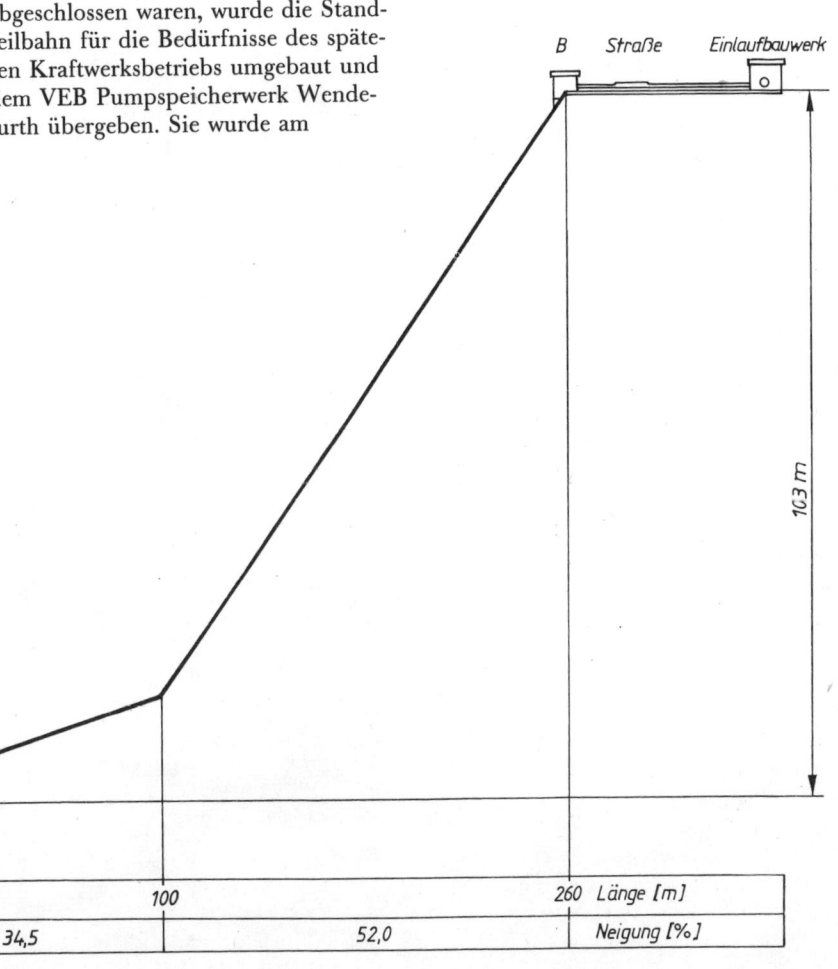

231 Streckenprofil.

0 6,1		100		260 Länge [m]
52,0	34,5		52,0	Neigung [%]

Beschreibung der Standseilbahn

Die Aufgabe der Standseilbahnen in den Pumpspeicherwerken Wendefurth und Hohenwarte ist die gleiche. Deshalb ähneln sich beide Anlagen in vielen Dingen, unterscheiden sich jedoch wesentlich von Bahnen, die für einen öffentlichen Betrieb gebaut wurden. So besitzt das Gleis auch hier in Wen-

tion bemerkenswert. Ein kleines Gebäude an der Verbindungsstraße nach Rübeland beherbergt nur das Gleisende mit dem Bahnsteig sowie einen Dienstraum. Frei zugängliche Aussichtsplattformen auf beiden Seiten gestatten einen Blick auf Rohrbahn, Krafthaus und Talsperre.
Auf der gegenüberliegenden Straßenseite steht etwas zurückgerückt ein

größeres Gebäude, das Einlaufbauwerk. Dort beginnt die Rohrbahn. Unter der Straße ist sie in einem Tunnel geführt. Das Oberbecken befindet sich erhöht und daher von der Straße aus nicht sichtbar unmittelbar hinter dem Einlaufbauwerk. Die gesamte Antriebsanlage der Standseilbahn ist mit im Einlaufbauwerk untergebracht. Da nur 1 Wagen vorhanden ist, wurde die

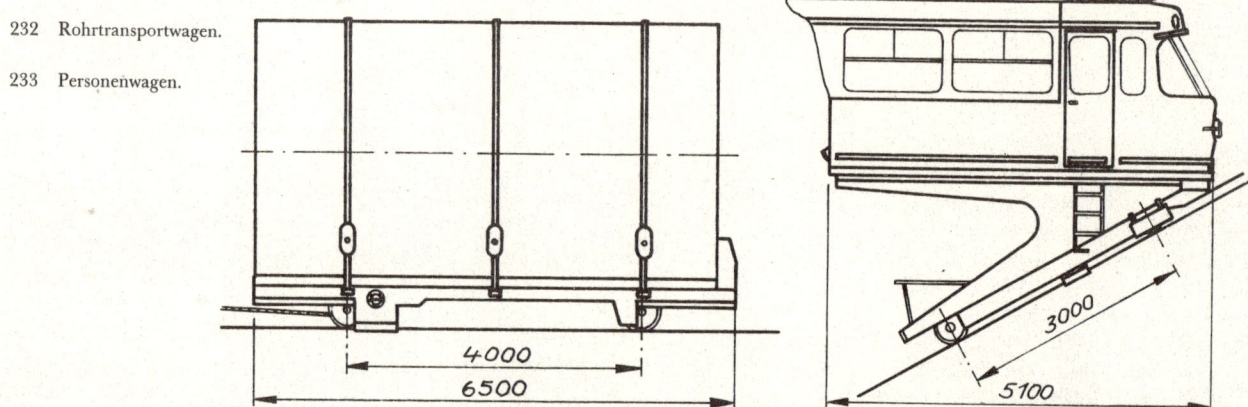

232 Rohrtransportwagen.

233 Personenwagen.

234 Der Wagen der Standseilbahn des Pumpspeicherwerks fährt aus der Talstation aus. Unverkennbar ist die Verwendung von Tatra-Straßenbahnwagenteilen bei seiner Herstellung.

235 Die Gleise der Standseilbahn des Pumpspeicherwerks Wendefurth verlaufen zwischen den beiden Rohrleitungen bis zum Krafthaus an der Talsperre.

236 Aus dieser Perspektive erkennt man gut die große Neigung der Standseilbahn des Pumpspeicherwerks Wendefurth.

234

defurth keine Ausweiche. Es liegt zwischen beiden Rohrleitungen.
Die Talstation ist vom Krafthaus durch eine schmale Wasserfläche und eine Straße getrennt. Sie besitzt nur einen durch Geländer abgesperrten Bahnsteig, jedoch keinerlei Gebäude. Dafür ist die Gestaltung der Bergsta-

Leonard-Umformer, und vom Wagen aus können Fahrtrichtung, 3 verschiedene Fahrgeschwindigkeiten und Halt an jeder beliebigen Stelle der Strecke gewählt werden. Die Übertragung der Steuersignale erfolgt durch Funk. Außerdem kann der unbesetzt abgestellte Wagen von jeder Station aus herbeigerufen werden.

Für den Seilbahnwagen wurde eine zweckmäßige und zugleich ästhetische Bauart gefunden. Das keilförmige Fahrgestell besteht aus verschweißten Stahlblechen und wirkt dadurch formschöner als die bei anderen Bahnen übliche Fachwerkkonstruktion. Sein Winkel entspricht dem oberen, längeren Streckenteil, so daß dort der Wagenkasten waagerecht steht. Abweichend von der Rohrbahn wurde die Talstation mit der gleichen Neigung

Fördermaschine wie in Hohenwarte mit einer Seiltrommel ausgerüstet. Von dieser läuft das Zugseil 68,5 m waagerecht zur Umlenkrolle am Bahnsteig der Bergstation und wird dazu

im Rohrtunnel unter der Straße hindurchgeführt.
Die Steuerung gleicht der in Hohenwarte. Die Drehzahlregelung des Antriebsmotors übernimmt ein Ward-

		1966	1968
Erbaut für Rohrtransporte		1966	
Inbetriebnahme als Personen- und Lasten-Standseilbahn		16.4.1968	
Hersteller		ČKD Praha, Werk Slaný (ČSSR)	
Bauart		Standseilbahn, 1gleisig	
Betriebsart		Pendelbetrieb	
Talstation		Krafthaus	
Höhe über NN	m	355	
Bergstation		Einlaufbauwerk	
Höhe über NN	m	458	
Strecke			
Länge	m	260	
Höhenunterschied	m	103	
Neigung im Durchschnitt	%	45,2	
Neigung maximal	%	52,0	
Spurweite	mm	1 250	
Seile			
Zugseil	mm Ø	25	
Fördermaschine			
Bauart		Trommel	
Hersteller		ČKD Praha (ČSSR)	
Trommeldurchmesser	mm	2 500	
Antrieb			
Bauart		elektrisch, 290 V (Gleichstrom)	
Hersteller		ČKD Praha (ČSSR)	
Leistung	kW	70	
Steuerung		Ward-Leonard-Umformer, Funkfernsteuerung vom Wagen aus	
Notantrieb		–	
Fahrzeuge		*1966*	*1968*
Anzahl		1	1
Hersteller		ČKD Praha (ČSSR)	ČKD Praha (ČSSR)
Sitzplätze		–	15
Stehplätze		–	–
Tragfähigkeit	t		3,0
Eigenmasse	t		4,98
Betriebsdaten			
Fahrgeschwindigkeit	m/s	0,3/0,5/0,8 (wahlweise)	
Fahrzeit bei 0,8 m/s	min	6	
Leistung	Personen/h und Richtung	60	

ein kleines Fenster auf der rechten Seite ausgeglichen. Der Bereich hinter den Türen läßt sich in eine offene Ladefläche verwandeln. Dazu wird in der Talstation der obere Teil des Wagenkastens in Höhe der Fensterbrüstung gelöst und auf eine Führungsschiene hinter dem Gleisende geschoben. Von den 15 Plasteschalensitzen lassen sich 13 einfach herausnehmen. Dieser Umbau wird jedoch nur selten vorgenommen, wenn größere Arbeiten an der Rohrbahn notwendig sind, denn durch die Straßen werden Transporte zwischen Krafthaus und Einlaufbauwerk günstiger mit Lastkraftwagen abgewickelt.

Betrieb und Perspektive der Seilbahn

Die Standseilbahn in Wendefurth ist seit ihrer Inbetriebnahme ohne nennenswerte Veränderung in Betrieb. Es werden nur Angehörige des Pumpspeicherwerkes befördert, ein öffentlicher Verkehr findet nicht statt. Dabei gestattet die kurze Fahrzeit, auf einen festen Fahrplan zu verzichten und die Fahrten jeweils bei Bedarf anzusetzen.

Entsprechend der hohen Lebensdauer von Wasserkraftanlagen wird das Pumpspeicherwerk Wendefurth noch viele Jahrzehnte bestehen und damit auch seine Standseilbahn, zumal deren Verschleiß infolge der geringen Anzahl von Fahrten bisher äußerst gering ist.

Zum Abschluß sei ein Hinweis für eine Besichtigung gegeben: Vom Parkplatz am FDGB-Ferienheim „Talsperre" sind es keine 5 min zu Fuß bis zur Bergstation mit ihren Aussichtsplattformen. Wer aber zur Talstation will, muß sein Auto in Wendefurth stehenlassen, da die schmale Zufahrtsstraße nur von Fahrzeugen des Kraftwerks benutzt werden darf.

angelegt, so daß auch dort der Wagenkasten eine waagerechte Lage einnimmt. Der aufmerksame Betrachter erkennt sofort die Verwendung von serienmäßigen Straßenbahnfahrzeugteilen für den Wagenkasten. So ist als bergseitige Stirnwand das Polyesterformteil der weitverbreiteten Straßenbahntypen T3 und T4D eingebaut und der nun fehlende Einstieg durch

Zeitz

Die Stadt Zeitz

An der Stelle, wo die Weiße Elster aus dem Thüringer Hügelland in die Leipziger Tieflandsbucht tritt, boten sich günstige Möglichkeiten zur Anlage der befestigten Stadt Zeitz. Bereits 967 erstmalig erwähnt war es 61 Jahre lang Bischofssitz und von 1653 bis 1718 Residenz des Fürstentums Sachsen-Zeitz. Schließlich fiel es 1815 als Folge der Napoleonischen Kriege an Preußen.

Die Eröffnung der Eisenbahnlinie Weißenfels–Zeitz–Gera im Jahre 1859 und die nahen Braunkohlevorkommen förderten schon frühzeitig die Entwicklung einer umfangreichen Industrie. Besonders zu nennen sind Eisengießerei, Maschinenbau und die Herstellung von Kinderwagen, später auch noch Chemiebetriebe. Die Stadt wuchs rasch und hatte 1877 bereits 17 000 Einwohner. Dagegen hemmte die starke Industrialisierung die Ausbildung eines Fremdenverkehrs, zumal der preußische Staat das attraktivste Bauwerk der Stadt, das 1657 erbaute Schloß Moritzburg, als Frauengefängnis nutzte.

Heute leben in der Kreisstadt Zeitz (Bezirk Halle) 50 000 Einwohner. Ihren Charakter prägen Großbetriebe, wie der VEB ZEMAG als Hersteller von Ausrüstungen für Bergbau und Brikettfabriken, der VEB Hydrierwerk, der VEB Zekiwa als größter Produzent von Kinderwagen in Europa und die Braunkohlentagebaue der Umgebung. Das Schloß Moritzburg wurde zum Museum umgestaltet und birgt im Zusammenhang mit der dargestellten Stadtgeschichte auch einige Erinnerungen an die Drahtseil-Eisenbahn.

237 Lageplan der Zeitzer Drahtseil-Eisenbahn (M 1:12 000).

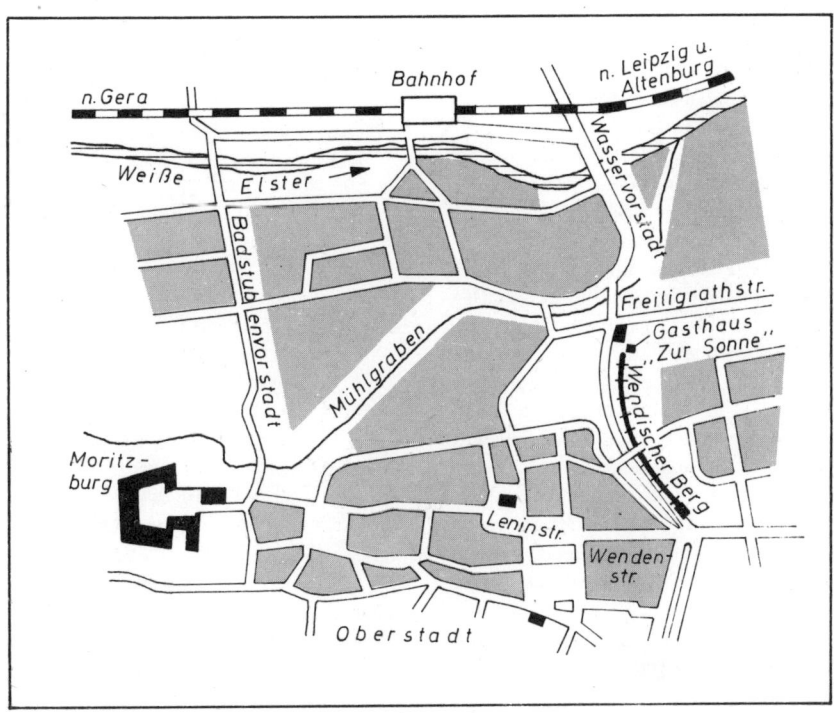

Eduard TRETROP ersinnt und baut eine „Drahtseil-Eisenbahn"

So günstig wie die Lage der Stadt auf den Ausläufern des Hügellandes für ihre Verteidigung war, so beschwerlich war sie für die Fuhrleute zu erreichen. Aus dem Elstertal kamen die Pferdewagen durch die Wasservorstadt und über die Mühlgrabenbrücke, hinter der links die Herberge „Zur Sonne" stand. Von dort ging es durch die gefürchtete Wolfsschlucht hinauf zum Wendischen Tor der Oberstadt. Den Pferden wurde auf diesem Stück das Letzte abverlangt, so daß dieser steile

Mit Eduard TRETROP lebte in Zeitz ein Verkehrsfachmann, dem diese Probleme nicht nur hinreichend bekannt waren, sondern der auch eine Lösung ersann und verwirklichte. Er war als Bahnmeister der Thüringischen Eisenbahn-Gesellschaft schon 1859 maßgeblich am Bau der Straße Weißenfels–Gera beteiligt. Seine Leitung des Baus der Eisenbahnstrecken nach Altenburg und Leipzig in den Jahren

1876 waren TRETROPS Pläne schließlich so weit ausgereift, daß er sie den verantwortlichen Stellen vorlegen konnte. Trotz der großen Neuheit, die damals eine Seilbahn darstellte,

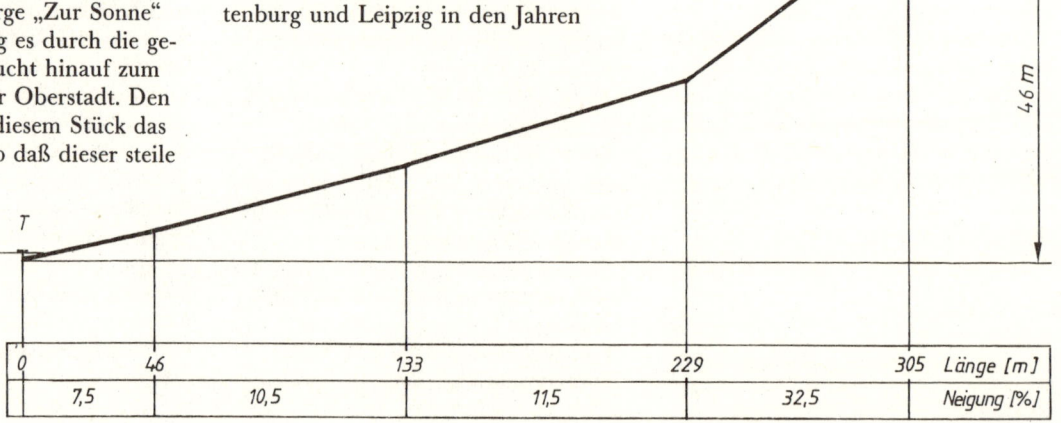

238 Streckenprofil.

Hohlweg im Volksmund auch „Schinderberg" genannt wurde.
Der Bahnhof und die erste Industrie entstanden im Elstertal in der Nähe der Braunkohlengruben. Aber ab 1870 gab der Domänenfiskus als Eigentümer der Ländereien im Tal keinen Grund und Boden mehr zur Anlage weiterer Fabriken ab, so daß neue Betriebe nur noch in der Oberstadt entstehen konnten. Zwar hatte die Stadt die inzwischen Wendischer Berg genannte Straße besser ausbauen lassen, aber die Steigung blieb, und bei dem ständig zunehmenden Fuhrwerksverkehr wurden die Probleme nicht geringer. Oft warteten vor der Herberge „Zur Sonne" zahlreiche Geschirre auf Vorspann, und immer wieder stürzten Pferde auf der Steigung. Darüber hinaus war die Straße jeden Winter tagelang wegen Glatteis überhaupt nicht befahrbar.

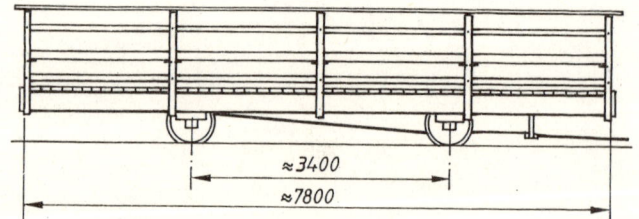

239 Seilbahnwagen.

1872 und 1873 führte ihn endgültig nach Zeitz, wo er ein eigenes Baugeschäft eröffnete.
In den Jahren 1862 und 1872 waren in Lyon (Frankreich) die beiden ersten Standseilbahnen gebaut worden. Man beförderte dort Personen und Güter. Offenbar dienten diese beiden Bahnen TRETROP als Vorbild für eine Lösung des Zeitzer Verkehrsproblems, denn in der technischen Gestaltung gibt es eine ganze Anzahl Parallelen zu der später in Zeitz ausgeführten Anlage.

zeigte man sich überall interessiert und unterstützte das Vorhaben. So kam es schon am 31. Januar 1877 zu einem Vertrag mit dem Rat der Stadt über den Bau einer „Drahtseil-Eisenbahn". TRETROP begann auch sofort mit den Arbeiten, wodurch es zu einigen Differenzen mit der nicht informierten örtlichen Polizeiverwaltung kam, aber schließlich erteilte auch diese am 3. März die Baugenehmigung.
Der Rat der Stadt hatte im Vertrag ausdrücklich verlangt, daß alle Liefe-

rungen und Leistungen grundsätzlich nur durch ortsansässige Unternehmen erfolgen durften. Dadurch waren weite Kreise der Bevölkerung unmittelbar in den Bahnbau mit einbezogen und brachten ihm besonders großes Interesse entgegen.

Die gesamte Konstruktion und Bauleitung übernahm TRETROP selbst – eine außerordentlich schwierige Aufgabe bei dieser ersten Seilbahn Deutschlands, für die es auch im übrigen Europa mittlerweile erst 5 Vorbilder gab. Die Zeitzer Eisengießerei und Maschinenbau-Actiengesellschaft, Vorläuferin des heutigen VEB ZEMAG, erhielt die Aufträge zur Herstellung der Fördermaschine einschließlich Antrieb und Dampfkessel sowie der Fahrzeuge. Das erste Zugseil drehte

Seilermeister STAAKE aus Eisendraht – eine beachtliche Leistung für einen Handwerker!

Am 28. Juli war die gesamte Anlage so weit fertiggestellt, daß TRETROP die erste Probefahrt leiten konnte. Sie verlief wie auch alle späteren zur vollsten Zufriedenheit. Eine Deputation der Bauaufsichtsbehörde nahm am 4. August eine eingehende Prüfung der Bahn vor und gestattete für den folgenden Tag die Aufnahme des Betriebs.

Dieser 5. August 1877 – ein Sonntag mit strahlendem Sonnenschein – gestaltete sich zu einem wahren Volksfest: Die ganze Stadt war auf den Beinen, und viele Menschen waren auch aus den umliegenden Dörfern gekommen, um die neue Drahtseil-Eisenbahn zu sehen. Sicher hatte Herr TRETROP die Honoratioren der Stadt und seine Freunde zu einer Feier eingeladen, jedoch ist darüber nichts überliefert. Wie eng verbunden

sich aber alle Zeitzer Bürger an Anfang an mit „ihrer" Drahtseil-Eisenbahn fühlten, drücken wohl am besten die 2 volkstümlichen Bezeichnungen aus: Wegen ihrer ungewöhnlichen Bauart nannte man sie „das achte Weltwunder", und Witzbolde sprachen von der „längsten Bahn der Welt" – sie fährt in 3 min vom Wendischen Tor bis zur „Sonne". Trotz aller Freude gab es offenbar auch noch einige Mängel, die man schnell beseitigen mußte, denn alle Statistiken nennen als den ersten öffentlichen Betriebstag den 7. August.

Eine Fahrt mit der Zeitzer Drahtseil-Eisenbahn

Vom Bahnhof kommend rumpelten die schweren Fuhrwerke durch die Wasservorstadt genannte Straße, die sich hinter der Mühlgrabenbrücke zu einem länglichen Platz aufweitete. Dort stand links das Gasthaus „Zur Sonne", wo die Fuhrleute nach wie vor ihren Klaren tranken. Sie warteten hier allerdings nicht mehr auf Vorspann, sondern bis ihr Wagen zur Fahrt mit der Drahtseil-Eisenbahn an der Reihe war.

Gleich hinter dem Gasthaus begann das Seilbahngleis. Es senkte sich dort so weit unter das Fahrbahnniveau, daß eine Kopframpe entstand, über die die Fuhrwerke auf den Seilbahnwagen auffahren konnten. Die Bauart der Seilbahnwagen unterschied sich grundsätzlich von denen anderer Standseilbahnen. Sie waren völlig flach und offen, nur mit seitlichen Geländern versehen. Auch waren sie der Streckenneigung nicht angepaßt, was sich jedoch bei der vorhandenen geringen Neigung nicht nachteilig auswirkte.

War nur ein kleineres Pferdegespann aufgefahren, dann klappte der Schaffner an den beiden seitlichen Gelän-

240 Diese alte Ansicht zeigt trotz ihrer Verzerrung gut die gesamte Anlage der Zeitzer Drahtseil-Eisenbahn und ihre Einordnung in die Stadt.

240

dern Sitzbänke für die übrigen Fahrgäste herab. Es waren neben Gehbehinderten vor allem Leute mit Handkarren und später auch Radfahrer, die sich so den Weg in die Oberstadt erleichterten. Wurde dagegen ein großes Fuhrwerk befördert, so blieben die Bänke hochgeklappt. Handwagen hatten dann ohnehin keinen Platz mehr, und die wenigen anderen Fahrgäste stellten sich dorthin, wo gerade noch ein Eckchen frei war. Nachdem der Schaffner vor die Stirnseite des Wagens zur Sicherung eine Kette gehängt hatte, konnte die Fahrt beginnen.

Die gesamte Strecke verlief unmittelbar links neben der Fahrbahn des Wendischen Berges und war von ihr durch ein Geländer, später außerdem durch eine Hecke getrennt. Viel Platz war nicht, denn der Wendische Berg verläuft fast durchweg in einem Einschnitt. Damit war eine 2gleisige Anlage wie bei den bis dahin in Europa gebauten Seilbahnen unmöglich, die Abtsche Weiche noch nicht erfunden. So baute TRETROP die Bahn zwangsläufig doch 2gleisig, verschlang diese jedoch ober- und unterhalb der Streckenmitte zu einem Vierschienengleis. Diese Ausführung gestattete die Verwendung normaler Eisenbahnradsätze an den Wagen, also mit einem Spurkranz an jedem Rad.

Die Führung des Zugseils wurde durch einen langgestreckten Linksbogen in der Streckenmitte erschwert. TRETROP kannte die heute üblichen Seilführungsrollen noch nicht und meisterte das Problem ausschließlich mit Walzen. Es gab entlang der gesamten Strecke waagerechte Walzen zum Stützen des Seils und zusätzlich im Gleisbogen senkrechte zu seiner seitlichen Ablenkung.

Kurz vor der Bergstation stieg die Strecke weniger als die Straße, so daß hier eine Kopframpe entstand, von der aus die Abfahrt bis zur Straßenkreuzung am früheren Wendischen

Tor in der Ebene erfolgen konnte. Dadurch bestand keine Gefahr, daß die Fuhrwerke nach Verlassen des Seilbahnwagens wieder zurückrollten. Bei der Ankunft standen die Fahrgäste auf und klappten die Bänke hoch, damit die Pferdewagen bequem abfahren konnten; erst danach stiegen auch sie aus.

Die schmale Abfahrt in der Bergstation wirkte sich für den flüssigen Verkehrsablauf nicht weiter hinderlich aus, denn talwärts wurde die Seilbahn nur in Ausnahmefällen benutzt, und von Pferdefuhrwerken schon gar nicht.

Neben der Kopframpe der Bergstation befand sich das Maschinenhaus. Leiträder führten das Zugseil zur Treibscheibe der Fördermaschine, die durch eine Zwillingsdampfmaschine mit Kulissensteuerung angetrieben wurde. Das dazwischenliegende Vorgelege bestand aus einem Kammrad mit hölzernen Zähnen und einem stählernen „Schwungzahnrad".

Die Sicherheitseinrichtungen entsprachen dem damaligen Stand der Technik und wichen von denen später gebauter Standseilbahnen wesentlich ab. Die Seilbahnwagen hatten zwar schon eine automatisch wirkende Bremse: Bei Seilriß sprang eine Sperre in einen Zahnkranz des oberen Radsatzes. Ein grundsätzlicher Mangel war jedoch, daß diese Bremse wie auch die Handbremse des unteren Radsatzes wie bei einem normalen Eisenbahnwagen von der Reibung zwischen Rad und Schiene abhängig war und damit Unfällen Vorschub geleistet wurde. Die dritte Bremse bildete eine Hemmstütze gegen unbeabsichtigtes Zurückrollen. Während der Fahrt stellte sich der Schaffner auf einen Tritt und drückte sie dadurch hoch. Aber die Hemmstütze war so schwach ausgeführt, daß sie nur den stehenden Wagen festhalten konnte; wurde sie während der Talfahrt herabgelassen, dann

verhakte sie sich an den Schwellen und brach.

Der Bahnbetrieb unter Leitung von Eduard TRETROP und Familie BESCHERER

Von Anfang an wurde das neue Verkehrsmittel bergauf äußerst lebhaft benutzt. In kluger Voraussicht hatte TRETROP den Vorverkauf von Fahrscheinen an verschiedenen Stellen im Stadtgebiet eingeführt, so daß die Abfertigung an der Talstation zügig vonstatten ging. Die Fahrpreise betrugen:

Für 1 Wagen nebst 2 Zugtieren und 1 Geschirrführer – 0,75 Mark,
für 1 Wagen nebst 1 Zugtier und 1 Geschirrführer – 0,50 Mark,
für einzelne Tiere nebst 1 Führer – 0,20 Mark,
für 1 Handkarren nebst 1 Person – 0,15 Mark.

Dieser erste Tarif zeigt deutlich, daß die Seilbahn in erster Linie dem Güterverkehr diente. Auch die Betriebszeiten wurden den sich jahreszeitlich ändernden Fahrzeiten der Pferdegespanne angepaßt. Anfangs wurde die Bahn auch sonntags betrieben, aber erst nach Beendigung des Morgengottesdienstes, später nur noch werktags.

Für die Schaffner war die Arbeit den ganzen Tag lang auf den offenen Wa-

241 An der Stirnrampe der Bergstation steht einer der 1954 vom VEB Zeitzer Eisengießerei gebauten Seilbahnwagen.

242 Die Bergstation und das Maschinenhaus der Zeitzer Drahtseil-Eisenbahn.

243 Ein Seilbahnwagen, beladen mit einem Pferdegespann und zahlreichen Fahrgästen, hat die Ausweichstelle erreicht.

gen bei Wind und Wetter nicht gerade angenehm. Deshalb erhielt TRETROP am 24. Oktober 1877 die polizeiliche Erlaubnis, am Fuße des Wendischen Berges eine kleine transportable Bude aufzustellen, in der die Schaffner wenigstens während des Aufenthalts in der Talstation etwas Schutz finden konnten. Sie stand anfangs rechts, später links der Kopframpe und war bis zur Stillegung der Bahn das einzige Bauwerk der Talstation. Dazu kam lediglich ein Jahr später noch ein großes Schild mit der Aufschrift: „Drahtseil-Eisenbahn von Eduard Tretrop".

Nach 3 sehr guten Betriebsjahren kam es am Nachmittag des 25. Juni 1880 zu einem schweren Unfall. Ein Fuhrmann war in der Bergstation gerade dabei, seine Pferde auf die Kopframpe zu führen, als sich der Seilbahnwagen plötzlich in Bewegung setzte und zu Tal raste, die Pferde im Sielenzeug hinter sich herschleifend. Der Schaffner bemühte sich vergebens, den Wagen mit der Handbremse zum Stillstand zu bringen und sprang schließlich ab, um sein Leben zu retten. Danach riß das Geschirr der Pferde, und sie blieben tot auf dem Gleis liegen. In der Talstation hatte bereits ein Dienstmädchen mit einem Wäschekorb im Wagen Platz genommen. Es versuchte noch, bei seiner Flucht den Korb zu retten – aber zu spät! Schon kam es zum Zusammenstoß, und der mit Kohle beladene Wagen flog krachend auf die Straße, das Dienstmädchen unter sich begrabend. Schwerverletzt blieb es liegen.

Ursache für den Unfall war das gerissene Zugseil, das nur aus Eisendrähten und nicht aus Stahl hergestellt war und daher auf die Dauer der Belastung nicht standgehalten hatte. TRETROP kannte wohl aber auch die weiteren Schwächen seiner Bahn am besten und gab das Unternehmen auf, bevor es zu weiteren Unfällen kam. So wurde Anfang 1881 der Privatier Albert SCHILD aus Leipzig als neuer Besitzer in das Handelsregister eingetragen, aber auch er verkaufte die Bahn nach kurzer Zeit wieder.

Am 5. Oktober 1882 übernahm der Fabrikbesitzer Carl BESCHERER aus Zeitz die Bahn und ließ sofort verschiedene Verbesserungen vornehmen. Die wichtigste war der Ersatz des alten Eisendrahtseils durch ein Stahlseil aus 42 Einzeldrähten, mit je 2 m Durchmesser. Außerdem ließ er eine neue, stärkere Dampfmaschine mit einer Leistung von 22,1 kW einbauen.

Viele Jahre ging nun alles wieder gut, bis am 13. Juni 1888 der Wagen in der Talstation so stark an die Kopframpe prallte, daß er zertrümmert wurde. Der Schaffner rettete sich noch durch Abspringen.

Nur wenig später, am 13. Juli, entgleiste ein Wagen, da sich die Schienen von den verfaulten Schwellen gelöst hatten. Am 18. August scheute ein Pferd, nachdem der Seilbahnwagen angefahren war, brach die Deichsel ab und verletzte sich leicht. Der Maschinist bemerkte den Ruck und hielt die Bahn an, so daß größerer Schaden vermieden wurde. Das war übrigens der einzige ernsthafte Zwischenfall, der auf das Scheuen der Pferde zurückzuführen war, der aus der 82jährigen Betriebszeit der Zeitzer Drahtseil-Eisenbahn bekannt ist.

Schon am 7. Februar 1889, 11.30 Uhr kam es erneut zu einem folgenschweren Unfall: Der Dampfkessel im Maschinenhaus explodierte, und der Heizer HAASE erlitt dabei so schwere Verbrennungen, daß er verstarb. Damit endete eine Serie von schweren Unglücksfällen, und die Seilbahn fuhr nun wieder Jahrzehnte bergauf, bergab, ohne daß es etwas besonderes zu berichten gäbe. Sie förderte die wirtschaftliche Entwicklung der Stadt und hatte dadurch steigende Leistungen zu

verzeichnen, die 1912 ihren Höhepunkt erreichten: Bei 34 367 Fahrten wurden 21 921 Zweispänner, 3 756 Einspänner und 130 000 Fahrgäste befördert!

Zeitz war inzwischen auf 33 000 Einwohner angewachsen und dehnte sich immer mehr aus. Der Rat der Stadt beschäftigte sich daher seit 1910 mit Vorarbeiten zum Bau einer Straßenbahn. Für die Drahtseil-Eisenbahn wäre dadurch kaum nennenswerte Konkurrenz entstanden, denn die Mehrzahl ihrer Fahrgäste gehörte zu den Gespannen oder führte Handwagen oder Fahrräder mit, so daß sie nicht auf die Straßenbahn ausweichen konnten. Der erste Weltkrieg zerschlug alle Pläne. Der Krieg und vor allem die nachfolgenden Krisenjahre ließen die Beförderungszahlen der Seilbahn zurückgehen, aber auch in den schwersten Jahren gab es immer noch etwas zu fahren. Wenn auch die meisten Fabriken nicht arbeiten konnten, Lebensmittel und Kohle brauchten die Menschen immer.

Am 20. Dezember 1931 erfüllte sich ein jahrzehntelanger Wunsch der Zeitzer Bevölkerung: eine direkte Verbindung zwischen Neumarkt und Schillerstraße. Diese führte als Brücke über den Einschnitt des Wendischen Berges und die Drahtseilbahn hinweg. Immer öfter erschienen statt der Pferdegespanne Lastkraftwagen auf den Straßen, und für diese war der Wendische Berg mit seinen 11 % Steigung kein unüberwindbares Hindernis mehr, auch wenn sie damals nur ganz langsam im ersten Gang hinaufkeuchten. Aber durch die im zweiten Weltkrieg verfügte Rationierung des Kraftstoffs wurde diese Entwicklung noch einmal aufgehalten, und die Pferde blieben noch eine Zeit lang wichtige Zugtiere.

1938 wurden mit 15 089 Fahrten 7 058 Zweispänner, 1 751 Einspänner, 17 290 Handkarren und 32 480 Perso-

nen befördert. Hinsichtlich der Pferdefuhrwerke war das etwa $\frac{1}{3}$ der Leistung des Jahres 1912, und diese blieb bis 1950 etwa konstant. Das zeigt, welche große Bedeutung das Pferd als Zugtier in Zeitz bis in das Jahr 1950 hatte. Die Zahl der Handwagen dagegen wuchs zum Kriegsende und in den ersten Nachkriegsjahren erheblich. Mit ihnen beförderten viele Zeitzer Bürger die Kohlen und Kartoffeln, die sie sich für ihren Lebensunterhalt organisiert hatten, zur Oberstadt.

In dieser schweren Zeit kam es nach langem wieder zu einem Unfall von erheblicher Tragweite. Am 30. Juni 1945 blieb ein 12jähriger Junge nach Ankunft in der Bergstation auf der Bank sitzen, anstatt aufzustehen und diese hochzuklappen. Dadurch erfaßte ihn die Radnabe des abfahrenden Fuhrwerks am Knie und zerquetschte ihn so schwer, daß er verstarb. Anfang November 1951 kam es zu einem weiteren Unfall, als eine Zugmaschine bei der Talfahrt ins Schleudern und dabei auf das Gleis geriet, wodurch der talwärts fahrende Seilbahnwagen entgleiste. Glücklicherweise entstand hierbei kein Personenschaden.

Die Stillegung der Drahtseil-Eisenbahn

72 Jahre lang war die Zeitzer Drahtseil-Eisenbahn im Besitz der Fa. Carl BESCHERER und zunächst von Carl BESCHERER selbst, später von seinen Nachkommen geleitet worden. Nach jahrzehntelangem guten Betrieb hatten sie jedoch nicht verhindern können, daß die inzwischen völlig veraltete Bahn auch noch technisch vollkommen abgewirtschaftet war. Zwar hatte die Seilbahn den zweiten Weltkrieg ohne Beschädigungen überstanden, aber der Materialmangel hatte in den Kriegs- und Nachkriegsjahren größere Instandsetzungsarbeiten unmöglich gemacht.

244 Von der Talstation aus ist deutlich die verschlungene Gleisführung zu erkennen. Das routinemäßig angebrachte Schild „Vorübergehend gesperrt" ließ Anfang 1960 manchen Zeitzer hoffen, daß die Drahtseil-Eisenbahn doch noch einmal fahren würde. 3 Monate später war sie verschwunden.

245 Dieses kleine Häuschen war das einzige Bauwerk in der Talstation. An ihm ist der letzte Fahrplan der Zeitzer Drahtseil-Eisenbahn aus dem Jahre 1959 angeschlagen.

Am 1. Januar 1954 übernahm der Rat der Stadt Zeitz die Bahn und damit ein trauriges Erbe. Die gesamte Anlage war dringend überholungsbedürftig, und die Aufrechterhaltung der Betriebssicherheit machte Sofortmaßnahmen erforderlich. Neue Gleise wurden gelegt, und der VEB Zeitzer Eisengießerei fertigte 2 neue Wagen an. Die große Eile, mit der alles geschehen mußte, sowie die begrenzten Mittel und Möglichkeiten gestatteten jedoch nur einen unveränderten Nachbau unter Beibehaltung der überalterten Si-

cherheitseinrichtungen. Als einzige Verbesserung wurden die Seitenwände der Wagen mit Brettern verkleidet.
Die Aufrechterhaltung des Bahnbetriebs für einen längeren Zeitraum hätte eine umfassende Modernisierung der gesamten Seilbahn notwendig gemacht, für die die Stadt erhebliche Mittel hätte bereitstellen müssen. Andererseits gingen aber nun die Beförderungsleistungen merklich zurück, denn das Pferd wurde endgültig vom Kraftfahrzeug verdrängt.
Im Jahre 1956 beschäftigten sich der Rat der Stadt und die Stadtverordneten eingehend mit der Frage, ob die notwendigen Investitionen für die Modernisierung unter diesen Bedingungen überhaupt gerechtfertigt seien.
Die Presse trug diese Gedanken am 22. November 1956 erstmalig in die Öffentlichkeit. Unter der Überschrift „Wird die Drahtseilbahn stillgelegt?" wurde dargelegt, daß allein für den Betrieb der Bahn jährlich 12 000 Mark Zuschüsse erforderlich

seien, zu denen weitere Mittel für die Modernisierung, größere Reparaturen und Abschreibungen kämen. Trotz dieser an sich eindeutigen Sachlage prüfte der Rat der Stadt aber alle Umstände sehr genau, bevor er eine endgültige Entscheidung fällte. Er ließ von einem Ingenieurkollektiv des VEB ZEMAG ein ausführliches Gutachten anfertigen. Dieses besagte, daß im Falle einer Modernisierung von der alten Bahn praktisch überhaupt nichts weiterverwendet werden könne, sondern ein völliger Neubau nötig wäre. Der Verlust hatte aber im Zeitraum von 1955 bis Mitte 1959 bereits eine Höhe von 264 000 Mark erreicht, und es war vorauszusehen, daß sich die erheblichen Investitionsmittel für eine Modernisierung niemals amortisieren würden, sondern auch dann mit einem weiteren Ansteigen der Zuschüsse gerechnet werden mußte.
Unter diesen Umständen war die Fortführung des Bahnbetriebs nicht mehr zu verantworten. Der Rat empfahl

Technische Daten der Zeitzer Drahtseil-Eisenbahn

Eröffnung		5.8.1877	
Stillegung		13.12.1959	
Hersteller		Eduard Tretrop, Zeitz	
Bauart		Standseilbahn, 2gleisig mit verschlungener Gleisführung	
Betriebsart		Pendelbetrieb	
Talstation		Zeitz, Gasthaus „Zur Sonne" (Wendischer Berg Ecke Freiligrathstraße)	
Bergstation		Zeitz, Wendisches Tor (Wendischer Berg Ecke Wendenstraße)	
Strecke			
Länge	m	305	
Höhenunterschied	m	46	
Neigung im Durchschnitt	%	10,82	
Neigung maximal	%	12,5	
Spurweite	mm	1 435	
Seile			
Zugseil	mm Ø	20	
Fördermaschine			
Bauart		Treibscheibe	
Hersteller		Zeitzer Eisengießerei und Maschinenfabrik AG	
Treibscheibendurchmesser	mm	2 133,5 (7 Fuß)	
Antrieb			
Bauart		Dampf, 1 Zwillingsmaschine	
Hersteller		Zeitzer Eisengießerei und Maschinenfabrik AG	
		1877	*1883*
Leistung	kW	16,2	22,1
Steuerung		Hand	Hand
Fahrzeuge		*1877*	*1954*
Anzahl		2	2
Hersteller		Zeitzer Eisengießerei und Maschinenfabrik AG	VEB Zeitzer Eisengießerei
Sitzplätze		etwa 30	
Tragfähigkeit	t	7,5	
Betriebsdaten			
Fahrgeschwindigkeit	m/s	1,7	
Fahrzeit	min	3	
Leistung	t/h und Richtung	17,5	
Beförderte Personen (1912)		130 000	
Beförderte Fuhrwerke (1912)		25 677	

deshalb den Stadtverordneten, die Stillegung der Drahtseil-Eisenbahn zu beschließen.

Nochmals flammten die Diskussionen unter der Bevölkerung auf. Viele Bürger verwiesen auf alte Traditionen und verlangten die Erhaltung der ältesten Seilbahn Deutschlands. Die Mehrzahl aber sah die Argumente ein, denn die Zugpferde starben ja vor ihren Augen förmlich aus, und für den Personenverkehr war schon seit einigen Jahren ein leistungsfähiger Stadtbusverkehr vorhanden, mit dem man nicht nur den Wendischen Berg hinauffahren konnte, sondern gleich noch weiter zum Bahnhof und in die Vororte. Niemand brauchte die alte Drahtseil-Eisenbahn mehr, die 82 Jahre lang einen wesentlichen Beitrag zur wirtschaftlichen Entwicklung der Stadt geleistet hatte. Am 13. Dezember 1959 stellte sie ihren Betrieb endgültig ein.

Die Gleise übernahm der Kreisbaubetrieb für eine Krananlage, die beiden Wagen der VEB ZEMAG für innerbetriebliche Transporte. Alles andere wurde verschrottet. Ostern 1960 war die Demontage der gesamten Anlage bereits beendet.

Kommt der Leser heute vom Bahnhof durch die Wasservorstadt, so findet er links hinter der Mühlgrabenbrücke immer noch das Gasthaus „Zur Sonne" und dahinter die Kopframpe. Auf dem Bahnkörper selbst befindet sich eine saubere Rasenfläche. Er soll später einmal zu einer Fahrbahnverbreiterung genutzt werden. Auch die obere Kopframpe ist noch vorhanden. Das daneben stehende frühere Maschinenhaus wird von der Pionierorganisation als Station Junger Techniker genutzt. Die dort in der Arbeitsgemeinschaft „Junge Modelleisenbahner" tätigen Kinder beschäftigen sich auch mit der Geschichte der Drahtseil-Eisenbahn, so daß die Erinnerung an sie wachgehalten wird.

Sonder-
konstruktionen

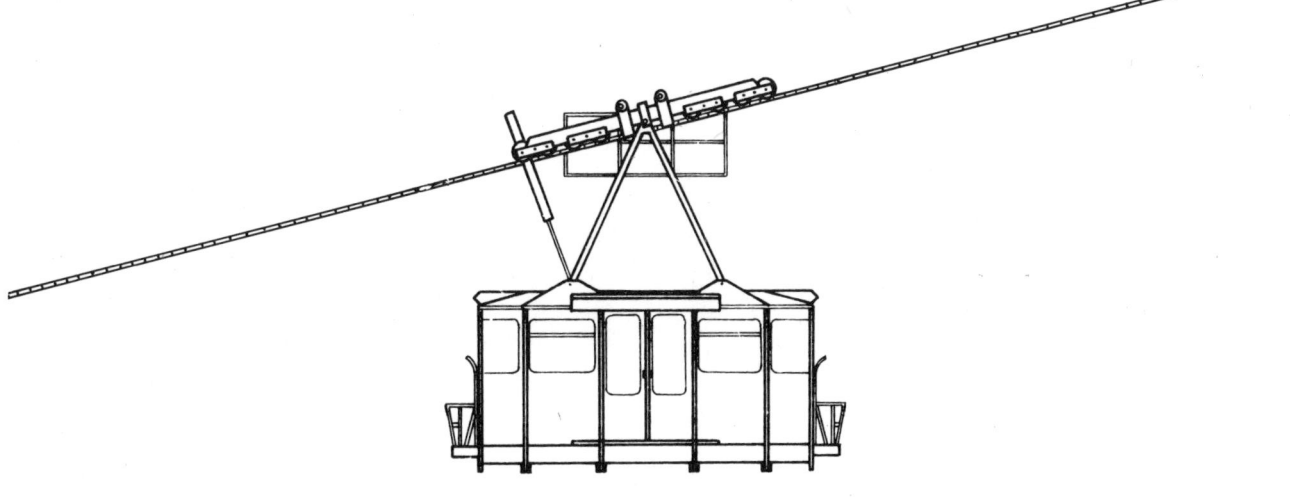

Personenaufzug Bad Schandau   190

Schrägaufzug Sellin   194

Personenaufzug
Bad Schandau

Bad Schandau
und das Elbsandsteingebirge

Das Elbsandsteingebirge besteht aus kreidezeitlichen Ablagerungen, die durch die Abtragungen des Wassers stark zerklüftet wurden. Große Felsmassive, die „Steine", erheben sich über die „Ebenheit", in die wiederum die Elbe und ihre Zuflüsse enge, tiefe Täler mit steilen Felswänden eingeschnitten haben. In der Zeit der Ro-

mantik wurde für diese einzigartige Landschaft der Begriff „Sächsische Schweiz" geprägt. Auf dem schmalen Schwemmkegel an der Mündung der

246 Lageplan des Personenaufzugs in Bad Schandau (M 1:10 000).

247 Diese Aufnahme des Personenaufzugs in Bad Schandau aus dem Jahre 1904 läßt deutlich die Felswand erkennen, da sie für die Bauarbeiten von allem Bewuchs befreit worden war.

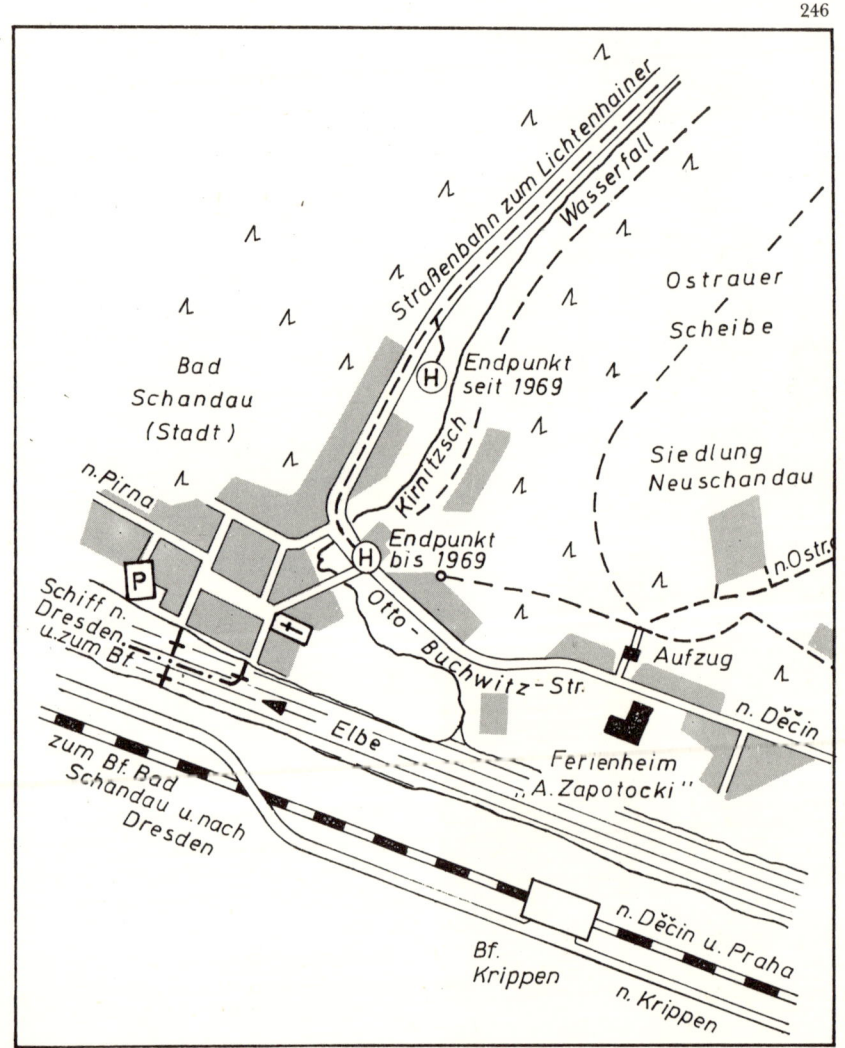

Kirnitzsch in die Elbe wurde Mitte des 14. Jh. die kleine Stadt „auf dem Sande" angelegt. Die erste urkundliche Erwähnung erfolgt 1430 als „Schandau".

Ackerbau war in den engen Tälern unmöglich, nur auf der Ebenheit, wo oberhalb Schandaus das Dörfchen Ostrau in 250 m Höhe liegt, gelang er. Die Schandauer Bürger nährten sich vom Handel, der hier an der Elbe in der Nähe der sächsisch-böhmischen Grenze blühte. Als die Romantiker den Reiz des Gebirges entdeckten, kam hierzu ein zunächst bescheidener Fremdenverkehr. Schon 1799 baute man an einer Eisenquelle das erste Badehaus.

Die Eröffnung der Dampfschiffahrt auf der Elbe und der Eisenbahn Dresden—Prag in den Jahren 1837 und 1851 zerstörten Schandaus Handel, belebten aber gleichzeitig den Fremdenverkehr. 1920 erhielt die Stadt den Namen „Bad Schandau", und in den Jahren 1949/50 erfolgte der Ausbau zur Kneippkuranstalt und die Umgestaltung der Hotels zu Ferienheimen der Gewerkschaft. Heute hat Bad Schandau 4300 Einwohner. Jährlich erholen sich hier 3000 Kurgäste und 40000 Urlauber. Über den Grenzübergang läuft der größte Teil des Eisenbahnverkehrs zur benachbarten ČSSR, und für die Transitstraße wurde 1977 eine neue Brücke über die Elbe eingeweiht.

Der Bau des Personenaufzugs – eine Folge des Fremdenverkehrs

100 Jahre lang war der Fremdenverkehr in Schandau ziemlich bescheiden geblieben, denn meist kamen die Gäste nur auf der Rückreise von den böhmischen Badeorten einige Tage zur Nachkur. Das änderte sich aber grundlegend, als der erfahrene Hotelier Rudolf SENDIG im Jahre 1880 mit dem Bau der „Villa Quisisana"

den Grundstock zu „Sendigs Hotels" legte. Sie gehörten ab 1887 zusammen mit namhaften Häusern in Dresden, Nürnberg und Wiesbaden zu der von SENDIG geleiteten Aktiengesellschaft Hotel Europäischer Hof Dresden. Hier verkehrten nicht nur das sächsische, österreichische und russische Herrscherhaus und ihre Höflinge, sondern auch maßgebende Kreise der Finanzoligarchie. Ein großer Teil dieser ehemaligen Sendigschen Gebäude und Anlagen bildet das heutige FDGB-Ferienheim „Antonin Zápotocký" in der Otto-Buchwitz-Straße.

Das enge Elbtal setzte jedoch SENDIGS großen Plänen natürliche Grenzen. Er beschloß deshalb schon um 1890, die Ebenheit oberhalb Schandaus, die „Ostrauer Scheibe" zur Erweiterung seines Etablissements zu nutzen. Trotz des Widerstands des Ostrauer Gemeindevorstands gelang es SENDIG, nach und nach die ersten Flurstücke und die „Villa Rudolf" zu kaufen. Bis 1904 hatte er schließlich 200 000 m² Gelände in seinen Besitz gebracht, das durch den neuen Stufenweg allerdings nur notdürftig erschlossen war und seiner sinnvollen Nutzung harrte.

SENDIG ließ nun die Siedlung Neuschandau-Ostrau, den Promenadenweg und einen Aufzug bauen, der die direkte Verbindung zum Stammhaus seines Hotels und zur Stadt ermöglichte. SENDIG finanzierte alles aus seinem persönlichen Vermögen und ließ es in größerer Eile noch 1904 fertigstellen.

Die technische Lösung des Personenaufzugs

Die zu überwindende Felswand weist eine durchschnittliche Neigung von 167 % auf, wobei sie am Fuß 15 m absolut senkrecht aufsteigt. Diese extremen Geländeverhältnisse konnten beim damaligen Stand der techni-

schen Entwicklung beim besten Willen nicht von einer Seilbahn überwunden werden, so daß man sich zum Bau eines Aufzugs entschloß. Unmittelbar neben der Felswand wurde ein genieteter Stahlfachwerkturm errichtet. Er mißt am Fuß 5,20 m und an der Spitze 2,50 m im Quadrat. Am oberen Ausstieg wurde eine 1,25 m breite Aussichtsplattform angebracht, die durch eine Brücke mit der Spitze der Felswand verbunden ist.

Die Fördermaschine wurde neben dem Turmfuß angeordnet. Sie trommelte je nach Fahrtrichtung gleichzei-

tig die 2 Seile des Fahrkorbs auf und die 2 dünneren Seile der Gegenmasse ab – oder umgekehrt. In der überdachten Turmspitze befanden sich nur Leiträder für die Seilführung. Die Steuerung erfolgte vom Fahrkorb aus. Deshalb waren neben dessen Führungsschienen noch 3 Schleifleitungen angeordnet.

Außergewöhnlich war die Stromzuführung gelöst. Sie erfolgte direkt aus der Fahrleitung der seit 1898 bestehenden elektrischen Straßenbahn zum Lichtenhainer Wasserfall, deren Endpunkt ursprünglich nur 300 m vom Aufzug entfernt war. Da die Straßenbahn nur im Sommerhalbjahr betrieben wurde, ordnete man zusätzlich eine Akkumulatorenbatterie an, die auch aus dem Ortsnetz geladen werden konnte, so daß der Aufzug auch im Winter oder bei Stromstörungen weiterbetrieben werden konnte.

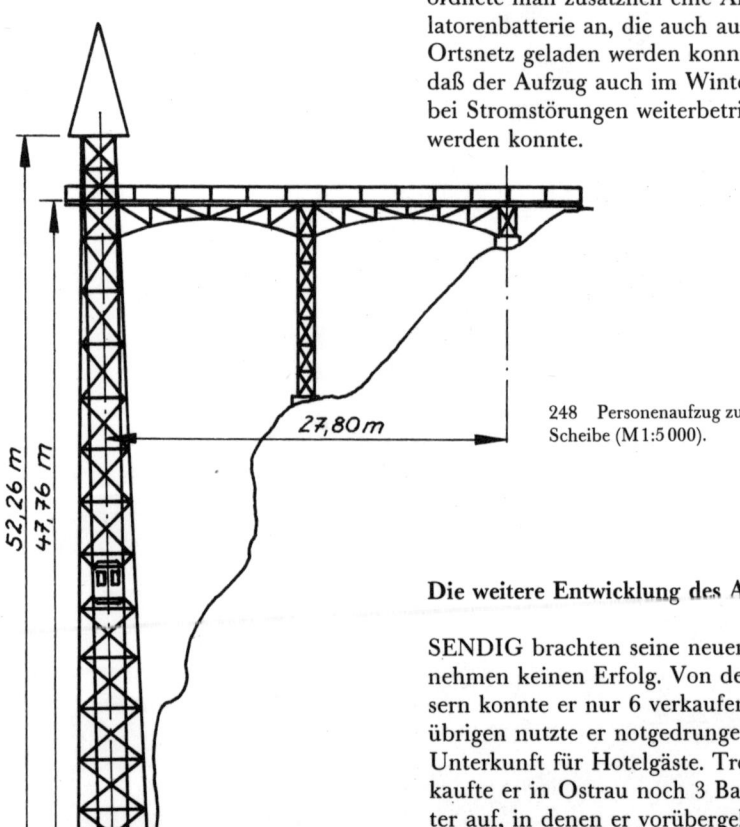

248   Personenaufzug zur Ostrauer Scheibe (M 1:5 000).

Die weitere Entwicklung des Aufzugs

SENDIG brachten seine neuen Unternehmen keinen Erfolg. Von den Häusern konnte er nur 6 verkaufen, die übrigen nutzte er notgedrungen als Unterkunft für Hotelgäste. Trotzdem kaufte er in Ostrau noch 3 Bauerngüter auf, in denen er vorübergehend eine Geflügelfarm einrichtete. Da aber Erfahrungen fehlten, starben die Küken zu Tausenden. So mußte SEN-

DIG im Jahre 1908 seine Ostrauer Grundstücke mit Hypotheken belasten, um trotz des Defizits weitere Ländereien aufkaufen zu können. Gleichzeitig ließ er sich von Gartenbaudirektor BERTRAM aus Blasewitz bei Dresden konkrete Pläne für die Verwirklichung seiner alten, ganz großen Idee ausarbeiten: der „Weltsportplatz" auf der Ostrauer Scheibe! Das Projekt sah Wettkampfanlagen für alle Sportarten mit Tribünen, Casinos und Stallungen vor, darunter eine 4 km lange Automobilrennstrecke, dazu ein großes Sporthotel, einen Flugplatz und eine Zufahrtsstraße von Schandau aus durch den Zahnsgrund.

Jetzt stellte sich heraus, daß der in aller Eile hergestellte Aufzug die ihm zugedachte Funktion als Hauptverkehrsweg von den alten Sendigschen Hotels und der Stadt aus nur unzureichend erfüllen konnte, denn er reichte ja nur bis zur Spitze der Felswand. Von dort aus bis zur Hochebene sind jedoch noch weitere 50 m Höhenunterschied auf einem ziemlich steilen Fußweg zu überwinden, was zumindest mit Gepäck recht beschwerlich ist. Die Erkenntnis, daß der Aufzug hätte doppelt so hoch gebaut werden müssen, kam zu spät.

Bis 1911 hatte SENDIG 2 Mill. m² Ländereien auf der Ostrauer Scheibe in seinen Besitz gebracht, wodurch seine Mittel restlos aufgebraucht waren. Zur weiteren Finanzierung seiner Pläne nahm er bei der Frankfurter Hypothekenbank einen Kredit von 1,25 Mill. Mark auf, aber bald stellte sich heraus, daß die Unterschrift deren Direktors Graf v. FÜRSTENBERG auf den Obligationen gefälscht war! Dadurch verging wieder Zeit, bis schließlich ein britisches Konsortium die Gründung einer Aktiengesellschaft mit Sitz in London vermittelte. SENDIG verkaufte seinen gesamten Besitz in Ostrau einschließlich Aufzug für Aktien im Werte von 1 Mill. Pfund Sterling an diese neue Gesellschaft. Doch der erste Weltkrieg kündigte sich bereits an. Chauvinistische Kreise hetzten an der Londoner Börse, die Aktien nicht zu kaufen, denn durch Sport würden die Deutschen noch stärker und bedrohten England noch mehr. So wurde die neue Gesellschaft bald zahlungsunfähig. 1914 erwarb die Stadt Schandau aus der Konkursmasse zu einem Spottpreis den Aufzug, das oberhalb befindliche Waldstück und das Haus Rudolf.

Während des ersten Weltkriegs war die Stadt gezwungen, den Betrieb des Aufzugs einzustellen. Als sie ihn wieder aufnahm, kam es zu dem an anderer Stelle bereits dargelegten Streit mit der Steuerbehörde über die Anwendung der Fahrkartensteuer für Bahnen auf dem Aufzug.

Im Jahre 1921 wurde die Energieversorgung in Bad Schandau von Gleichauf Drehstrom umgestellt und damit auch der Antrieb des Aufzugs. Gleichzeitig ersetzte man die Schleifleitungen der Steuerung durch ein Schleppkabel. Die Batterie entfiel, und so blieb in Notfällen nur noch die Möglichkeit, den Fahrkorb mit Hilfe einer Handkurbel zu bewegen.

Schon bald mußte der Aufzug wegen der wirtschaftlichen Schwierigkeiten in den Inflationsjahren 1922/23 erneut stillgelegt werden, blieb danach aber über längere Zeit, auch über den zweiten Weltkrieg hinweg, ohne nennenswerte Unterbrechungen oder technische Veränderungen in Betrieb. An der alten Anlage ließen sich nun einige Erneuerungen nicht länger aufschieben. So baute 1950 die Firma Kühnscherf eine Treibscheibenfördermaschine ein, die zuvor aus den Trümmern Dresdens geborgen und aufgearbeitet worden war. Die Verwendung von 4 Seilen am überholten Fahrkorb gestattete die Erhöhung seiner Belastung von 8 auf 10 Personen.

Am 1. Januar 1952 wurde die Betriebsführung des Personenaufzugs zusammen mit der Straßenbahn und den Elbfähren in die Hände des neu gebildeten VEB Verkehrsbetriebe der Stadt Bad Schandau gelegt.

Statische Nachrechnungen zeigten, daß entgegen früherer Annahmen die Fußgängerbrücke keine kraftschlüssige Verbindung zwischen Turm und Felswand schafft. Deshalb wurden Ende 1961 zur Sicherung gegen Windkräfte zusätzlich 2 Abspannseile angebracht.

Eine gründliche Überholung mit einigen Verbesserungen an der Steuerung und der Kabine wurde im Winter 1977/78 durch den Handwerksmeister Baldur UNGER aus Lengefeld im Erzgebirge vorgenommen. Am 1. Januar 1982 wurden Personenaufzug, Straßenbahn und Fähren in den VEB Kraftverkehr Pirna eingegliedert.

Der Personenaufzug heute und seine Perspektive

Der Personenaufzug ist seit über 80 Jahren ohne größere technische Veränderungen in Betrieb und stellt damit ein wertvolles Zeugnis für die Lösung von Problemen der Fördertechnik und des Fremdenverkehrs in der Zeit um die Jahrhundertwende dar. Er wurde deshalb bereits 1954 unter Denkmalschutz gestellt. Wenn auch seine Bedeutung für den Verkehr zwischen Bad Schandau und dem inzwischen eingemeindeten Ostrau seit der Einrichtung einer direkten Omnibuslinie zurückgegangen ist, so stellt er doch nach wie vor eine Attraktion für die Touristen dar und erschließt ihnen neben der schönen Aussicht von seiner Turmspitze die Ostrauer Scheibe für Spaziergänge und Wanderungen. Von den zuständigen Stellen wird daher alles getan, um den Personenaufzug auch für die Zukunft zu erhalten.

Schrägaufzug Sellin

Sellin und die Insel Rügen

Rügen ist mit einer Fläche von 957 km² die größte Insel der DDR. Ihre Oberflächengestalt wurde während der Eiszeit geformt, während die Ostsee auch heute noch an der zergliederten Küste ständig Veränderungen vornimmt.

Am 15. Juni 1168 eroberten die Dänen Arkona, das Heiligtum der die Insel bewohnenden Slawen, deren Widerstand jedoch noch bis in das 13. Jh. anhielt. 1478 kam Rügen zu Pommern, wurde 1648 schwedisch und schließlich 1815 preußisch.

Nachdem es um 1750 schon einen bescheidenen Badebetrieb in Sagard gegeben hatte, begann dieser im großen Stil 1816 in Putbus. Damals wurde das Meerwasser in Badehäuser gebracht und in Wannen gefüllt. Als erstes Seebad im heutigen Sinne wäre Saßnitz zu nennen, wo um 1860 die ersten Gäste eintrafen. Ihm folgten 1882 Binz und Göhren und erst 1887 das kleinere Sellin. Mit der Verlängerung der Schmalspurbahn bis Sellin West am 20. März 1896 erhielt der Fremdenverkehr einen großen Aufschwung. 1906 wurde eine 600 m lange Seebrücke errichtet, damit die Badegäste auch mit Schiffen anreisen konnten. Später erhielt sie nahe dem Ufer noch einen Gebäudeteil, in dem Gaststätten untergebracht waren. Die frühere Dorfstraße (heute Straße der Freundschaft) endete an der Steilküste. Sie wurde durch eine breite Treppe mit der Seebrücke und dem Strand verbunden. Starke Eismassen zerstörten 1941 die Seebrücke, und nur deren Gebäudeteil wurde wieder aufgebaut.

Heute hat Sellin 2400 Einwohner. Seine Ferienheime besitzen 1500 Betten, und Zeltplätze bieten weitere Unterkunftsmöglichkeiten. Neben dem Strand ladet nördlich des Ortes das große Waldgebiet der Granitz mit dem 1835 bis 1846 von SCHINKEL erbauten Jagdschloß zu Wanderungen ein. In dieser Gegend erreicht die Steilküste an der Gaststätte Waldhalle ihre größte Höhe mit 70 m.

Bau und Betrieb des Schrägaufzugs

Überall dort, wo die Küstenströmung des Meeres ständig Land abspült, entsteht eine Steilküste. So ist es auch um Sellin. Immer wieder müssen am Ufer Bauwerke, wie beispielsweise Molen, errichtet werden, um die Strömung vom Ufer abzuhalten und zu verhindern, daß weiteres Land abgetragen wird. Auch der ohnehin schmale Strand kann nur durch solche Maßnahmen erhalten werden.

Besonders umfangreiche Uferbefestigungsarbeiten wurden 1960 vorgenommen. Große Mengen Baumaterial mußten an den Strand gebracht werden. Aus diesem Grund errichtete man am Ende der Straße der Freundschaft direkt neben der großen Treppe zum Strand einen Schrägaufzug, der 18,4 m Höhenunterschied überwindet. Hersteller dieser Anlage war die Maschinenfabrik Herwarth THIEME in Magdeburg.

Nachdem die Uferbefestigung beendet war, entstand der Wunsch, den Aufzug zu belassen. Mußten bisher alle Warenlieferungen, ja sogar die schweren Bierfässer, über die 92 Stufen der Treppe zur Gaststätte auf die Seebrücke und zu den Kiosken am Strand getragen werden, so konnten diese Transporte doch durch den Aufzug wesentlich erleichtert werden. Deshalb wurde der Schrägaufzug nicht, wie ursprünglich vorgesehen, abgebrochen, sondern für diese neue Aufgabe umgebaut.

Gleich danach kam eine weitere Idee: Zwischen den einzelnen Warenlieferungen waren Aufzug und Führer stets längere Zeit nicht ausgelastet. Mit der Beförderung von Badegästen hätten sie dann eine zusätzliche Einnahme schaffen können. Deshalb wurde der Schrägaufzug gleich noch einmal so verändert, daß er auch für die Personenbeförderung zugelassen werden konnte. Die verschiedenen Umbauarbeiten besorgten die PGH Junge Garde in Sellin und Baabe, der VEB Volkswerft Stralsund und die Firma Heinz KARG in Stralsund. Finanziert wurden diese Umbauten von der Gemeinde Sellin als späterer Betreiber des Schrägaufzugs. Am 16.9.1961 wurde der Schrägaufzug schließlich für den Personenverkehr eingeweiht.

Ein großer Teil der Ostseeurlauber will sich nur an den Strand legen und baden, aber keinen Schritt zu viel laufen. Deshalb erfreute sich der Schrägaufzug bei den Badegästen stets großer Beliebtheit, sparte er ihnen doch das Steigen der 92 Stufen der großen Treppe. Dabei nahmen sie gern in Kauf, daß die Fahrt eigentlich sogar etwas länger dauerte als der Weg zu Fuß, und viele warteten auch ein paar Minuten, wenn gerade eine Warenlieferung angekommen war und schnell zur Gaststätte oder zu den Kiosken weitertransportiert werden mußte. Während die Badegäste bei Regenwetter kaum an den Strand gingen, mußten die Warentransporte auch bei schlechtem Wetter weitergeführt werden. Deshalb erhielt der ursprünglich offene Fahrkorb ein Regenschutzdach.

Später erzählte mancher Urlauber da-

194

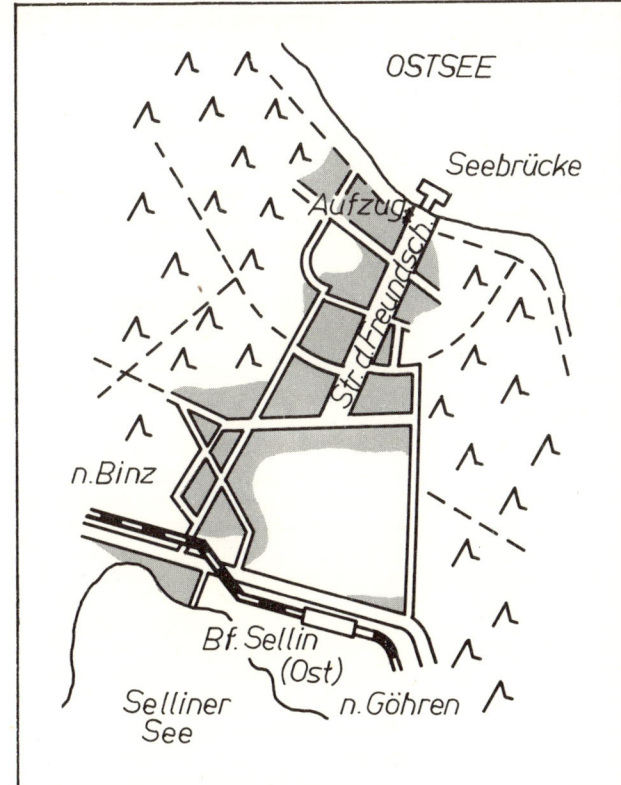

249 Lageplan des Schrägaufzugs in Sellin.

250 Der Schrägaufzug in Sellin zwischen Ort und Strand.

heim, er sei in Sellin mit einer kleinen Standseilbahn gefahren. Dabei hätte er gerade an dieser Anlage ganz deutlich von außen erkennen können, daß der Fahrkorb nicht auf Schienen fährt, sondern sich in Zwangsführungen bewegt. Dadurch muß eindeutig eine Zuordnung zu den Aufzügen erfolgen, während die geringe Länge, die große Neigung oder die Gestaltung des Fahrkorbs für diese Einordnung belanglos sind, wie auch ein Vergleich mit der älteren, aber in vielen Konstruktionsmerkmalen ähnli-

chen Standseilbahn am Lingnerschloß in Dresden-Loschwitz zeigt.
Betrieben wurde der Schrägaufzug stets nur während der Badesaison. Auch nachdem die alte Seebrücke baufällig geworden war und abgerissen werden mußte, blieb als seine Hauptaufgabe die Versorgung der Kioske am Strand mit Waren. Trotzdem bildete er stets für die Badegäste eine besondere Attraktion, die kein anderes Ostseebad der DDR aufzuweisen hatte.

Der Schrägaufzug heute und in Zukunft

Ursprünglich hatte man den Schrägaufzug nur für die kurze Zeit während

der Uferbefestigungsarbeiten betreiben wollen und deshalb als Unterbau nur Balken aus Kiefernholz verwendet. Senkungen und Fäulnis am Unterbau führten schließlich dazu, daß der Aufzug in der Saison 1982 nicht mehr in Betrieb genommen werden konnte. Die Gemeinde Sellin bemühte sich jedoch um die Erhaltung der Anlage und fand schließlich im VEB Unitras in Magdeburg einen Betrieb, der die Rekonstruktion übernahm. Für diese Arbeiten muß die Gemeinde immerhin 70 000 Mark bereitstellen. Nach Beendigung der Rekonstruktion werden die Urlauber ihren geliebten Aufzug wieder haben, und die Versorgung der Kioske am Strand wird wieder erleichtert.

Literaturverzeichnis (Auswahl)

Geschichte, Gesamtdarstellungen

Dietrich, G.: Die Erfindung der Drahtseilbahnen. – Leipzig, 1908

Hefti, W.: Schienenseilbahnen in aller Welt. – Basel, 1975

Koehler, G.: Adolf Bleichert & Co. Leipzig. Rückblick und Umschau aus Anlaß des 50jährigen Bestehens. – München, 1924

Spranger, F.: Seilbahnen für den Personenverkehr. – In: Eisenbahn-Jahrbuch 66. – Berlin, 1966 – S. 149–156

Wettich, H.: Geschichtliche Entwicklung der Drahtseilbahnen. – Wittenberg, 1914

Grundlagen, Berechnungen, Gesetze

Anordnung über die öffentliche Personen- und Gepäckbeförderung des Kraftverkehrs, Nahverkehrs und der Fahrgastschiffahrt. Personenbeförderungsanordnung (PBO). – In: Gesetzblatt der Deutschen Demokratischen Republik, Teil I, Nr. 4. – Berlin, 1984

Anordnung über die Verbindlichkeit der Technischen Grundsätze für Seilbahnen (TG). – In: Gesetzblatt der Deutschen Demokratischen Republik, Sonderdruck Nr. 714. – Berlin, 1971

Arbeitsschutzanordnung 917. Seilbahnen. – In: Gesetzblatt der Deutschen Demokratischen Republik, Sonderdruck Nr. 713. – Berlin, 1971

Czitary, E.: Seilschwebebahnen. – Wien, 1962

Scheffler, M.: Fördermittel und ihre Anwendung für Transport, Umschlag und Lagerung. – Berlin, 1984

Statistiken

Handbuch der öffentlichen Verkehrsbetriebe. – Berlin, 1928, 1936, 1940

Jahrbuch der Deutschen Straßen- und Kleinbahn-Zeitung. – Berlin, 1910

Statistik der deutschen Straßenbahnen und Bahnen besonderer Bauart. – Bd. 1 (1933) – Bd. 10 (1942). – Berlin, 1935–1944

Statistik der Straßenbahnen und Drahtseilbahnen im Freistaat Sachsen. – Dresden, 1919–1932

Statistik der Straßenbahnen und Drahtseilbahnen im Königreich Sachsen. – Dresden, 1902–1918

Augustusburg

Bahse, E.: Die Drahtseilbahn Erdmannsdorf–Augustusburg. – In: Deutsche Bauzeitung. – Berlin 50 (1916) 5, 6, 8, 9 u. 12

Hötzeldt, W.; Müller, E.: Rekonstruktion der Standseilbahn Augustusburg. – In: Hebezeuge und Fördermittel. – Berlin 15 (1975) 4. – S. 113–115

Mayer, M.: Eßlinger Lokomotiven und Bergbahnen. – Eßlingen, 1924

60 Jahre Standseilbahn Augustusburg. – In: Der Stadtverkehr. – Brackwede 16 (1971) 11 / 12. – S. 408

Spranger, F.: 50 Jahre Standseilbahn Augustusburg. – In: Der Modelleisenbahner. – Berlin 10 (1961) 6. – S. 146–148

Spranger, F.: Standseilbahn Augustusburg automatisiert. – In: Eisenbahn-Jahrbuch 76. – Berlin, 1976. – S. 153–156

Dresden

a) Standseilbahn und Schwebeseilbahn allgemein

Geschichte der Dresdner Straßenbahn. – Berlin, 1981

Großmann, H.: Die kommunale Bedeutung des Straßenbahnwesens, beleuchtet am Werdegang der Dresdner Straßenbahnen. – Dresden, 1903

75 Jahre Straßenbahn in Dresden. – Dresden, 1947

Rüger, S.: Dresdens Nahverkehr – gestern und heute. – In: Der Modelleisenbahner. – Berlin 20 (1971) 4. – S. 104–111

Schmidt, O.: Die Drahtseile der Loschwitzer Seilbahnen. – In: Straßenbahn und Kraftomnibus. – Dresden 4 (1942) 11. – S. 83–85

Schmidt, O.: Die Signal- und Sicherheitseinrichtungen der Loschwitzer Seilbahnen. – In: Straßenbahn und Kraftomnibus. – Dresden 4 (1942) 6. – S. 43–47

Schmidt, O.: Unsere Loschwitzer Bergbahnen. – In: Straßenbahn und Kraftomnibus. – Dresden 4 (1942) 2. – S. 11–12

Spranger, F.: Die Bergbahnen in Dresden-Loschwitz. – In: Der Modelleisenbahner. – Berlin 9 (1960) 8. – S. 219–220

Voigt, H.: Nochmals etwas über Dresdens Bergbahnen. – In: Der Modelleisenbahner. – Berlin 9 (1960) 12. – S. 326

b) Standseilbahn

Knöbel, R.: 75 Jahre Dresdner Standseilbahn. – In: Der Modelleisenbahner. – Berlin 19 (1970) 12. – S. 375

Möller, M.: Der Eisenbahner, Bd. 2. – Wien, 1902. – S. 240–241

Spranger, F.: Neue Wagen der Dresdner Standseilbahn. – In: Der Modelleisenbahner. – Berlin 19 (1970) 12. – S. 375

Zureck, H.: Mittlere Neigung 17,5 %. Die Geschichte der Standseilbahn Dresden-Loschwitz–Weißer Hirsch. – In: Straßenbahn-Magazin. – Stuttgart 13 (1982) 46. – S. 249–279

c) Schwebeseilbahn

Die Bergschwebebahn bei Loschwitz. – In: Zeitung des Vereins deutscher Eisenbahnverwaltungen. – Berlin (1901). – S. 86 u. 588

Die Bergschwebebahn zu Loschwitz. – In: Deutsche Straßen- und Kleinbahn-Zeitung. – Berlin 19 (1906) 39. – S. 671–673

Die erste Bergschwebebahn der Welt. Andenken an die Betriebseröffnung am 6. Mai 1901. – Dresden, 1901

Hick, A.: Seilauswechslung auf der Schwebeseilbahn. – In: Straßenbahn und Kraftomnibus. – Dresden 5 (1943) 3. – S. 19–21

Krettek, O.: Rollen, schweben, gleiten. – Düsseldorf, 1975

La chemin de fer monorail de montagne á Loschwitz. – In: La Revue technique. – Paris 22 (1901). – S. 397

Müller, W.: Die Loschwitzer Berg-Schwebebahn. – In: Glasers Annalen. – Berlin 30 (1906) 698. – S. 21–31

Die projektierte Schwebebahn von Loschwitz nach dem Plateau der Schönen Aussicht. – In: Deutsche Straßen- und Kleinbahn-Zeitung. – Berlin 10 (1897). – S. 172

Ziffer, E.: Die erste Bergschwebebahn der Welt. – Wien, 1902

Zureck, H.: Auf dem Balkon von Dresden. Aus der Geschichte der Bergschwebebahn in Dresden. – In: Straßenbahn-Magazin. – Stuttgart 8 (1977) 26. – S. 318–330

d) Lingnerschloß

Müller, W.: Einige neuere elektrische Berg-Aufzüge. – In: Glasers Annalen. – Berlin 34 (1910) 784. – S. 79–81

Hohenwarte, Wendefurth

Ostharztalsperren. Gigant der Wasserwirtschaft. – Leipzig, 1967

Pumpspeicherwerke der DDR. – Hohenwarte, 1982

Klingenthal

Eichelberger, O.: Die große Aschbergschanze wird weiter modernisiert. – In: Kulturbote für den Musikwinkel. – Klingenthal 8 (1961) 2. – S. 1–4

Oberweißbach

Bäseler, W.: Die Entstehung der Oberweißbacher Bergbahn. – In: Lok-Magazin. – Stuttgart 8 (1968) 29. – S. 27–35

Bäseler, W.: Erneuerungsarbeiten auf der Oberweißbacher Bergbahn. – In: Verkehrstechnik. – Berlin 7 (1925) 47

Bäseler, W.: Die Oberweißbacher Bergbahn. – In: Zeitung des Vereins deutscher Eisenbahnverwaltungen. – Berlin (1920) 15

Bäseler, W.: Die Oberweißbacher Bergbahn. – In: Verkehrstechnik. – Berlin 3 (1921). – S. 143–145

Ein ungewöhnlicher Triebwagen. – In: Der Stadtverkehr. – Essen 3 (1958) 1. – S. 15

Eröffnung der Oberweißbacher Bergbahn. – In: Verkehrstechnik. – Berlin 4 (1922). – S. 218

Fromm, G.: Die Oberweißbacher Bergbahn. – In: Der Modelleisenbahner. – Berlin 10 (1961) 2. – S. 44–48

Fromm, G.: 60 Jahre Oberweißbacher Bergbahn. – In: Erfurter Blätter. – Erfurt 4 (1983) 2 u. 3. – S. 1–26 u. S. 1–25

Fromm, G.; Thormann, H.: Komplexe Rekonstruktion der Oberweißbacher Bergbahn. – In: Signal und Schiene. – Berlin 20 (1976) 20. – S. 10

50 Jahre Bergbahn Obstfelderschmiede–Lichtenhain–Oberweißbach–Cursdorf. – Erfurt, 1973

Holldorf, R.: Die Oberweißbacher Bergbahn. – Lok-Magazin. – Stuttgart 7 (1967) 22. – S. 61–65

Knöbel, R.: Die Oberweißbacher Bergbahn. Ein lohnendes Ausflugsziel. – In: Der Modelleisenbahner. – Berlin 19 (1970) 6. – S. 161

Küpper, R.: Die Oberweißbacher Bergbahn. – In: Fahrt Frei. – Berlin 29 (1977) 18 u. 19. – S. 6

Küpper, R.: Die Oberweißbacher Bergbahn. – In: Der Modelleisenbahner. – Berlin 31 (1982) 12. – S. 4–6

Küster, H.: Die Oberweißbacher Bergbahn. – In: Eisenbahn-Jahrbuch 82. – Berlin, 1982. – S. 158–163

Mücke, F.: Die Oberweißbacher Berg-

bahn. – In: Der Modelleisenbahner. – Berlin 4 (1955) 6. – S. 153

Preuß, E.: Ständig auf der Achse. Ein Besuch bei den Eisenbahnern in Oberweißbach. – In: Fahrt Frei. – Berlin 33 (1981) 26

Rasch, S.: Oberweißbacher Besonderheiten. – In: Der Modelleisenbahner. – Berlin 31 (1982) 12. – S. 6

Stiehler, K.; Zschech, R.: Elektrische Trieb- und Steuerwagen der Baureihe 279.2 der DR. – In: Der Modelleisenbahner. – Berlin 30 (1981) 6. – S. 185–187

Stiehler, K.; Zschech, R.: Lichtenhain–Cursdorf. Eine elektrisch betriebene Nebenbahn der DR. – In: Der Modelleisenbahner. – Berlin 30 (1981) 6. – S. 168–170

Umbauten auf der Oberweißbacher Bergbahn. – In: Verkehrstechnik. – Berlin 7 (1925) 45

Zetsche, H.: Das Eisenbahnsystem des Thüringer Waldes und seiner Randgebiete. – Würzburg, 1940

Oberwiesenthal

Eine Drahtseilbahn auf den Fichtelberg? – In: Glück auf. – Schneeberg (1912). – S. 173–174

50 Jahre Fichtelberg-Schwebebahn. – Oberwiesenthal, 1975

Gehlert, G.: 50 Jahre Schwebeseilbahn zum Fichtelberg. – In: Eisenbahn-Jahrbuch 75. – Berlin, 1975. – S. 158–163

Spranger, F.: Die Fichtelberg-Schwebebahn. – In: Der Modelleisenbahner. – Berlin 10 (1961) 12. – S. 312–314

Riems

Ewert, W.: Insel der Forscher. – Berlin, 1962

Teubner, H.: 50 Jahre Insel Riems. – In: Archiv für experimentelle Veterinärmedizin. – Leipzig 14 (1960) 5. – S. 764–807

Thale

Borchert, H.; Schulz, D.: Sicherheitstechnische Einrichtungen der Personen-Seilschwebebahn in Thale. – In: Hebezeuge und Fördermittel. – Berlin 14 (1974) 8. – S. 230–232

Borchert, H.; Seifert, G.: Der Sessellift im Erholungsgebiet Thale / Harz. – In: Hebezeuge und Fördermittel. – Berlin 22 (1982) 7. – S. 216–217

Spranger, F.: Die Kabinen-Seilschwebebahn in Thale. – In: Eisenbahn-Jahrbuch 73. – Berlin, 1973. – S. 166–169
Spranger, F.: Die Seilschwebebahn in Thale. – In: Der Modelleisenbahner. – Berlin 26 (1977) 2. – S. 29–31

Zeitz
Die Zeitzer Drahtseileisenbahn 1877–1959. – Zeitz, 1977

Bad Schandau
75 Jahre Kirnitzschtalbahn. – Bad Schandau, 1973
Müller, W.: Einige neuere elektrische Berg-Aufzüge. – In: Glasers Annalen. – Berlin 34 (1910) 784. – S. 79–81
Sendig, R.: Im Hotel. Diskrete Indiskretionen. – Bad Schandau, 1924

Fotonachweis

Archiv Friedrich-Löffler-Institut Insel Riems 6 (207, 211–215)
Archiv Schatz 37 (1–4, 9, 11, 12, 21, 24, 58, 59, 92, 108–112, 116, 122, 127–129, 131, 132, 141, 169, 171, 175, 177, 188–192, 240, 242, 243, 247)
Archiv VEB Drahtseilbahn Augustusburg 5 (38, 39, 50, 93, 95)
Archiv VEB Pumpspeicherwerk Hohenwarte 1 (146)
Archiv VEB Verkehrsbetriebe der Stadt Dresden 15 (26, 27, 33, 37, 45–48, 55, 114, 115, 117, 119, 120, 126, 138)
Archiv VEB VTA Leipzig 5 (10, 16, 20, 25, 31)
Deutsche Fotothek Dresden 8 (100, 107, 117, 118, 130, 133, 134, 151)
Rüger 3 (241, 244, 245)
Schatz 92 (Titel, 29, 30, 32, 36, 40–44, 49, 51, 52, 56, 57, 60–86, 94, 96–98, 121, 135, 137, 147, 148, 155–157, 161, 167, 168, 170, 172–174, 176, 178, 181, 193–196, 198–200, 202–205, 216, 220–226, 228, 229, 234–236, 250)

D. Franz/R. Heinrich/R. Taege

Die Schmalspurbahn Gera-Pforten–Wuitz-Mumsdorf

Reihe:
transpress Verkehrsgeschichte

In der Reihe „transpress Verkehrsgeschichte" erscheint nunmehr ein weiterer Band von einem kompetenten Verfasserkollektiv, der einer relativ unbekannten Schmalspurbahn gewidmet ist: der Verbindungsbahn zwischen Gera und dem Meuselwitzer Braunkohlenrevier, die 68 Jahre lang genutzt wurde. Die ehemalige G. M. W. E., die im Zuge des Verkehrsträgerwechsels infolge unrentablen Betriebes aufgegeben wurde, hatte wesentlichen Anteil an der industriellen Entwicklung des nördlichen Thüringer Vorlandes und bot einige technische Besonderheiten wie Schienenbus und eigens konstruierte Spezialkippwagen. Zahlreiche Fotodokumente und Zeichnungen illustrieren die Entwicklungsgeschichte dieser Bahn.

1. Auflage
Etwa 152 Seiten – 180 Abbildungen
Broschur 01320 – Ausland 19,80 DM

Interessentenkreis:
Freunde der Eisenbahn und Modelleisenbahner sowie Techniker und Regionalhistoriker

Bestellangaben:
ISBN 3-344-00124-8
566 894 4/Franz, Schmalspurb. Gera

transpress
Verlag für Verkehrswesen

W. Drescher

Die Saal-Eisenbahn und ihre Anschlußbahnen

Eine wesentliche Voraussetzung für die industrielle Erschließung des Thüringer Raumes um die Jahrhundertwende war die Schaffung einer stabilen Nord-Süd-Eisenbahnverbindung. In diesem neuen Band der Reihe „transpress Verkehrsgeschichte" beschreibt der Autor, W. Drescher, die Entstehung, Entwicklung und Charakteristik der zu dieser Zeit entstandenen Saal-Eisenbahn und ihrer Anschlußbahnen, die national und international enorme Bedeutung erlangte und sie bis heute bewahrt hat. Unter Verwendung authentischen Quellenmaterials und rund 200 Abbildungen wurde hier ein Kapitel intensivster Eisenbahngeschichte nachgezeichnet.

1. Auflage
160 Seiten – 200 Abbildungen – 43 Tabellen
Broschur 01320 – Ausland 19,80 DM

Reihe:
transpress Verkehrsgeschichte

Interessentenkreis:
Freunde der Eisenbahn und Modelleisenbahner sowie Techniker und Regionalhistoriker

Bestellangaben:
ISBN 3-344-00109-4
566 638 3/Drescher, Saal-Eisenbahn

transpress
Verlag für Verkehrswesen

Die Seilbahnen der DDR
im schematischen Vergleich von Länge, Neigung und Höhenunterschied

Seilbahn	Länge m	Höhe m	Neigung % (Durchschnitt)
Augustusburg	1 237,2	168,06	13,5
Dresden-Loschwitz			
Weißer Hirsch	563	95	16,9
Oberloschwitz	273,8	84,2	32,18
Lingnerschloß	90	40	57,7
Hohenwarte	693	299,2	72,5
Klingenthal	319	103	32,3
Oberhof	320	127,76	39,9
Oberweißbach	1 387,8	323,03	23,92
Oberwiesenthal			
Fichtelberg	1 175	302,9	27,7
Schönjungferngrund	262,7	93,6	38
Viehtrift	734	185	26

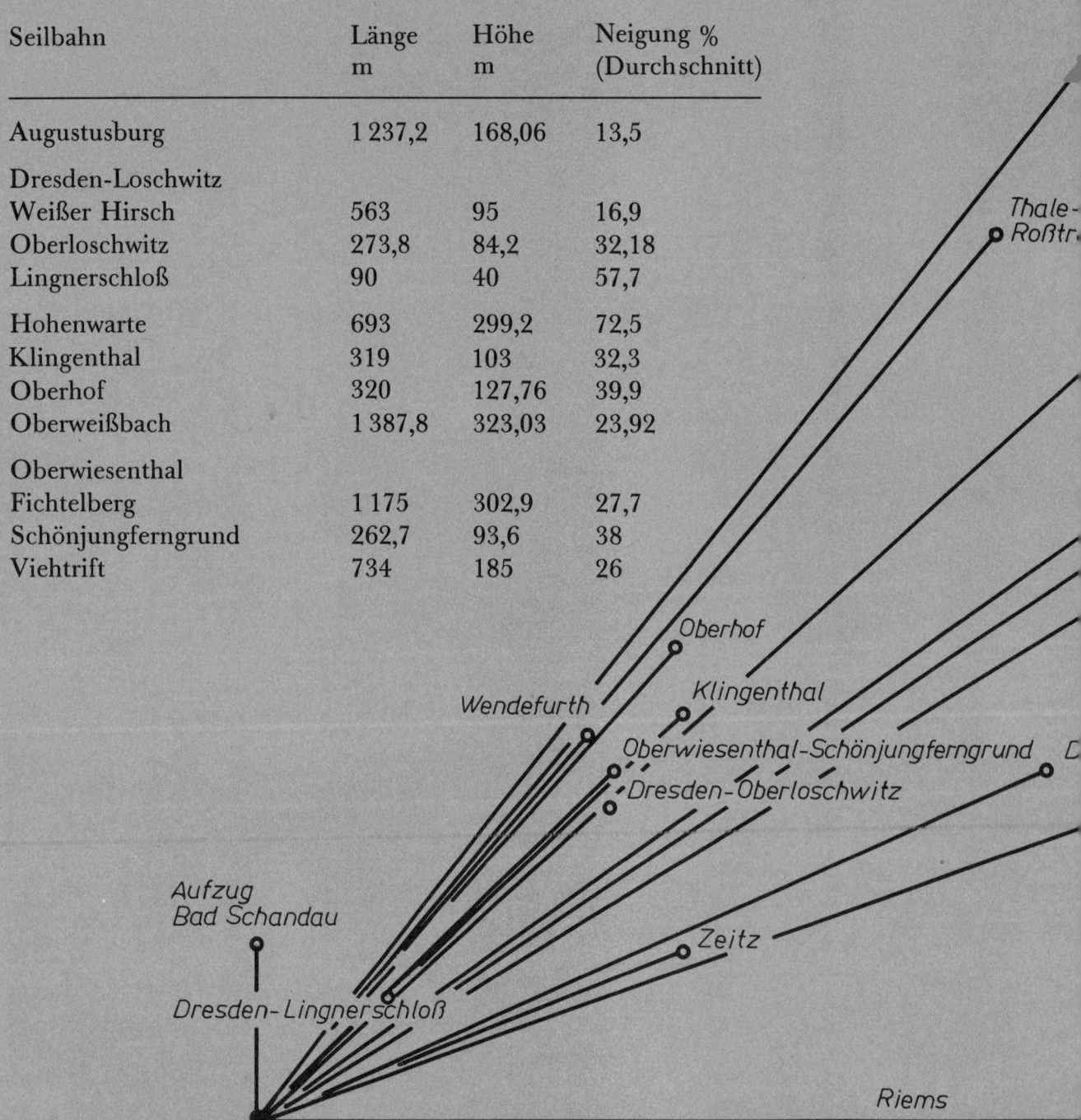

Thale-Roßtr...

Oberhof

Klingenthal

Wendefurth

Oberwiesenthal-Schönjungferngrund   D

Dresden-Oberloschwitz

Aufzug Bad Schandau

Dresden-Lingnerschloß

Zeitz

Riems